大跨空间结构爆炸荷载及破坏响应

支旭东　范　峰　马加路　祁少博　著

科学出版社

北　京

内 容 简 介

本书系统地总结了作者在大跨空间结构抗爆炸领域的研究成果及前沿进展，内容主要包括爆炸作用下空间结构遭受的冲击波荷载及破坏响应两方面。通过爆炸试验与数值仿真，获得了曲面壳体内、外表面冲击压力模型，掌握了冲击波沿曲面壳体的传播规律，建立了单层球面网壳爆炸荷载下的破坏模式、破坏机理及风险评估理论。

本书适合土木工程领域的学者、技术人员，以及高等院校相关专业的高年级本科生、研究生和教师阅读。

图书在版编目（CIP）数据

大跨空间结构爆炸荷载及破坏响应 / 支旭东等著. 一北京：科学出版社，2020.7

ISBN 978-7-03-064569-2

Ⅰ. ①大… Ⅱ. ①支… Ⅲ. ①大跨度结构-空间结构-抗爆性-研究 Ⅳ. ①TU399

中国版本图书馆 CIP 数据核字（2020）第 036635 号

责任编辑：狄源硕 朱灵真 / 责任校对：樊雅琼
责任印制：吴兆东 / 封面设计：无极书装

科学出版社出版
北京东黄城根北街 16 号
邮政编码：100717
http：//www.sciencep.com

北京中石油彩色印刷有限责任公司 印刷
科学出版社发行 各地新华书店经销
*
2020 年 7 月第 一 版 开本：720 × 1000 1/16
2021 年 1 月第二次印刷 印张：12 3/4
字数：257 000

定价：98.00 元

（如有印装质量问题，我社负责调换）

序

2001 年在美国发生的“9·11”恐怖袭击事件震惊了全世界，该事件所带来的经济损失、人员伤亡十分惨重。这次事件除给人类的思想意识带来巨大冲击外，也激发了国内外学者对民用建筑反恐抗爆措施的关注，相关的研究迅速展开，并在梁、板、柱、墙等构件的抗冲击/抗爆炸性能，新型/高性能混凝土及复合材料的动态本构，由这些材料组成的各种复合构件的耗能能力，民用建筑物抗冲击/抗爆炸的防护构造措施，以及多高层结构抗连续倒塌机理等方面积累了一系列重要成果。

近半个世纪以来，与建筑科技的进步和人类对生活环境的需求不断提升相呼应，大型公共建筑及相应的大跨空间结构发展十分迅速，其中有许多已成为一个城市或区域的标志性建筑。作为人流密集的大型公共建筑，显然极易成为恐怖袭击选择的目标，因而对这些重要建筑物采取必要的反恐防护措施具有重要的现实意义。事实上，目前对一些具体工程，如交通枢纽、会展建筑、大型体育场馆等，在方案规划上已经或多或少地考虑了这一问题。但受到研究成果的限制，目前的解决方案还是多采取“阻隔”的方式，即从交通流线上、建筑构造上、安保措施上使可能的冲击荷载远离主体结构；对于结构在直接受到冲击/爆炸作用时将承受多大的冲击力、结构将如何反应等理论问题，则知之甚少。

哈尔滨工业大学空间结构研究中心三十余年来致力于大跨空间结构领域的系统理论研究，在网壳结构非线性稳定、悬索结构解析理论、大跨度屋盖风荷载及抗风设计理论、网壳结构动力稳定性及强震下的失效机理等前沿领域均做出了自己的贡献。作为该研究中心的核心成员，作者在当时形势下认为，对大跨空间结构在冲击/爆炸荷载下的响应机理、失效模式、防护措施等问题进行系统深入研究是他们义不容辞的责任；这对于我国大跨空间结构的合理建造和防护具有重要的理论意义和实用价值。作为与国防工业紧密联系的科研院校，哈尔滨工业大学在建筑工程抗冲击/抗爆炸方面的研究工作开展得很早，但早期重点是关于人防工程方面的研究。“9·11”事件发生后，哈尔滨工业大学成立了国防抗爆与防护实验室，并进一步完善了必要的试验设备，这为作者的研究工作提供了重要支持。

自 2005 年起，作者选择大跨空间结构中常用的结构形式——网壳结构作为研究对象，以飞机意外撞击、施工高空坠物等为背景开始了冲击作用下结构失效机理的探索；随后，针对大跨空间结构在冲击/爆炸作用下的一系列理论问题不断扩展研究方向，持续至今。经过十余年的持续努力，作者认为所取得的成果已较为系统完整，形成了比较完善的理论体系；由于内容较多，特将这些成果按抗冲击和抗爆炸两部分分别总结成册，与同行交流，并希望能为后续研究提供一定的借鉴。

我对作者及其研究团队（包括他们指导的许多研究生）十余年来所做的工作比较了解，觉得他们在抗冲击/抗爆炸方面取得的成果的确很有意义，不仅对加强大型公共建筑的反恐防护措施提供了科学依据，也对研究中心一直致力的为空间结构建立系统理论体系这一长期目标做出了贡献。

我乐于为之作序。

沈世钊 院士/教授
哈尔滨工业大学
2019 年 9 月 11 日

前　言

爆炸是一种偶然荷载作用，发生概率低，在很长一段时间内并未得到工程领域科研人员的重视。直到美国的“9·11”事件后，人们才开始意识到，在当今社会环境下，民用建筑也会遭受飞机撞击、汽车炸弹等恐怖袭击，再加上近些年化工厂、危险品仓储结构、工业能源结构不断发生爆炸事故，民用建筑的反恐、抗爆防护逐渐引起了研究者的关注。大跨空间结构常用作人员密集区域的交通枢纽、体育场馆、工业厂房或高风险建筑，遭遇偶然爆炸、恐怖袭击的概率更大，其在抗爆安全方面的需求也更为迫切。

与冲击荷载有很大区别，爆炸荷载以大范围的“面”的形式施加在工程结构上，而且爆炸冲击波从爆源开始向结构表面传播，在遭遇结构后有复杂的反射、折射、衍射等传播现象，使得作用在结构上的荷载存在明显的时空分布特性且更为复杂，结构的响应也与冲击荷载作用下的情况明显不同。正是为了理解这些理论问题，为了建立大跨空间结构的抗爆防护理论，本书作者及团队成员从 2007 年开始深入这一研究方向并开展工作。在当时，大跨空间结构的抗爆研究成果非常稀少，作者基于在大跨空间结构理论研究上的技术积累，在复杂曲面结构的爆炸荷载和网壳结构的爆炸响应两个方面同时开展工作，建立了不同曲面壳体表面的爆炸荷载模型，定义了网壳结构的爆炸破坏模式；在后续的工作中则不断补充、拓展，开展了建筑钢材、索材，以及各类高性能吸能材料的动态特性及本构模型研究，开展了刚性壳体模型的爆炸荷载试验和缩尺模型的破坏性试验，研究了网壳结构在爆炸荷载下的破坏概率及基于概率的风险评估方法等。经过十余年的工作，尽管还有许多理论问题需要解决、丰富，研究工作还在持续深入，但是大跨空间结构抗爆炸的理论体系已经基本建立，研究成果对于实现大跨空间结构的抗爆分析及防护评估提供了可行的技术方法。基于上述考虑，特将这些研究成果总结成册，与同行交流，并希望能为后续研究提供一定的借鉴。

在研究过程中，除本书作者外，还有很多的研究生参与完成了书中所述的工作，王海峰、倪晋峰、梁婷婷、杨帆、邵庆梧、郭梦慧、姚峰峰、黄超均以本方向作为主要内容完成了学位论文，他们配合开展的较多试验、数值分析为本书的撰写提供了丰富的素材。研究中作者还受到国家重点研发计划课题（2018YFC0705703）、国家自然科学基金项目（50978077、51478144）的持续资助，在此一并表示感谢。

由于作者水平有限，书中难免存在不足之处，敬请广大读者批评指正。

支旭东

2019年9月11日

目　录

第1章　绪　　论

1.1　大跨空间结构抗爆研究的背景和意义

大跨空间结构具有优美的造型和空间受力性能，近30年来高速发展，在国内外的重大工程中获得了广泛应用。很多结构已经成为一个城市或区域的地标性建筑，并代表了这一时代的建筑科技水平。例如，我国为2008年北京奥运会建设的国家体育场鸟巢（短轴为296.4m，长轴为332.3m），屋面为马鞍形曲面的壳体结构，采用了钢构件“编织”的网格形式，在结构构型、材料组成、构件制造等方面均有重要创新；2005年完成的国家大剧院，覆盖212m（长轴）×144m（短轴）的准椭圆空间，这两项空间结构均已成为北京市的地标性建筑。1997年建成的名古屋穹顶，是目前跨度最大（187m）的单层球面网壳结构，其三向网格形式构成了一个简洁通透的室内空间，充分体现出单层网壳结构的优势。随着人类对建筑功能需求的提升，空间结构在向更大体量、更大跨度、更复杂体型发展，其社会、经济重要性不断增强，抗灾防御能力的需求提升已经成为结构工程领域的理论挑战。

近年来，世界社会政治形势不断演变，爆炸恐怖袭击在世界范围内不断发生，严重威胁重要公共建筑、人员密集场所的安全。据不完全统计，仅1980～1999年短短20年时间里美国境内就发生了457起恐怖袭击。这其中包括美国俄克拉何马城的爆炸案（图1-1），除造成848人的伤亡外，还使得方圆16个街区的324幢建筑受损。进入21世纪后，世界上发生恐怖袭击的概率持续增长。最为典型的是“9·11”恐怖袭击事件（图1-2），世贸双塔的设计代表了当代先进设计水平，甚至曾考虑过Boeing707飞机的撞击作用，但事件中的飞机撞击及一系列并发作用仍然导致了世贸双塔的连续倒塌，直接造成近3000人死亡，以及其后严重的社会及心理负面影响。除此之外，易爆品存储不当、室内燃气爆炸等偶然爆炸荷载作用每年也给人类造成了巨大的财产损失与人员伤亡。2007年11月24日，上海市一个加油站内意外发生爆炸，导致4人死亡，约40人不同程度受伤；2011年11月1日，两辆装有72t炸药的汽车在贵州马场坪收费站发生爆炸，事故导致8人死亡，约300人受伤；2015年8月12日，天津市滨海新区瑞海公司危险品仓库发生重大爆炸事故，造成165人遇难，798人受伤，受损建筑达304幢，核定的直接经济损失高达69亿元。可以看出，研究这些公共建筑在遭受爆炸荷载作用时的破坏机理，掌握可靠的抗爆防护措施，恰当提高建筑的防护能力，对于在遭受偶然爆炸事件时降低结构的破坏程度、减轻经济损失具有重要意义。

图 1-1 俄克拉何马城爆炸（1995 年）

图 1-2 “9·11”恐怖袭击事件（2001 年）

由于爆炸荷载的特殊性，能量大、持时短，荷载瞬间作用下材料的动态表现与静态情况下差异巨大，因此其研究难度很大。传统工程结构的抗爆研究主要集中在军事领域，为军事工程服务；直到“9·11”事件后，民用建筑反恐抗爆炸、抗冲击的研究才真正引起国内外学者的重视并全面展开，在近些年取得了相当多坚实的成果。为了从宏观上大致了解本书作者开展研究时的技术基础和学术背景，下面对国内外相关领域的研究成果进行简述，主要从建筑物上的爆炸荷载和工程结构的爆炸响应两个方面展开。

1.2 建筑物上的爆炸荷载

在近一个世纪，国内外学者基于大量爆炸试验，针对爆炸荷载的计算回归了许多半经验公式，被广泛地应用于各种领域。关于建筑物上爆炸荷载的成果，目前能够查阅到的最为系统的资料是美国军方发行的 UFC 3-340-02 手册(2008)(在 TM5-1300 基础上进行修订而成)，手册中几乎涵盖了各种典型条件下的爆炸问题，并提供了一系列用来预测不同条件建筑物上爆炸荷载的公式和图表。李翼祺(1992）是国内较早对爆炸问题开展全面研究的学者，他对炸药的性质、爆炸冲击波传播、防护工程设计等一系列问题进行了详细的分析与探讨，同时在其《爆炸力学》一书中还专门针对各国研究人员提供的爆炸荷载经验公式进行了综述，并将各经验公式与我国国防规范中所提供的荷载预测公式进行了对比，进而阐述了各国对于爆炸荷载取值的不同认识。许多学者对建筑物上的爆炸荷载进行了试验，积累了大量的试验数据。学者 Hu 等（2011)、Wu 等（2013；2010）基于爆炸试验结果，对炸药的各种参数对爆炸荷载的影响进行了讨论，其中包含了炸药当量、形状、位置，以及多点起爆问题等。中国人民解放军陆军工程大学的方秦等（2007）、杨石刚等（2014）、鲍麒等（2012）对化学炸药、气体爆炸等的爆炸荷载进行了细致的研究，对炸药爆炸的爆轰过程进行了讨论，同时也对比了不同浓度的可燃气体发生爆炸时爆炸荷载的影响。

现阶段，用数值模拟方法研究爆炸荷载成为越来越多人的选择。中北大学的张广福等（2009）通过数值模拟的方法对爆炸产生的冲击波在自由空气中的传播规律进行了研究，结果表明 LS-DYNA 对自由空气中爆炸荷载的模拟结果与通过爆炸超压经验公式计算的结果基本一致。中国人民解放军火箭军工程大学的丁宁等（2008）基于 LS-DYNA 对球形炸药在无限水域中发生爆炸时荷载问题的研究，对模型的网格、状态方程以及黏性等一系列参数的取值进行了讨论，研究表明，合理地设置建模参数能够获得较为精确的爆炸荷载。爆炸冲击波形成之后会在介质中不断地传播，与此同时也会因为遇到障碍物而产生一定的反射及绕射现象。这种情况通常非常复杂，一般均是通过数值模拟来详细地了解其反射及绕射的整个过程。天津大学的李忠献等（2009）通过使用 LS-DYNA 中的任意拉格朗日-欧拉（arbitrary Lagrange-Euler，ALE）方法，对爆炸冲击波在城市复杂环境中的传播进行了研究。武汉理工大学的申祖武等（2006）通过使用 ALE 方法研究了障碍物对空气冲击波的复杂环流现象的影响。结果表明，该方法能够较好地描述空气冲击波流场的分布和变化，数值模拟的结果与客观规律基本一致。同时，爆炸冲击波作用于结构上时还会在其内部产生应力波，其中拉伸波也是造成脆性材料发生破坏的主要原因。长沙矿冶研究院的高文蛟等（2001）对爆炸应力波的透射系数进行了理论研究，得到了爆炸冲击波在有一定厚度的结构表面传播时其透射系数的理论公式及入射角与透射系数之间的关系。中国人民解放军陆军工程大学的国胜兵等（2005）针对爆炸引发地震动的问题提出了精细化的功率谱密度幅值包络图模型，并根据能量守恒定律对其进行了研究。

1.3 工程结构的爆炸响应

相对于建筑上爆炸荷载的研究，更直接的是研究爆炸作用下结构或构件在爆炸发生时的动态响应，即结构的损伤破坏状态；但由于材料在高速冲击作用下反应的复杂性、爆炸荷载作用的局域性，当前在构件层面上的研究成果更多一些。

梁是最基本的结构构件，加拿大的 Nassr 等（2012）对宽翼缘梁在爆炸作用下的动力响应模式进行了讨论，澳大利亚的 Jama 等（2009）在对薄壁方钢管爆炸响应的研究中考虑了应变率效应和温升软化效应，贾昊凯和吴桂英（2012）以及同济大学的匡志平等（2009）、中国人民解放军陆军工程大学的柳锦春和方秦（2003）则分别研究了 H 型钢梁、钢筋混凝土梁的失效模式。包括以上几例的大量梁方面的研究均可以得到以下两点主要结论：①材料的应变率效应和温升软化效应是不可忽略的影响，因此材料在高应变率下的动态本构以及高温性能往往是构件乃至结构抗爆研究的基础工作；②不同于静态、准静态下梁构件多以弯曲破坏为主，在高速冲击作用下梁构件很多情况下会发生剪切破坏模式，这种剪切破坏没有征兆，也被定义为“直剪破坏”。对柱的研究与梁类似，韩国的 Lee 等（2009）对爆炸作用下宽翼缘型钢柱的响应进行了数值模拟，结果表明钢柱更容易沿着其弱轴方向发生破坏，固定支座会导致柱子的腹板、翼缘的交汇处出现较大的塑性变形。天津大学的师燕超和李忠献（2008）使用数值模拟的方法定义了钢筋混凝土柱在爆炸作用下的三种破坏模式。沈阳建筑大学的阎石等（2010）研究了比例距离和柱端约束形式对钢管混凝土柱破坏模式的影响。

楼板或墙一类构件具有较大的面积，因此在爆炸作用中会承受更多的冲击作用。英国的 Louca 和 Pan（1998）对油气爆炸作用中的钢筋混凝土墙板的爆炸响应进行了分析，结果表明墙板的支承条件对爆炸作用下板的局部最大变形有明显的影响。墨尔本大学的 Ngo 等（2007）对普通混凝土和超高强混凝土板进行了一系列爆炸对比试验研究，并研究了炸药当量及爆距的改变导致的不同爆炸作用下混凝土板的破坏程度。中国台湾的 Tai 等（2011）通过使用流固耦合（fluid-structure interaction，FSI）算法研究了钢筋混凝土板在空中爆炸下的动力响应特性，发现 TNT 起爆点和炸药当量的改变会导致受到爆炸作用的局部区域破坏形式发生改变，并且指出配筋率与爆炸下钢筋混凝土板的破坏之间存在一定的关系。

关于爆炸作用下节点性能的研究，美国的 Sabuwala 等（2005）利用 ABAQUS 有限元软件对梁与柱连接处的钢节点的抗爆炸性能进行了研究，研究结果表明，仅依据 TM5-1300 相关条文规定而设计的钢节点在某些情况下的抗爆性能存在一定的隐患。上海交通大学的于文静等（2012）在其研究中指出，ANSYS 对 T 型相贯节点抗爆炸性能的数值模拟结果与试验结果比较接近，说明数值方法可以有效地对爆炸产生的高压高温过程中的节点性能进行预测。

各种构件的大量研究结果都可以绘制成构件的 *P-I* 曲线，以供爆炸作用下构件的设计或者损伤评估时使用。Li 和 Meng（2002）通过使用单自由度理论模型，研究了爆炸荷载的形状等参数对构件 *P-I* 曲线形状及其渐近线位置的影响。Dragos 和 Wu（2013）使用基于 Timoshenko 梁理论的有限自由度模型，绘制了爆炸荷载作用下梁的 *P-I* 曲线。Shi 等（2008）对爆炸作用后柱的剩余承载力进行了计算，并建立了以剩余承载力衡量损伤程度的评估准则，绘制了柱子的 *P-I* 曲线。

随着分析手段的进步，对整体结构在爆炸作用下的破坏研究也日益受到研究人员的关注。美国军方较早就开展了关于如何提高建筑物抵御恐怖袭击能力方面的研究，在美国军方出版的 UFC 3-340-02 手册（2008）中详细地介绍了有关钢结构、混凝土结构以及砌体结构等的抗爆设计要求，并对设计要领进行了相关规定。

太原理工大学的李海旺和李彦君（2007）对爆炸作用下带楼板的空间钢框架的动力响应及破坏机理进行了研究。中国人民解放军陆军工程大学的方秦等（2007）对钢筋混凝土结构的破坏模式进行了研究，类似于钢筋混凝土梁和柱等构件的失效模式，对结构的破坏模式也进行了分类。哈尔滨工业大学的路胜卓等（2015）通过爆炸试验和数值模拟的方法研究了大型钢制储油罐在可燃气体爆炸作用下的破坏机理。前述已经说过，通常的爆炸作用在地面附近，冲击波将仅对建筑的较低楼层或者距离较近的构件产生巨大的破坏作用，但此时带来的一个严重问题就是局部主要构件的破坏有可能导致结构整体的连续倒塌。在“9·11”事件中，世贸双塔即由飞机撞击造成楼体局部的破坏导致了整栋建筑的连续倒塌，该事件引起了国内外学者对结构连续倒塌问题的关注。天津大学的李忠献等（2009）对钢筋混凝土框架的连续倒塌问题进行了研究，提出了一种基于“替代传力路径法”的研究框架结构连续倒塌的方法。哈尔滨工业大学的田玉滨等（2013）对底部框架砌体结构在爆炸荷载作用下的倒塌破坏机理进行了研究，基于 LS-DYNA 的重启动功能提出了“两阶段分析法”。Jayasooriya 等（2014；2011）通过有限元分析对爆炸后结构的整体特性及破坏程度进行了考察，提出了对钢筋混凝土框架的薄弱环节进行加强以避免结构在爆炸作用下发生连续倒塌的建议。

除此之外，对于爆炸作用下结构的防护方法很多学者也开展了工作。结构的防护主要有两种思路，一种思路是通过设置阻挡装置或吸能构件对建筑物上受到的爆炸作用进行阻隔，从而减小建筑物受到的爆炸作用。例如，Zhou 和 Hao（2008）研究了在建筑物前设置抗爆墙对后部建筑受到爆炸作用的影响，他们对比了抗爆墙的不同高度及距离对建筑物不同位置爆炸荷载超压的影响，并指出抗爆墙的位置如果设置不合理，反而可能会加重其后部结构受到的爆炸作用。另一种思路是通过新型的构造形式发生部分破坏或者吸能材料产生变形而耗散爆炸能量，使爆炸作用得到衰减。例如，Chen 和 Hao（2012）通过 ConWep 施加爆炸荷载的方法对一种新型的双层多孔型抗爆门进行了优化设计，并将其抗爆性能与传统的抗爆门进行了对比。Hao 和 Wu（2005；2003）在上部结构与下部基础间设置了一定厚度的沙层，该措施能够有效地吸收爆炸所产生的高频波，并可以减小结构的响应幅度。清华大学的陆新征和江见鲸（2003）对某抗爆门的抗爆性能进行了分析，研究发现，目前的设计方法用于指导一系列抗爆门的设计偏于保守。

1.4 大跨空间结构抗爆研究的特殊性

如前所述，目前国内外民用建筑抗爆方面的研究对象还多是针对单一构件或者量大面广的多高层结构开展的，对于大跨空间结构爆炸响应的研究比较少。与传统结构明显不同，大跨空间结构的抗爆研究有其特殊性，具体表现在：①大跨空间结构往往具有丰富的建筑形体，这种由合理受力决定的建筑曲面外形也给其上爆炸荷载的确定带来了挑战。爆炸荷载在表现形式上是冲击波在空气中的高速传播，当冲击波遇到不同介质时会发生反射、折射、衍射等复杂的传播行为。当前学者对于体型相对规则的多高层建筑研究较多，例如，在美国军方发行的UFC 3-340-02手册（2008）中已经对一些常见的情况给予了细致的规定，但是对于曲面壳体上爆炸冲击波规律的研究则比较稀少，对于大跨空间结构在爆炸（包括内爆或外爆）发生后遭受到的爆炸荷载的系统研究还未见报道。②大跨空间结构的动力特性与传统多高层结构也有明显不同。这主要体现在，大跨空间结构多为屋盖结构，刚度相对较弱（周期长），在动力荷载作用下其竖向振动与水平振动同样明显，在爆炸发生后结构的损毁情况、破坏模式均有其特殊性。③大跨空间结构多为一个城市或地区的标志性建筑，平面尺度较大，作为体育建筑、交通枢纽等时人员密集，针对该类建筑的抗爆防护标准和防护措施也需开展相应的工作。

紧随民用建筑抗爆炸、抗冲击的研究趋势，作者及其研究团队从2007年开始在大跨空间结构的爆炸荷载、抗爆炸性能等方面开展工作，到目前为止，已经取得了一些研究成果，从理论框架上看也比较完整，本书将这些成果进行梳理，编撰成册，以飨读者。

近些年，除作者及其研究团队外，国内其他院校的科研人员也开展了这一方向的研究工作。例如，华侨大学的高轩能等（2015；2010）研究了大跨度单层柱面网壳的爆炸响应，对炸药在结构内部的位置、当量等参数变化引起的影响进行了讨论，提出了网壳结构爆炸响应的简化计算方法。瞿海雁（2007）对一个单层球面网壳体育馆的爆炸动力响应进行了仿真模拟，分析发现整体结构在爆炸作用中的破坏是由柱子失效导致的。丁阳等（2010）对爆炸作用下平板网架的动力响应及破坏模式进行了研究。与本书目标相同，以上这些成果均为我国大跨空间结构抗爆防护理论的形成提供了良好的理论素材。

参考文献

鲍麒，方秦，范俊余. 2012. 外爆炸条件下框架柱上荷载的特点及分布规律[J]. 防护工程，34（4）：24-30.

丁宁，余文力，王涛. 2008. LS-DYNA模拟无限水介质爆炸中参数设置对计算结果的影响[J]. 弹箭与制导学报，28（2）：127-130.

丁阳，汪明，李忠献. 2010. 爆炸荷载作用下平板网架结构破坏倒塌分析[J]. 土木工程学报，43（s）：34-41.

方秦，陈力，张亚栋. 2007. 爆炸荷载作用下钢筋混凝土结构的动态响应与破坏模式的数值分析[J]. 工程力学，24（s2）：135-144.

高文蛟，单仁亮，李建湘. 2001. 爆炸应力波入射一定厚度结构面时透射系数分析[J]. 矿冶工程，21（1）：16-18.

高轩能，王书鹏. 2010. 大空间柱壳结构爆炸动力响应Ritz-POD数值模拟[J]. 土木建筑与环境工程，32（2）：64-70.

高轩能，李超，江媛. 2015. 单层球面钢网壳结构在内爆炸作用下的动力响应[J]. 天津大学学报（自然科学与工程技术版），48（s）：102-109.

国胜兵，潘越峰，高培正. 2005. 爆炸地震波模拟研究[J]. 爆炸与冲击，25（4）：335-340.
贾昊凯，吴桂英. 2012. H型钢梁在爆炸荷载作用下的动力响应及破坏模式研究[J]. 重庆建筑，11（1）：29-33.
匡志平，杨秋华，崔满. 2009. 爆炸荷载下钢筋混凝土梁的试验研究和破坏形态[J]. 同济大学学报，37（9）：1153-1156.
李海旺，李彦君. 2007. 爆炸荷载作用下空间钢框架破坏过程分析[J]. 太原理工大学学报，38（3）：259-263.
李翼祺. 1992. 爆炸力学[M]. 北京：科学出版社.
李忠献，师燕超，周浩璋. 2009. 城市复杂环境中爆炸波的传播规律与超压荷载[J]. 工程力学，26（6）：178-183.
柳锦春，方秦. 2003. 爆炸荷载作用下钢筋混凝土梁的动力响应及破坏形态分析[J]. 爆炸与冲击，23（1）：25-30.
陆新征，江见鲸. 2003. 抗爆门结构考虑接触影响的动力有限元分析[J]. 力学与实践，25（2）：74-76.
路胜卓，王伟，陈卫东. 2015. 浮顶式储油罐的爆炸冲击失效[J]. 爆炸与冲击，35（5）：696-702.
瞿海雁. 2007. 爆炸荷载作用下体育场馆的动力响应分析[D]. 北京：北京工业大学.
申祖武，张耀辉，谢伟平. 2006. 爆炸冲击波的环流效应数值模拟研究[J]. 武汉理工大学学报，28（2）：42-44.
师燕超，李忠献. 2008. 爆炸荷载作用下钢筋混凝土柱的动力响应与破坏模式[J]. 建筑结构学报，29（4）：112-117.
田玉滨，王忠楠，张春巍，等. 2013. 底框上部砌体结构抗爆性能研究[J]. 防灾减灾工程学报，33（s）：28-36.
阎石，齐宝欣，辛志强. 2010. 高温与爆炸作用下轻钢柱动力响应与破坏模式数值分析[J]. 土木工程学报，43（s）：484-489.
杨石刚，方秦，张亚栋. 2014. 非均匀混合可燃气云爆炸的数值计算方法[J]. 天然气工业，34（6）：155-161.
于文静，赵金城，龚景海，等. 2012. T型相贯节点在爆炸冲击和火灾作用下力学性能的有限元分析[J]. 上海交通大学学报，46（2）：335-340.
张广福，刘玉存，王建华. 2009. 爆炸冲击波无限空气领域传播的数值模拟研究[J]. 山西化工，29（1）：43-46.
Chen W S, Hao H. 2012. Numerical study of a new multi-arch double-layered blast-resistance door panel[J]. International Journal of Impact Engineering, 43（5）: 16-28.
Dragos J, Wu C Q. 2013. A new general approach to derive normalised pressure impulse curves[J]. International Journal of Impact Engineering, 62（12）: 1-12.
Hao H, Wu C Q. 2003. Characteristics of stress waves recorded in small-scale field blast tests on a layered rock-soil site[J]. Géotechnique, 53（6）: 587-599.
Hu Y, Wu C Q, Lukaszewicz M. 2011. Characteristics of confined blast loading in unvented structures[J]. International Journal of Protective Structures, 2（1）: 21-44.
Jama H H, Bambach M R, Nurick G N. 2009. Numerical modelling of square tubular steel beams subjected to transverse blast loads[J]. Thin-Walled Structures, 47（12）: 1523-1534.
Jayasooriya R, Thambiratnam D P, Perera N J, et al. 2011. Blast and residual capacity analysis of reinforced concrete framed buildings[J]. Engineering Structures, 33（12）: 3483-3495.
Jayasooriya R, Thambiratnam D P, Perera N J. 2014. Blast response and safety evaluation of a composite column for use as key element in structural systems[J]. Engineering Structures, 61（1）: 31-43.
Lee K, Kim T, Kim J. 2009. Local response of W-shaped steel columns under blast loading[J]. Structural Engineering & Mechanics, 31（1）: 25-38.
Li Q, Meng H. 2002. Pulse loading shape effects on pressure-impulse diagram of an elastic plastic single degree of freedom structural model[J]. International Journal of Mechanical Sciences, 44（9）: 1985-1998.
Li Z, Shi Y, Hao H. 2008. Numerical analysis of progressive collapse of RC frame under blast loading[J]. IABSE Congress Report, 17（4）: 442-453.
Louca L, Pan Y. 1998. Response of stiffened and unstiffened plates subjected to blast loading[J]. Engineering Structures,

20（12）: 1079-1086.

Nassr A A, Razaqpur A G，Tait M J. 2012. Experimental performance of steel beams under blast loading[J]. Journal of Performance of Constructed Facilities, 26（5）: 600-619.

Ngo T, Mendis P, Krauthammer T. 2007. Behavior of ultrahigh-strength prestressed concrete panels subjected to blast loading[J]. Journal of Structural Engineering, 133（11）: 1582-1590.

Sabuwala T, Linzell D, Krauthammer T. 2005. Finite element analysis of steel beam to column connections subjected to blast loads[J]. International Journal of Impact Engineering, 31（7）: 861-876.

Shi Y C, Hao H, Li Z X. 2008. Numerical derivation of pressure-impulse diagrams for prediction of RC column damage to blast loads[J]. International Journal of Impact Engineering, 35（11）: 1213-1227.

Tai Y S, Chu T L, Hu H T. 2011. Dynamic response of a reinforced concrete slab subjected to air blast load[J]. Theoretical & Applied Fracture Mechanics, 56（3）: 140-147.

UFC 3-340-02. 2008.Structures to Resist the Effects of Accidental Explosions[M]. Washington:Departments of the Army the Navy and the Air Force: 1-1867.

Wu C Q, Hao H. 2005. Modeling of simultaneous ground shock and airblast pressure on nearby structures from surface explosions[J]. International Journal of Impact Engineering, 31（6）: 699-717.

Wu C Q, Fattori G, Whittaker A. 2010. Investigation of air-blast effects from spherical and cylindrical shaped charges[J]. International Journal of Protective Structures, 1（3）: 345-362.

Wu C Q, Lukaszewicz M, Schebella K. 2013. Experimental and numerical investigation of confined explosion in a blast chamber[J]. Journal of Loss Prevention in the Process Industries, 26（4）: 737-750.

Zhou X Q, Hao H. 2008. Prediction of airblast loads on structures behind a protective barrier[J]. International Journal of Impact Engineering, 35（5）: 363-375.

第 2 章　球面壳体的内爆荷载

爆炸是一个物理和化学能量急剧转化的复杂过程。其过程主要包括炸药的爆轰、冲击波的传播及反射。爆炸形成初期，炸药在极短的时间内释放巨大的能量生成爆轰产物。爆轰产物迅速膨胀，并驱使周围的空气向外传播，在最前端形成一层压力梯度巨大的空气面，即爆炸冲击波（恽寿榕，2005；李翼祺，1992），如图 2-1 所示。

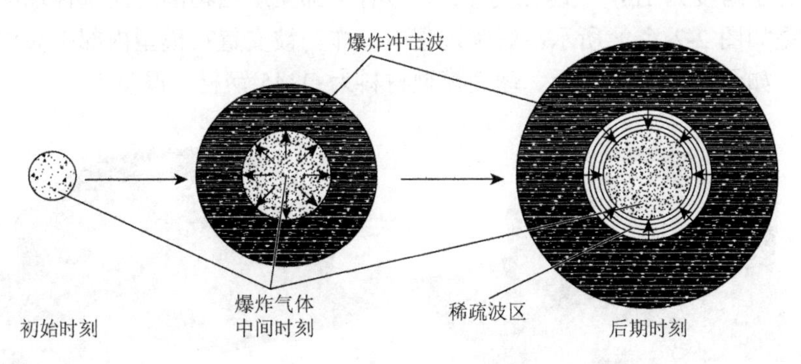

图 2-1　爆炸过程示意图

随着爆炸冲击波以压力波的形式不断向外扩展，波阵面上各点的压力及传播速度都迅速下降。通常，冲击波以球面形式向外不断地扩展，且随着其与起爆点之间距离的加大，表面积也迅速增大，从而导致单位面积上的能量不断减少，直至爆炸冲击波峰值超压减小到初始大气压。

当爆炸冲击波垂直作用于障碍物表面时，会发生平面刚壁正反射；当入射波以一定的入射角作用于障碍物表面时，反射角的大小不一定等于入射角；当入射波的入射角恰好处于一定的范围时，会产生马赫反射，入射波、反射波合并形成第三个冲击波——马赫波。可见爆炸冲击波遇到建筑物时的表现是相当复杂的。大跨空间结构的屋盖和墙体多是曲面，这种冲击波的传播更为复杂，明显不同于传统的建筑表面以平面为主的情况，对爆炸荷载的传播及作用研究非常重要。

基于此，本章对空间结构常使用的球面壳体开展研究，首先，针对相关爆炸试验的欠缺，开展球面壳体（简称球壳）内部爆炸测压试验；然后，以爆炸试验的数据为检验标准，对 AUTODYN 模拟完全约束爆炸荷载的方法进行探讨，在此基础上分析球壳内部爆炸荷载的分布规律；最后，由于数值仿真爆炸荷载的过程计算量大、操作复杂，本章建立了具有一定适用性的球壳中心爆炸荷载简化模型，达到能够简便确定爆炸荷载的目的。

2.1 球面壳体中心内爆测压试验

2.1.1 试验方案及设计

为了直观地考察球面壳体内部爆炸荷载的分布规律，本章开展了封闭刚性球壳内部爆炸测压试验，并通过改变炸药当量来研究爆炸荷载当量的影响规律，该试验可为使用数值模拟方法求解复杂构型内部爆炸荷载的准确性提供校核数据。

设计了跨度为 1m，矢跨比为 1/5 且带有下部支承结构的封闭刚性球面壳体模型，模型如图 2-2（a）所示。试验过程中，炸药被安置在模型内部中心位置平台上引爆，如图 2-2（b）所示。球壳模型材料为 Q345 钢材，厚度为 30mm。

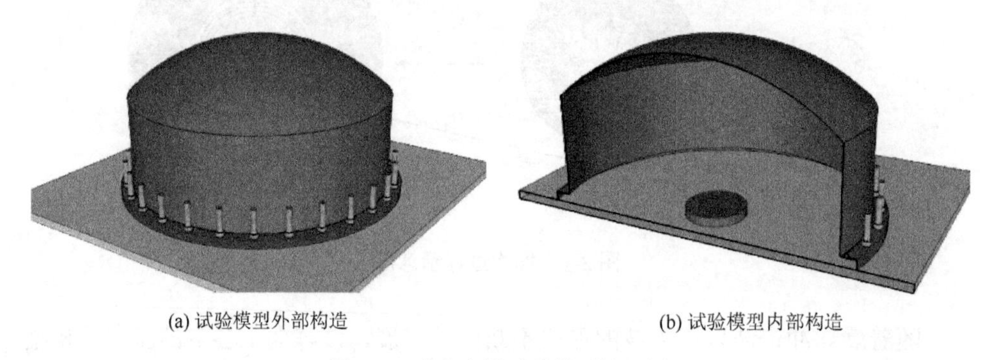

(a) 试验模型外部构造　　(b) 试验模型内部构造

图 2-2　球壳内爆试验模型效果图

试验中选择位于模型顶部的 5 个位置，分别沿其法线方向安装压力传感器，采集壳体内部 5 个典型位置的爆炸荷载。除顶点位置 P3 传感器之外，其余 4 个传感器的安装位置两两对称，以分别记录壳体结构支座处及四分点处的爆炸荷载。此种设置方式的优点是不仅可以有效地避免爆炸过程中由意外所导致的传感器失灵情况，而且可以用于对称位置爆炸荷载间的相互对比验证。另外，在模型的加工过程中为传感器预留安装螺孔。

在民用建筑结构抗爆问题的研究中，通常需要将爆炸能量和作用限定在一个合理的范围内（建筑物可能经历的爆炸作用主要范围）。爆炸作用的大小常用比例距离来描述，其计算方法如式（2-1）所示：

$$Z = R / W^{1/3} \tag{2-1}$$

式中，R 为炸药与目标物之间的距离，称为爆距或爆炸距离；W 为炸药的等效质量。

比例距离 Z 的取值不宜过小，本节试验中选取的 Z 值大于 $2\mathrm{m/kg^{1/3}}$。基于此，制订了如表 2-1 所示的试验方案。由于试验受到模型尺寸的限制，所使用炸药的当量也相对较小，因此不能忽略试验中所使用的雷管的影响，其主要成分为黑索金高能炸药，试验中按照 TNT 等效当量为 3g 考虑。

表 2-1　空间球面壳体内爆测压试验方案

试验工况	TNT 炸药量/g	考虑雷管等效当量/g	试验次数	比例距离/($\mathrm{m/kg^{1/3}}$)
工况 T1	5	8	1	2.850
工况 T2	10	13	3	2.424
工况 T3	15	18	1	2.175
工况 T4	20	23	4	2.004

2.1.2　试验现场准备

1. 爆炸触发及采集设备

试验中使用高频对地绝缘压力传感器对爆炸压力进行测量，使用动态信号采集仪对试验数据进行采集，数据采样频率为 200kHz，如图 2-3（a）所示；使用同步起爆仪对电子雷管进行起爆触发，如图 2-3（b）所示。

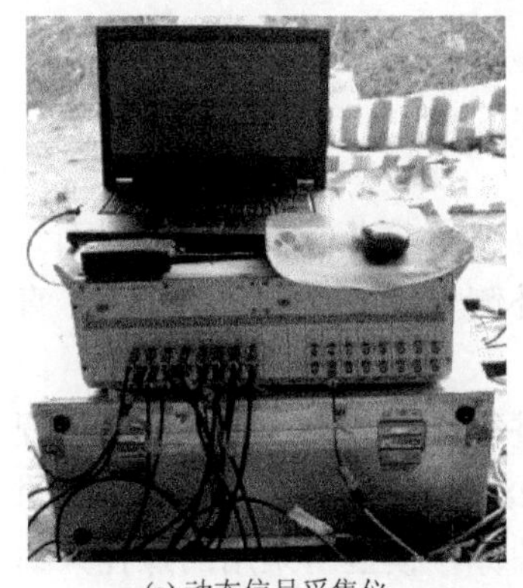

(a) 动态信号采集仪

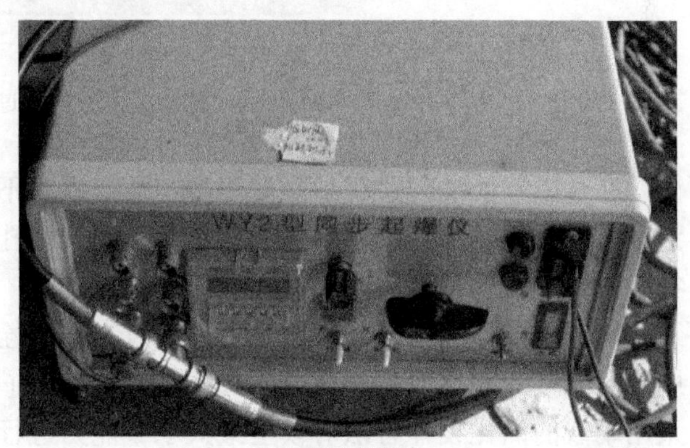

(b) 同步起爆仪

图 2-3　试验触发及采集设备

2. 试验模型安装

试验模型由 3 部分组成，包括模拟球面网壳结构的上部球壳面、模拟下部支承结构的圆柱壳面，以及模拟地面的下部底板，如图 2-4 所示。为了取得更好的荷载数据，加工过程中模型内部也进行了除锈、抛光、喷漆等一系列处理，在球壳内部形成了光滑的连续曲面。

(a) 空间曲面壳体内表面

(b) 试验模型下部底板

(c) 试验模型的组装

图 2-4 试验模型的安装过程

在传感器的安装过程中尽量保持其测压端头不要突出或者低于球壳内表面。为了方便压力传感器安装时的操作，在传感器螺孔外侧相应的位置分别切割了直径为 35mm 的孔槽作为安装过程的操作空间。

模型上部球壳部分与下部底板间通过高强螺栓进行连接。为了确保试验过程中螺栓连接的可靠性，沿球壳下部环向均匀分布了 28 个 10.9 级高强螺栓。按照采用动载的简化设计方法对模型最大承载能力进行估算，模型所采用的螺栓大约可以抵御压强为 5.04MPa 的内部动载压力，满足试验需求。此外，模型的下底板与地面之间通过膨胀螺栓进行固定。

3. 其他准备工作

炸药起爆过程产生的巨大冲击作用会对与其直接接触的物体产生强烈的侵蚀破坏作用。为了避免模型下底板在试验过程中被炸毁而无法重复利用，每次试验前都在炸药下部放置一个直径为 100mm、厚度为 10mm 的可替换圆形钢垫板，如图 2-5 所示。同时，为了避免爆炸产生的巨大冲击力致使垫板发生移动或飞起，在模型底板的中心位置预先安装了外径为 200mm、内径为 100mm、厚度为 10mm 的空心圆环钢板，从而在固定垫板的同时还能够起到为炸药摆放定位的作用。

图 2-5　TNT 药块及圆形钢垫板

由于获得的 TNT 炸药都是固定规格的成品，仅有 200g 和 400g 两种规格。因此，在每次试验前，需要使用铜锯条将 TNT 药块锯成小块并进行打磨，并使用电子秤对其称重。

TNT 炸药的性能十分稳定，通常情况下几乎不能引爆。本试验中使用如图 2-6 所示的电子雷管对其进行引爆，试验中将所需当量的 TNT 药块与雷管通过胶带进行固定，再通过起爆仪连接导爆索即可引爆炸药。

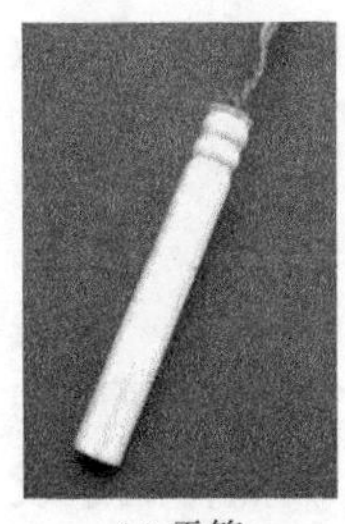

(a) 雷管

(b) 炸药/雷管的固定

(c) 导爆索的连接

图 2-6　炸药及雷管的连接

将上部模型与下部底板安装在一起，并通过螺栓将整个模型连接起来，如图 2-7 所示。最终调试仪器，从而完成了球壳内爆测压试验的整个准备过程。

图 2-7 球壳内爆测压试验模型

2.1.3 试验结果

球壳内爆测压试验共分为 4 个试验工况，炸药量依次为 5g、10g、15g 和 20g。共计进行了 9 组中心内爆试验，其中工况 T1 和 T3 各 1 组，工况 T2 重复 3 组，工况 T4 重复 4 组。由于在球壳模型内部爆炸，试验过程中无法对其内部的压力场变化过程进行直接观测，因此对每组试验中压力传感器所采集到的爆炸压力数据进行讨论。

1. 工况 T1——5g 炸药

工况 T1 中各个传感器采集到的爆炸荷载如图 2-8 所示。由于此工况中使用的炸药量较小，爆炸荷载的超压数值也相对较小。除了顶点位置的 P3 测点得到了较为强烈的反射超压之外，其余位置测得荷载的峰值超压均小于 300kPa。

通过观察图 2-8 所示的超压曲线可知，球壳顶点位置传感器 P3 测得的爆炸荷

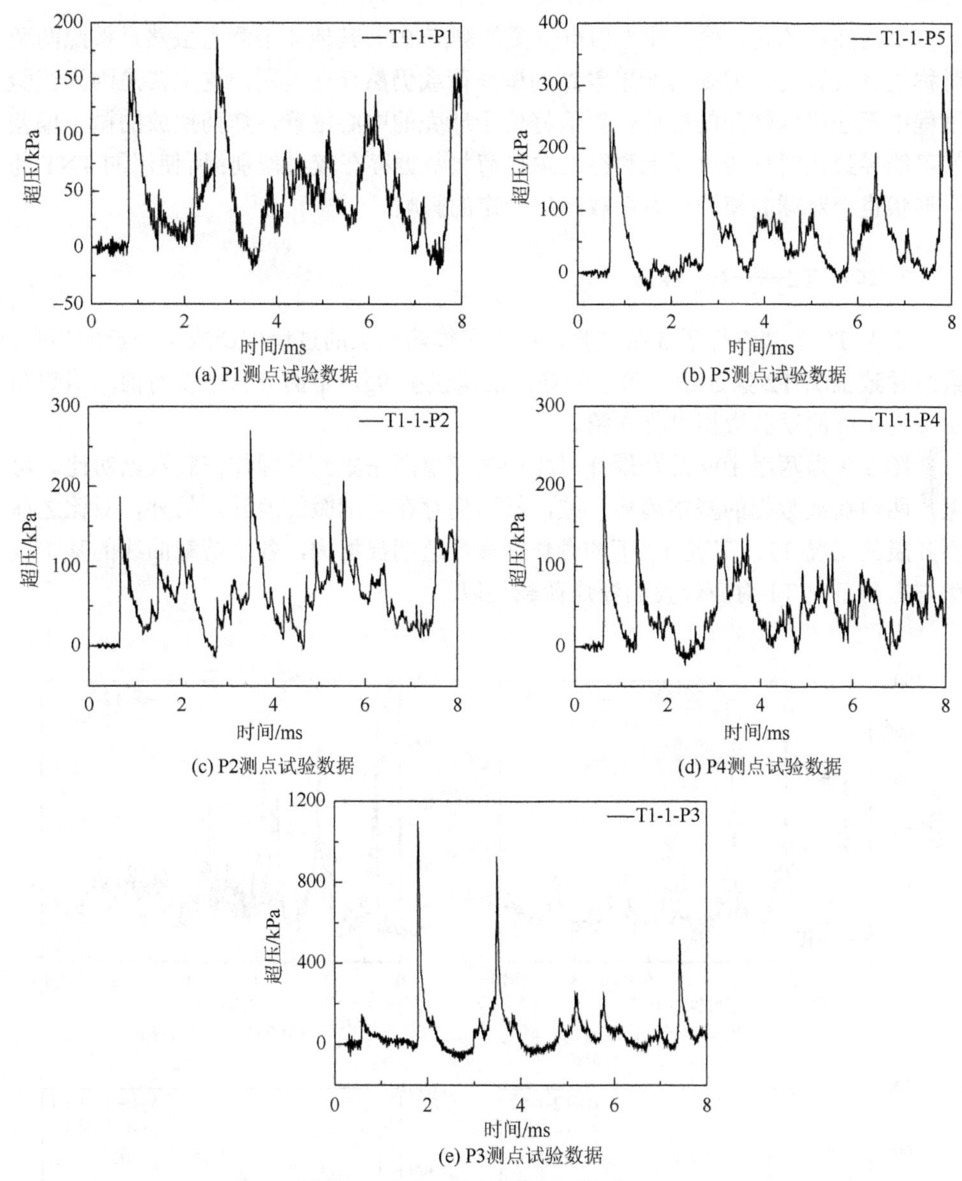

(a) P1测点试验数据

(b) P5测点试验数据

(c) P2测点试验数据

(d) P4测点试验数据

(e) P3测点试验数据

图 2-8　工况 T1 试验数据（炸药 5g）

载在经历了第一次反射之后，反射冲击波向下传播，与底面钢板发生反射之后再次向上冲击，并作用于顶点传感器 P3 上，从而形成了一个数值非常大的反射超压。另外，位于球壳边缘位置的传感器 P1 和 P5 采集到的爆炸荷载曲线中第一个反射主峰上还存在一些小的峰值，说明此处爆炸冲击波的汇聚现象比较复杂，既有炸药直接的冲击作用，又有来自顶部及下部的反射作用，从而导致其上出现了几个小峰值汇聚成一个大峰值的情况。

值得注意的是，除了球壳顶点位置的测点 P3，其他 4 个测点虽然是按照两两对称进行设置的，但是其所采集到的爆炸荷载仍然存在差别，这主要是因为试验过程中无法确保炸药的摆放位置恰好位于球壳的中心位置，炸药摆放的微小偏差就可能导致在对称传感器上测得的爆炸荷载数据存在较大差别；所使用的 TNT 药块形状也会对球壳模型内爆荷载产生一定的影响。

2. 工况 T2——10g 炸药

工况 T2 下共进行了 3 组试验，由于在炸药加工的过程中造成了少量的损失，最终导致工况 T2 第 3 组试验中的炸药质量仅有 9g。下面分析中仅对前两组炸药质量为 10g 的试验数据进行介绍。

图 2-9 为两组 10g 炸药爆炸时相应传感器所采集到的爆炸荷载数据对比。可见，两组荷载数据的基本趋势一致，然而仍存在着细微的差异。另外，对比之前所开展的工况 T1，工况 T2 下的爆炸荷载数值明显增大，各个荷载曲线的基本规律与之前工况 T1 对应位置的爆炸荷载类似。

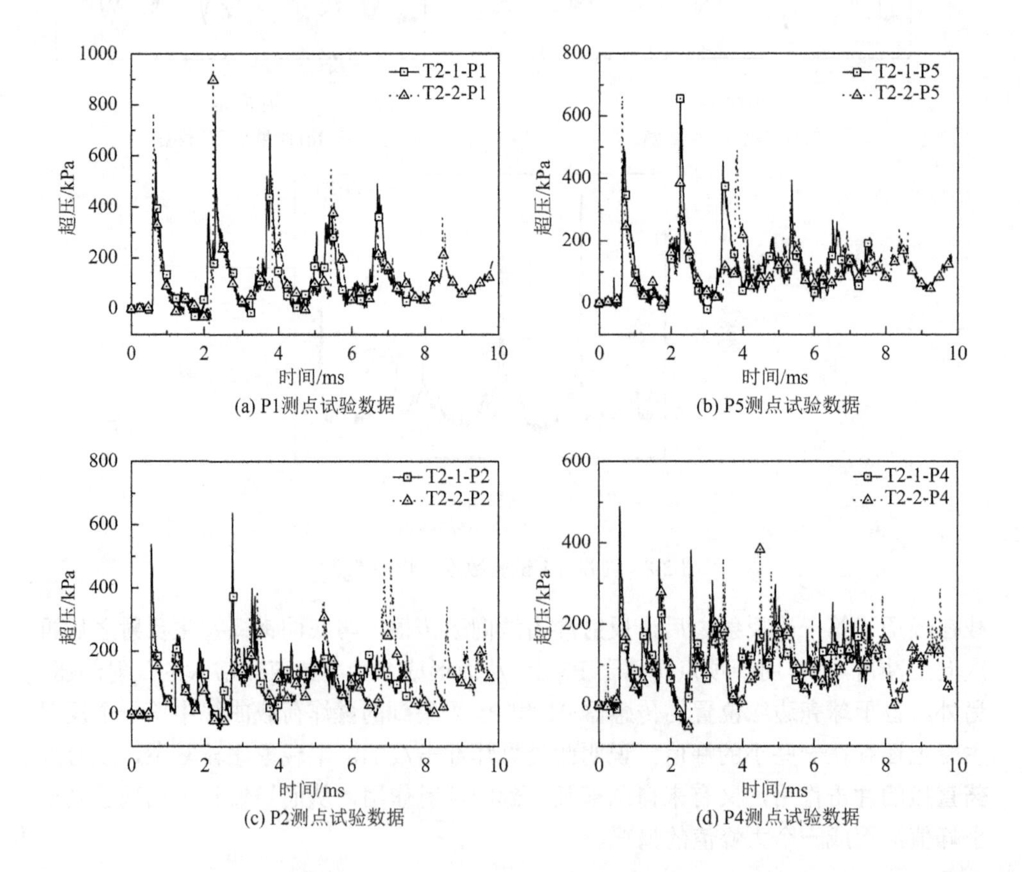

(a) P1测点试验数据　(b) P5测点试验数据

(c) P2测点试验数据　(d) P4测点试验数据

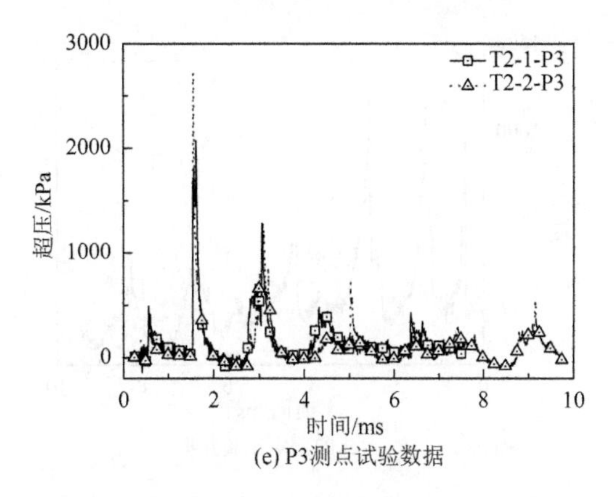

(e) P3测点试验数据

图 2-9　工况 T2 试验数据（炸药 10g）

3. 工况 T3——15g 炸药

工况 T3 仅进行了 1 组试验，其荷载数据的规律与之前所开展的几组试验数据的规律基本相同，爆炸荷载超压曲线如图 2-10 所示。

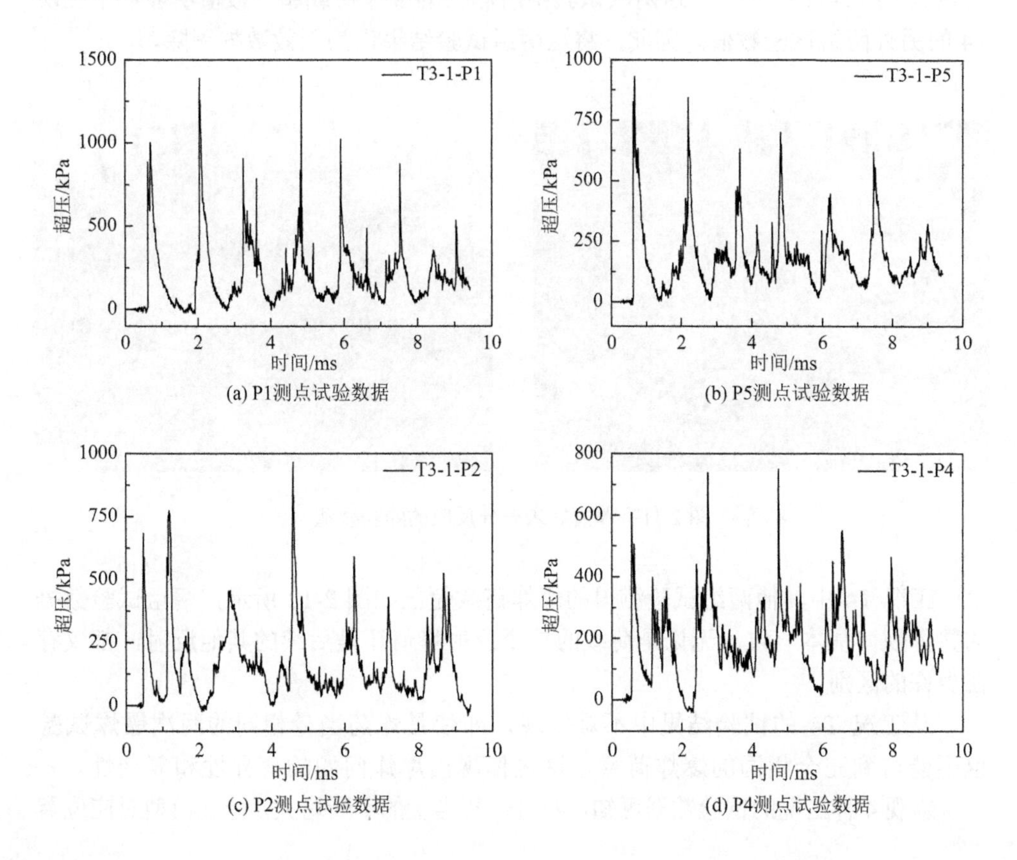

(a) P1测点试验数据

(b) P5测点试验数据

(c) P2测点试验数据

(d) P4测点试验数据

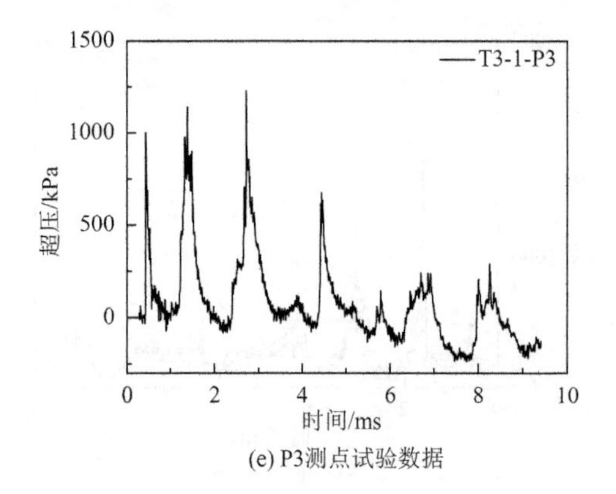

(e) P3测点试验数据

图 2-10 工况 T3 试验数据（炸药 15g）

4. 工况 T4——20g 炸药

工况 T4 共进行了 4 组重复性试验，但是由于未知的原因，其中两组试验中的炸药并未发生正常的爆轰。试验结束后打开模型仍然可以看到未充分反应的炸药残渣（图 2-11）。另外，这两次试验中所测得的爆炸荷载超压数值明显低于工况 T4 的另外两组试验数值。因此，将这两组试验结果作为无效数据剔除。

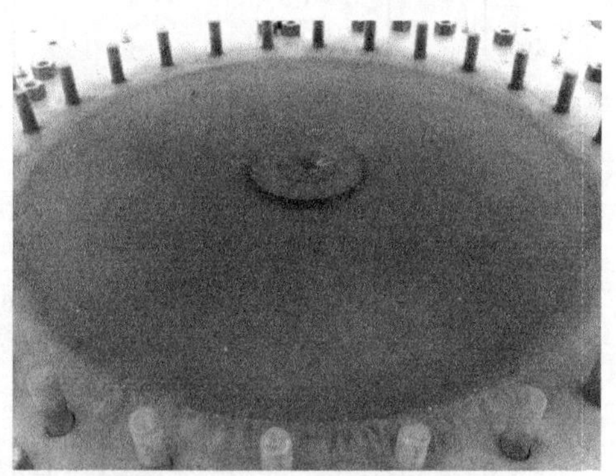

图 2-11 爆轰后未充分反应的炸药残渣

工况 T4 中其他两组试验测得的爆炸荷载超压如图 2-12 所示，两组试验数据的整体规律基本一致。无论是荷载的首个反射峰值还是后续的其他反射，都仅存在少许的区别。

从工况 T4 的试验结果中不难发现，即使是炸药当量相同的两次爆炸试验也不能得到完全相同的爆炸荷载，这也体现出爆炸问题的变异性和复杂性。

纵观 4 种工况的试验数据可知，随着炸药当量的不断增大，球壳模型对应位置

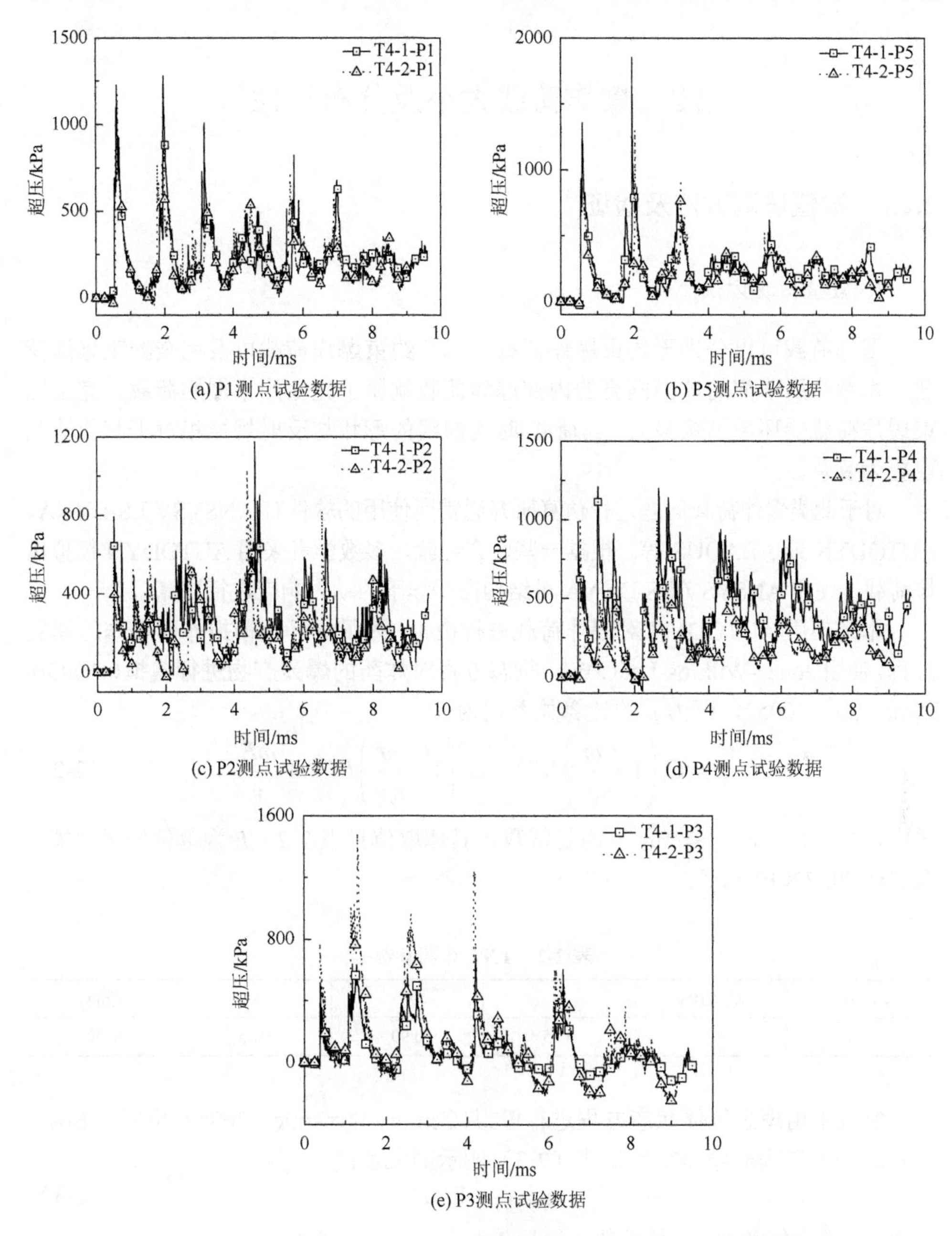

(a) P1测点试验数据

(b) P5测点试验数据

(c) P2测点试验数据

(d) P4测点试验数据

(e) P3测点试验数据

图 2-12　工况 T4 试验数据（炸药 20g）

的爆炸荷载峰值也不断地增大，荷载曲线中每个反射波作用的时间变短。另外，爆炸发生时球壳内部的冲击波不仅会与试件内壁作用产生反射，各种方向的冲击波之间还会发生反射和汇聚，从而导致球壳内部的流场十分复杂。

2.2 爆炸荷载大小及分布特性

2.2.1 数值仿真方法及验证

1. 数值仿真方法

爆炸荷载可以分为无约束爆炸荷载、部分约束爆炸荷载以及完全约束爆炸荷载。本章中所研究的球面网壳的内部爆炸荷载就属于完全约束爆炸荷载。完全约束爆炸荷载受环境影响最大，其荷载-时间曲线的形状与反射规律相对于其他情况也更为复杂。

对于此类爆炸荷载问题进行仿真研究通常所使用的软件有 ANSYS / LS-DYNA、AUTODYN 或 ABAQUS 等。根据一些研究经验，多数学者采用 AUTODYN 模拟爆炸荷载，使用 ANSYS / LS-DYNA 对结构在爆炸下的动力响应进行计算。

本章使用 AUTODYN 对爆炸荷载进行模拟，为了更好地模拟炸药爆炸的爆轰过程，使用 Jones-Wilkins-Lee（JWL）状态方程对炸药的爆轰产物进行模拟（Century Dynamics，2005），压力 p 的计算关系式为

$$p = C_1\left(1-\frac{\omega}{r_1 v}\right)E^{-r_1 v} + C_2\left(1-\frac{\omega}{r_2 v}\right)E^{-r_2 v} + \frac{\omega E}{v} \tag{2-2}$$

式中，C_1、C_2、r_1、r_2、ω、v 均是常数，具体取值见表 2-2；E 为单位质量内能，取 $E=6.9927\times10^9\text{J/m}^3$。

表 2-2 TNT 炸药参数

C_1 /GPa	C_2 /GPa	r_1	r_2	ω	v/(m/s)
374	3.75	4.15	0.90	0.35	6930

空气采用理想气体状态方程进行模拟（Century Dynamics，2005），可以从 Boyle Gay-Lussac 方程推导而得到如式（2-3）所示的关系：

$$p = (\gamma - 1)\rho E \tag{2-3}$$

式中，ρ 是空气密度；γ 是常数，等于 1.4。

由于爆炸问题的模拟中需要考虑冲击波的传播介质，因此三维流固耦合方法的计算精度受到计算能力的限制。直接建立三维流场的计算模型是耗时的，无法将其作为开展大量研究的手段。基于球壳模型自身的对称性，以及试验中炸药所摆放的位置，可以将该三维问题简化成二维轴对称问题进行研究，如图 2-13 所示。

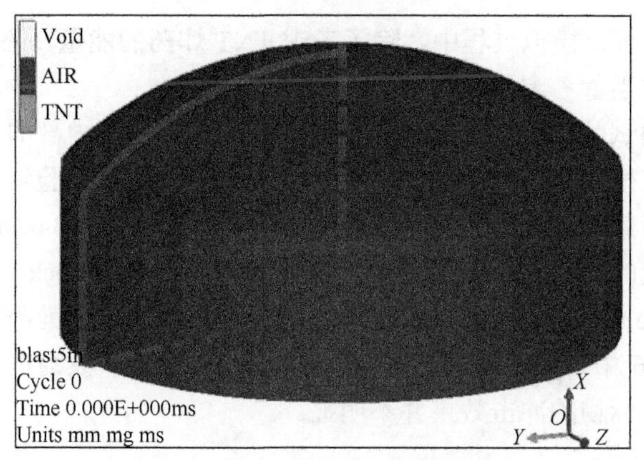

图2-13　空间曲面壳体模型简化

Void 表示空单元；AIR 表示空气单元；TNT 表示炸药单元

使用 AUTODYN 建立球壳内部爆炸荷载的二维模型，如图 2-14 所示。在模型底部位置使用 Unused 单元建立了试验过程中炸药底部放置的可替换圆形钢垫板。模型采用 2D-Euler 单元，由于试验模型由 30mm 厚的钢板构成，因此可以认为其为理想刚性试件，在模拟中除对称轴以外，模型中其余的边界均使用刚性边界。将模型沿其对称轴旋转 360°，就得到对应的壳体内部爆炸荷载等效的三维模型，如图 2-15 所示。

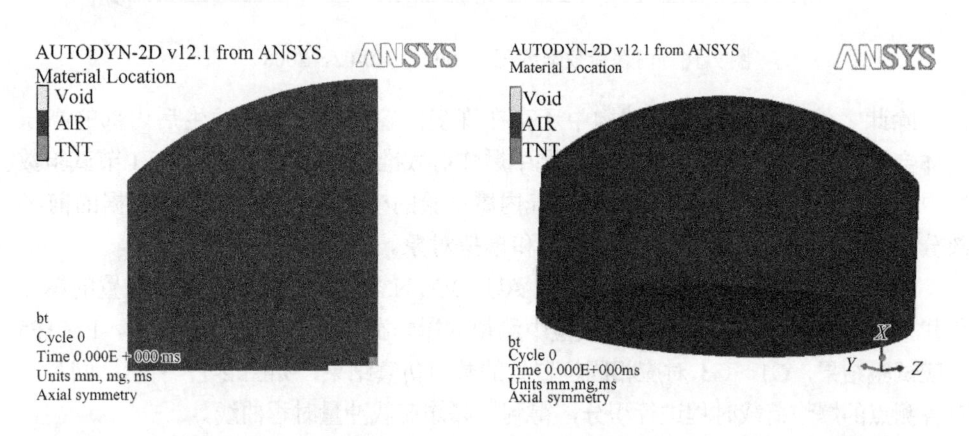

图2-14　空间曲面壳体内爆荷载计算模型　图2-15　空间曲面壳体内爆荷载等效三维模型

2. 模拟方法验证

按照 2.1 节所介绍的方法，对球壳内部爆炸试验各工况下的爆炸荷载进行模拟。并将 AUTODYN 数值模拟结果与爆炸试验中测得的荷载数据进行对比，下面就以两组试验对比结果为例对 AUTODYN 模拟球面网壳内部爆炸荷载的方法及参数设计进行验证。模拟过程中，除了考虑 TNT 炸药的能量，还需要按表 2-1 试验方案中的等效当量考虑雷管的贡献。

由于球壳的试验模型接近于完全封闭，爆炸发生后其内部的气体无法很快地释放，从而会在模型内部发生多次反射。从 2.1 节展示的试验结果也可知，所测得的约束爆炸荷载的曲线中包含了多个反射的峰值。UFC 3-340-02 手册（2008）对约束爆炸荷载的定义中将约束爆炸荷载分为冲击压力（shock pressure）和准静压（gas pressure）两个部分。与冲击压力的持续时间相比，准静压作用时间相对较长，如图 2-16 中 P_g 所示。准静压也相对较小，其各个反射的升压速率也明显缓慢，因此对目标物的冲击效果并不明显。

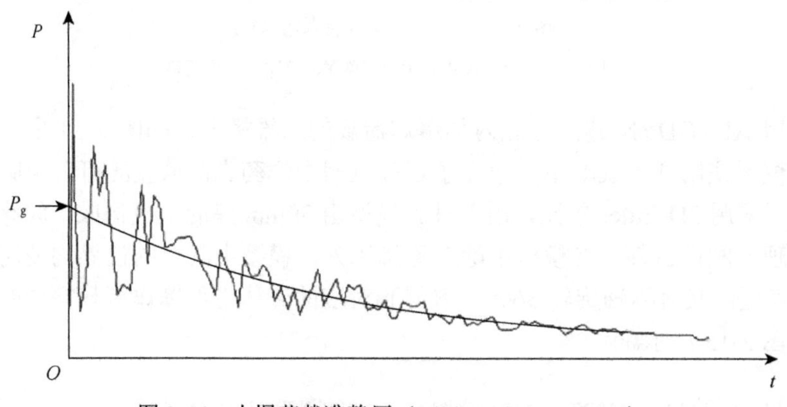

图 2-16　内爆荷载准静压（UFC 3-340-02，2008）

除此之外，真实的建筑结构中还存在许多门窗洞口，爆炸发生后内部的高压气体会迅速向外排出。因此，实际问题中爆炸荷载准静压的影响远没有 2.1 节试验数据中那么明显。基于此，本章在对球壳内爆试验的模拟中，仅仅将试验数据的前半部分的冲击压力部分作为主要的研究和模拟对象。

以试验工况 T2 的数据为例，提取 AUTODYN 数值模拟结果中对应位置的爆炸荷载（超压）时程曲线，将其与试验中测得的爆炸荷载绘制于同一张图中，P1～P5 对应试验结果，G1～G3 对应相同位置处的数值仿真结果，如图 2-17 所示。同时，对各测点的爆炸荷载时程进行积分，得到了爆炸荷载冲量时程曲线。

由图 2-17 所示的对比结果可知，数值模拟计算得到的爆炸荷载曲线与试验数据规律基本一致。尤其是爆炸荷载的第一个峰值，无论是荷载到达时间还是荷载峰值超压数值都与试验结果非常接近。

由于试验过程中，爆炸冲击波在结构的内部发生反射，虽然后续反射中数值模拟的结果略小于试验记录，但是每次反射发生的时刻与趋势均与试验结果吻合良好。从荷载冲量曲线的数值来看，数值模拟的结果也略小于试验数据积分的结

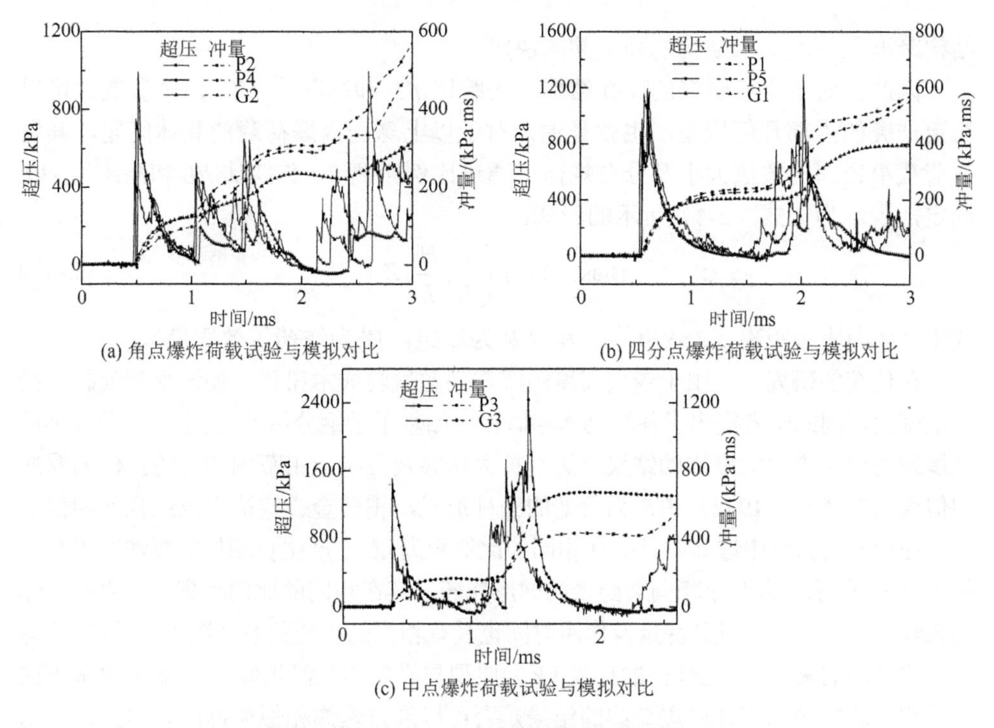

(a) 角点爆炸荷载试验与模拟对比

(b) 四分点爆炸荷载试验与模拟对比

(c) 中点爆炸荷载试验与模拟对比

图 2-17　工况 T2 试验数据与模拟结果对比

果。造成数值模拟的结果小于试验数据的原因是模拟中所采用的计算炸药爆轰产物的 JWL 状态方程不能考虑炸药的二次燃烧效应（afterburning effect）（Edri et al., 2013；2012）。二次燃烧效应是一个非常复杂的化学过程，炸药在封闭环境内发生爆炸时，炸药的某些爆轰产物（如 C、CO、H_2，以及一系列碳氢化合物等）会与氧气发生二次化学反应，从而将继续释放出额外的能量。因此，出现了数值模拟的结果略小于爆炸试验结果的情况。二次燃烧效应发生在炸药爆轰过程之后，所以爆炸荷载的第一个峰值几乎不会受到二次燃烧效应的影响。

由上述试验与数值模拟对比结果可知，对于 AUTODYN 的参数设置及使用的模拟方法适合于球壳内部约束爆炸荷载的仿真。

2.2.2　爆炸荷载分布规律

1. 分析方案及荷载传播规律

壳体结构的内爆荷载表现在两个方面：某具体位置的荷载冲量、整体的分布形式。前者主要取决于比例距离，后者则取决于爆炸发生所处的环境。比例距离的大小由爆距和炸药当量共同决定，爆炸所处的环境则主要由壳体屋盖的曲率、结构跨度及下部支承结构的高度共同决定。

因此，对于本章研究的球壳结构，矢跨比 f/L 和高跨比 H/L 两个参数便可以决定球壳的内部几何构型。也就是说，对于以上球壳内爆荷载的具体问题，其爆炸荷载沿径向的数值大小及分布规律可通过比例距离 Z、矢跨比 f/L 和高跨比 H/L 确定，表示为如式（2-4）所示的形式：

$$\text{Blast}(r)=f\left(\frac{f}{L},\frac{H}{L},Z\right) \tag{2-4}$$

式中，Z 为比例距离（$Z=R/W^{1/3}$，其中 R 为爆距；W 为炸药等效质量）。

在传统的研究中，由于较大尺度的爆炸问题试验成本昂贵、场地受到限制、操作难度大，因此学者提出了各种爆炸相似律，如基于量纲分析的 π 定理，通过小尺度爆炸的结果推演大爆炸的结果，达到扩大试验及分析应用范围的目的。作为爆炸相似律（李翼祺，1992）中最为普遍的一种形式，霍普金森定律指出：几何相似的炸药在相同的大气中爆炸时，会在相同的比例距离 Z 上产生自相似的爆炸冲击波。如图 2-18 所示，有两个相同装药量的球形炸药，其在相同的比例距离上产生的爆炸荷载峰值超压相等，且其冲量及作用时间也具有相同的相似关系（图中 R 为炸药与目标物之间的爆距，d 为炸药的直径，k 为原型与模型的几何相似比）。本节也基于这一思想，研究球面壳体内爆荷载的结果是否可以通过爆炸相似律推广到与其具有相似性的更为广泛的情况当中。

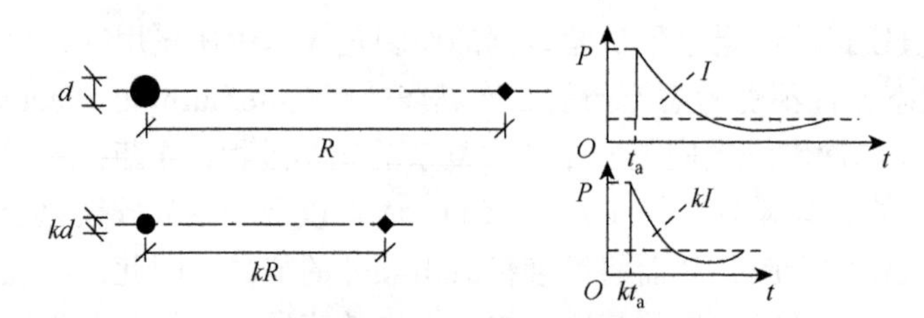

图 2-18 爆炸相似律示意图

本节研究球壳结构内部中心爆炸时，其荷载分布规律与比例距离 Z、矢跨比 f/L 和高跨比 H/L 相关。因此，本节以跨度为 10m 的结构为例研究上述 3 个参数的影响规律。参照工程经验将参数设置在合理范围内，比例距离为 2.3～5.0m/kg$^{1/3}$，具体取值如表 2-3 所示。

表 2-3 球壳中心内爆荷载参数设置

参数	数值
比例距离 Z /(m/kg$^{1/3}$)	2.3、2.5、2.9、4.0、5.0
矢跨比 f/L	1/2、1/4、1/5、1/8、0 （平屋盖）
高跨比 H/L	0.40、0.45、0.50、0.55、0.60

以一个跨度为 10m、矢跨比为 1/5、高跨比为 0.50 的球壳为例描述爆炸冲击波的传播过程，在其内部中心放置质量为 5kg 的半球形 TNT 炸药（比例距离为 2.9m/kg$^{1/3}$）引发爆炸作用，建立如图 2-19 所示的计算模型。为了获得爆炸过程中沿球壳径向的爆炸荷载分布规律，在模型的屋面上均匀设置 102 个压力测点以记录整个过程中球壳表面各点受到的爆炸荷载。

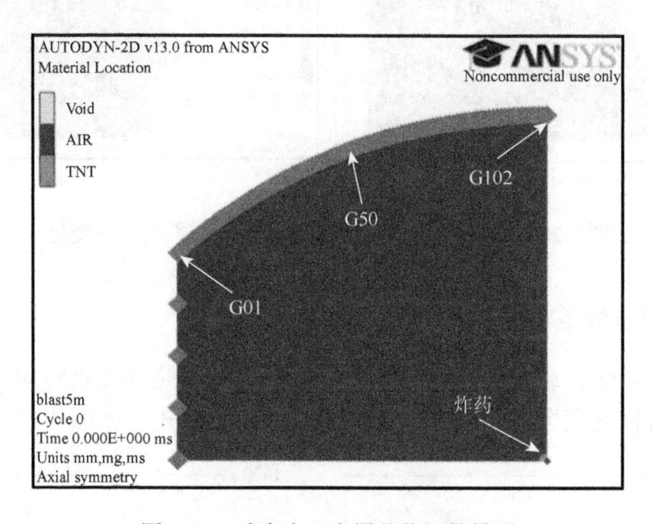

图 2-19　球壳中心内爆荷载计算模型

整个爆炸过程的压力场云图如图 2-20 所示，冲击波发生反射之前，呈球面形状迅速向外传播并不断扩大，波阵面上的压力逐渐减小。当冲击波接触到球壳的屋面和墙面时，发生第一次反射。随之形成两组更强的反射波沿着屋面及墙面向其交汇处继续传播。最终在屋面及墙面的交汇处汇聚形成新的反射波继续传播。

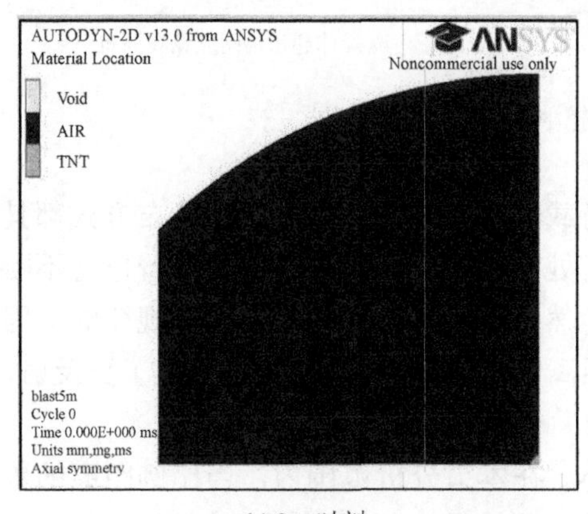

(a) 0ms时刻

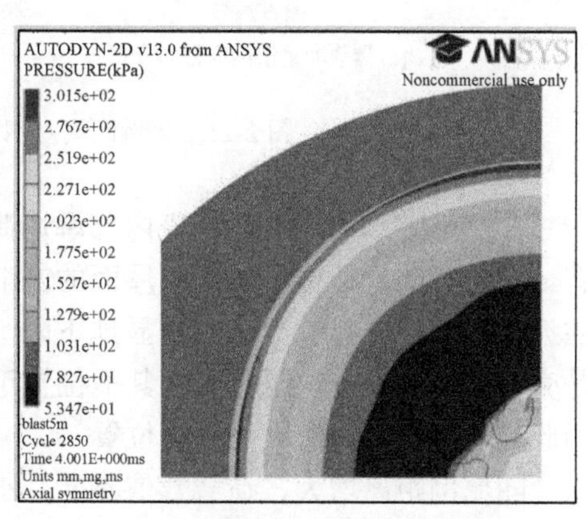

(b) 4ms时刻

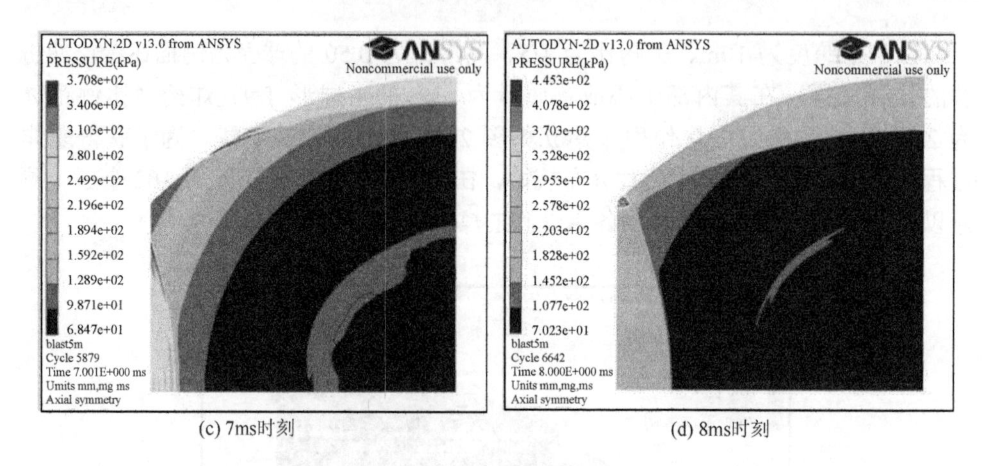

(c) 7ms时刻　　(d) 8ms时刻

图 2-20　球壳内部爆炸荷载传播与反射模拟压力场变化

2. 比例距离的影响

将模拟的爆炸荷载冲量及峰值超压分别提取并按照其测点对应位置绘制于同一图中，就可以得到爆炸荷载的冲量及超压的分布形式，如图 2-21 所示。

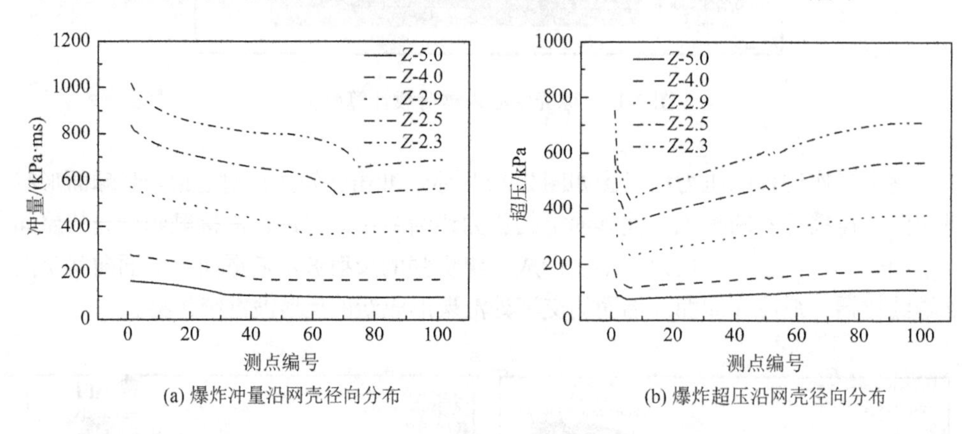

(a) 爆炸冲量沿网壳径向分布　　(b) 爆炸超压沿网壳径向分布

图 2-21　比例距离对网壳中心内爆荷载的影响

在比例距离改变时，球壳内部爆炸荷载无论是冲量还是超压的分布方式都具有一定的规律，即位于墙面与屋面的交汇处的爆炸荷载数值最大，随着位置不断靠近球壳顶点，荷载数值先明显地下降，然后再逐渐增大。形成这种规律的原因是壳体结构的顶点位置相比于其他位置距离炸药更近，并且此位置发生了正反射，因此其荷载数值也略大于周围位置。

随比例距离增大，荷载数值不断减小。在本节分析范围内，当比例距离的数值增大到 5.0m/kg$^{1/3}$ 时，球壳表面受到的爆炸荷载最小，并且曲线的转折也不明显，即此时球壳屋面上的爆炸荷载分布相对均匀。这说明比例距离较大（即内部空间相对炸药当量较大）时，结构上爆炸荷载不均匀分布的特性会随相对传播距离的增大而逐渐地削弱。因此，比例距离较大的球壳内部中心爆炸问题的爆炸荷载可以近似采用均匀分布的模型表述。

3. 矢跨比的影响

矢跨比发生变化时，球壳结构内部屋面位置上爆炸荷载冲量及超压的分布形式与数值如图 2-22 所示。

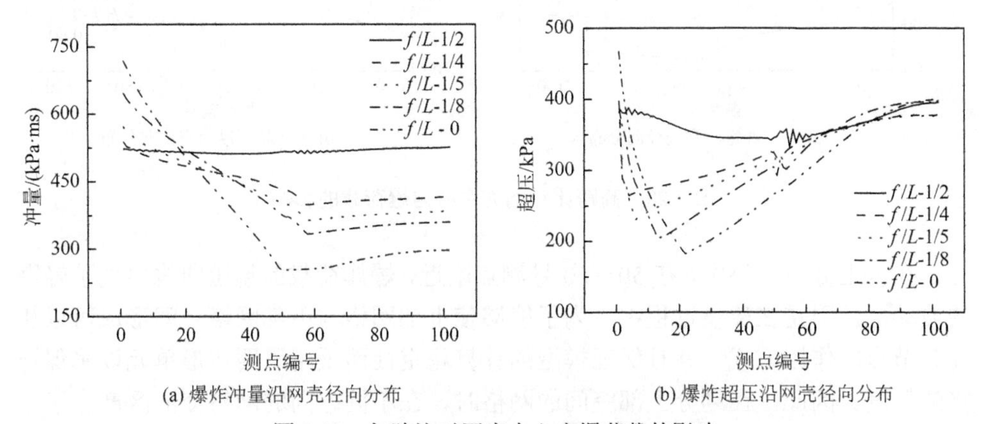

(a) 爆炸冲量沿网壳径向分布　(b) 爆炸超压沿网壳径向分布

图 2-22　矢跨比对网壳中心内爆荷载的影响

球壳内表面的爆炸荷载分布在随矢跨比变化时也呈现出规律性。随着矢跨比的增大，网壳屋面上的爆炸荷载分布逐渐趋于平均。其原因是，在矢跨比增大的过程中，随着屋面曲率的增大，起爆点也就越来越接近屋面所在圆弧的圆心处，从而使得起爆点与屋面上各位置的距离逐渐趋于相等。当矢跨比为 1/2 时，爆炸荷载的冲量沿网壳径向的分布几乎完全一致。

球壳内部爆炸荷载的总体分布现象是屋面和墙面交汇处较大，并随其位置向顶点靠近逐渐减小，到达一定位置后再随之继续增大，这也是由各个位置相对爆距不同所致。

4. 高跨比的影响

对于相同矢跨比的结构，高跨比可以用来直接表征球壳下部支承结构的高度。根据表 2-3 中常规结构的高跨比取值范围，分别对 5 种典型的高跨比进行计算与对比分析，获得高跨比对网壳内部爆炸荷载分布的影响（图 2-23）。

在高跨比变化时，球壳内部的爆炸荷载依然呈现出非常明显的规律性。且随着球壳高跨比的逐渐增大，其屋面上受到的爆炸荷载冲量和超压都增大。但是，由于球壳内部整体曲率形状并未发生明显变化，荷载的分布方式几乎不变，仅仅从数值上呈现出荷载曲线平移的变化规律。

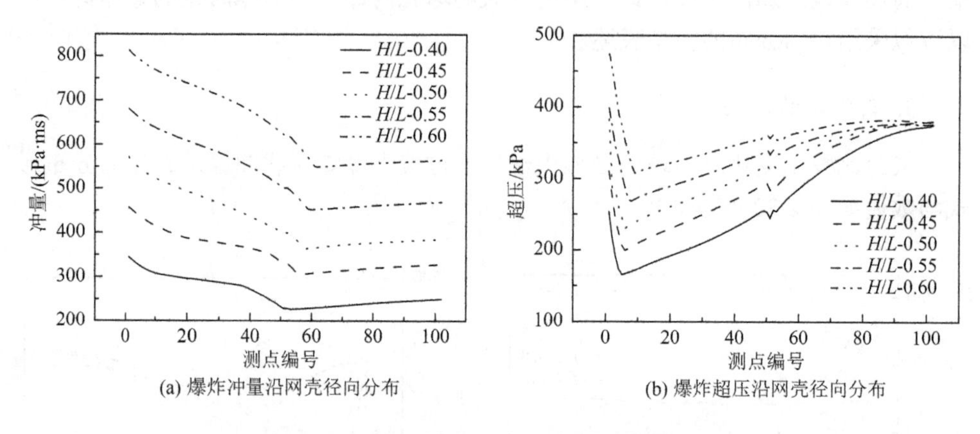

(a) 爆炸冲量沿网壳径向分布　　(b) 爆炸超压沿网壳径向分布

图 2-23　高跨比对网壳中心内爆荷载的影响

在以上分析结果中，在 50～60 号测点附近，爆炸荷载的超压曲线出现了轻微的波动，原因是在建模过程中，为了能够使上部网格与下部网格之间形成可以相互共节点的作用方式，并且保证模型的计算稳定性而采用了四边形单元以确保计算的精度。因此，在划分上部空间的网格时，在不同方向的网格交汇区产生了一个退化单元，从而使爆炸荷载的超压发生了轻微的波动。但从爆炸荷载冲量曲线可知，由于波动的幅度较小，整体荷载的分布曲线仍相对平滑，并未过多受到这个退化单元的影响。

2.2.3　非中心爆炸荷载分布规律

对于炸药位于球壳结构平面中心起爆的情况，可以利用极对称性将模型简化为平面问题进行计算。但是当炸药不是恰好位于球壳结构平面中心，而是位于球壳结构内部其他任意位置时，就无法采用上述简化模型，但可以将此类问题简化为 1/2 模型进行建模。如图 2-24 所示，建立有限元模型将 $Y = 0$ 面作为对称面，在对称面内结构范围内的任意位置设置炸药，就可以模拟全部球壳结构内部非中心爆炸的问题。

当炸药位置不在球壳结构平面中心对称位置时，球壳结构上的爆炸荷载不再是对称分布的，图 2-25 是炸药放置在球壳右侧时的压力场发展全过程，爆炸压力在距离炸药较近一侧的结构上最先出现，而后迅速向周围传播，并开始向结构另一侧扩展，并逐渐传播到整个结构上。

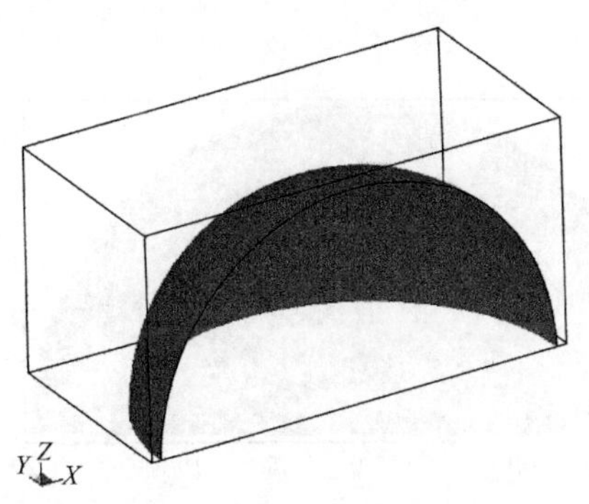

图 2-24　1/2 球壳结构的有限元模型

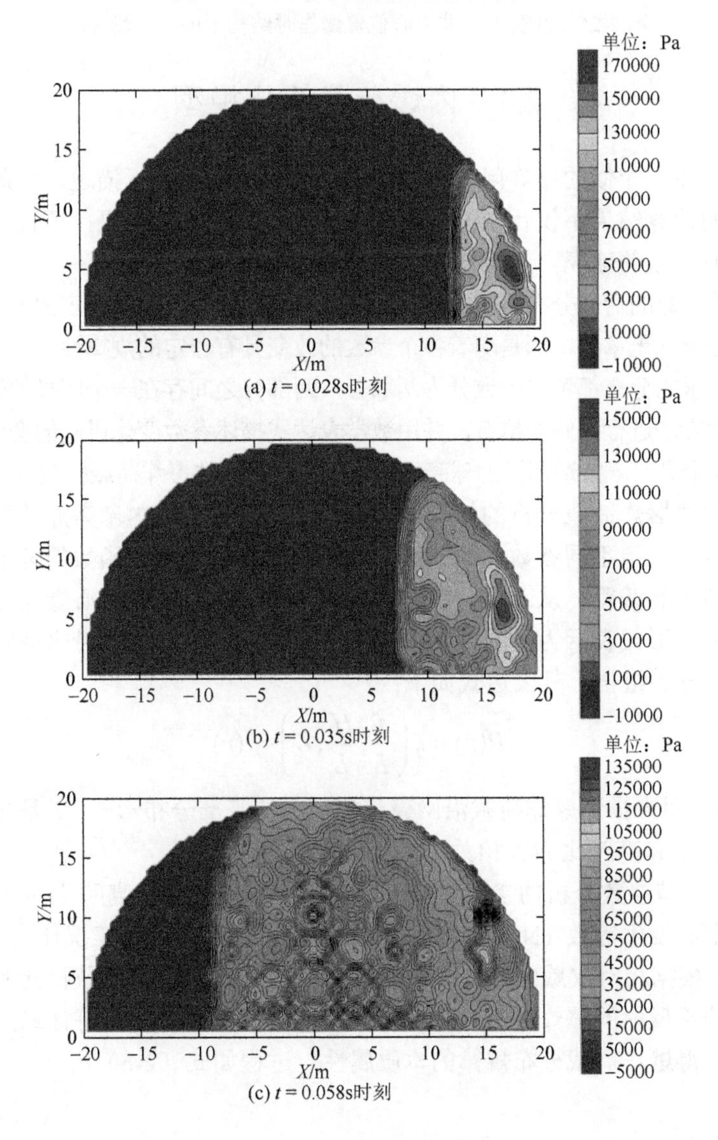

(a) $t = 0.028$s时刻

(b) $t = 0.035$s时刻

(c) $t = 0.058$s时刻

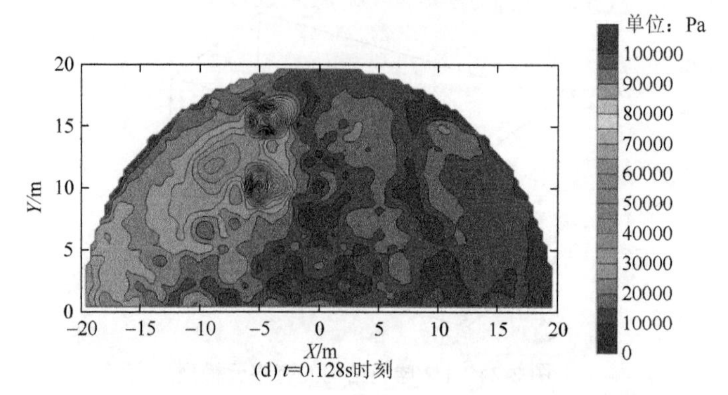

(d) t=0.128s时刻

图 2-25　炸药位于非中心位置爆炸时结构上的压力场分布

2.3　内爆荷载简化模型

如前所述，相似的爆炸问题可以通过爆炸相似律来进行描述。因此，参数分析中得到的计算结果不仅代表一个具体的球壳内爆荷载的结果，还代表着一组与其具有相似关系的球壳内爆问题的荷载分布情况。

从上面计算的荷载分布不难发现，当参数发生变化时，壳体内表面上的爆炸荷载分布并不是杂乱无章的，而是随着各个参数的改变具有一定的规律性。另外，无论是冲量还是超压的分布都可以大致分为两部分，两部分之间存在一个明显的转折位置。若通过数学方法进行回归与拟合，并用数学表达式描述参数变化引起的变化规律，便可以得到一个具有一定适用性的球壳内部中心爆炸问题的爆炸荷载模型。

通过观察爆炸荷载分析的结果，可以将球壳结构中心内部爆炸荷载用分段线性函数表示。对于不同参数下的算例，区别仅仅是分段线性函数的分段位置，以及两段的斜率和截距。从这个角度出发，就可以将球壳内部中心爆炸作用下的爆炸荷载的基本形式表示为基准分布形式 $f(r)$ 与考虑参数变化带来影响的修正系数 ξ 两个部分的组合，其表达式如下：

$$P(r)=\xi\left(\frac{f}{L},\frac{H}{L},Z\right)\cdot f(r) \tag{2-5}$$

式中，$f(r)$ 用来描述爆炸荷载沿网壳结构径向的基准分布形式；ξ 是与比例距离 Z、矢跨比 f/L 和高跨比 H/L 相关的修正函数。

根据 2.2 节参数分析的参数取值范围，以矢跨比为 1/5、高跨比为 0.50 的球面网壳内部中心发生等效 TNT 当量为 5kg 的半球形炸药爆炸的工况作为基准算例。

首先，根据相对权威的 UFC 3-340-02 手册（2008）中查表获得此相同工况下半球形炸药正反射的爆炸荷载冲量和超压值，对参数分析中所有计算结果进行无量纲化，获得爆炸荷载分布规律的本质属性，过程如式（2-6）所示：

$$f_{\mathrm{non}}(r) = P(r) / P_{\mathrm{UFC}} \tag{2-6}$$

式中，$f_{\mathrm{non}}(r)$ 为爆炸荷载的无量纲化基准分布形式；$P(r)$ 为数值模拟中得到的爆炸荷载冲量或者超压；P_{UFC} 为通过 UFC 3-340-02 手册查表获得的正反射爆炸荷载数值。当计算爆炸冲量数值时，根据爆炸相似律的相似关系还需要相应地除以炸药当量的立方根 $W^{1/3}$。

图 2-26 是 UFC 中爆炸荷载计算图（UFC 3-340-02，2008），根据比例距离可以在图中找到相应正反射爆炸荷载冲量及超压的结果，根据英制与公制单位之间的转化关系，得到相应比例距离条件下的爆炸荷载冲量和超压。接下来，采用分段线性函数对无量纲化的爆炸荷载进行拟合，得到球壳内部中心爆炸荷载基准分布：

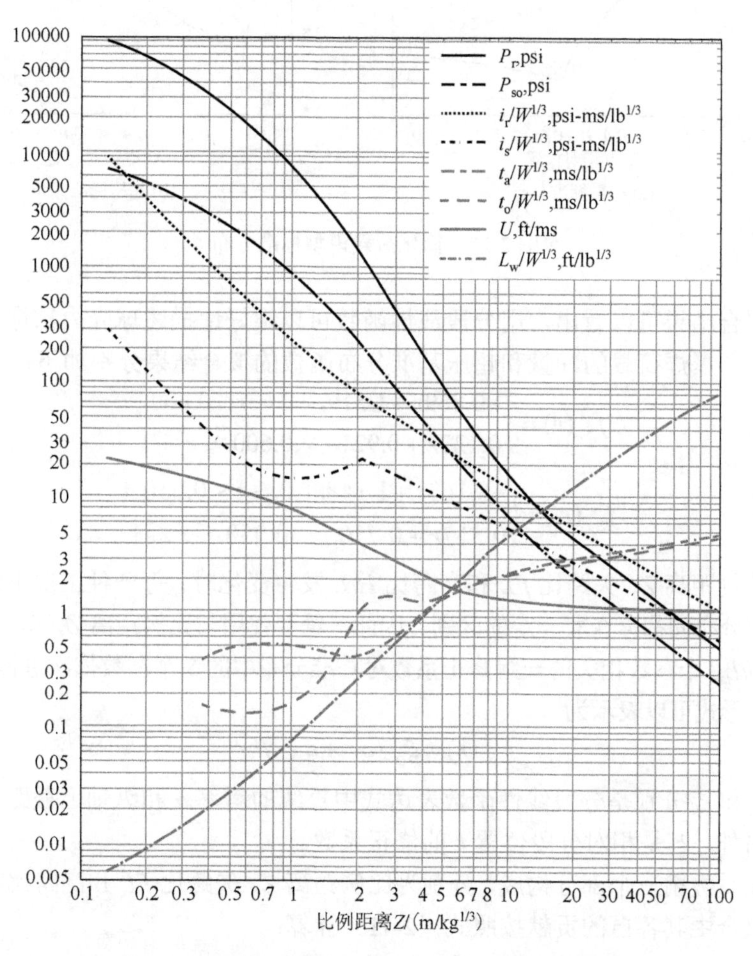

图 2-26　UFC 爆炸荷载计算图（半球形炸药）（UFC 3-340-02，2008）

1psi=324kPa，1psi-ms/lb$^{1/3}$=215kPa·ms/kg$^{1/3}$，1ms/lb$^{1/3}$=0.664ms/kg$^{1/3}$，1ft/ms=0.305m/ms，1ft/lb$^{1/3}$=0.397m/kg$^{1/3}$

$$f_S(r)=\begin{cases}\alpha_1 r+\beta_1, & 0\leqslant r<k\\ \alpha_2 r+\beta_2, & k\leqslant r\leqslant 1\end{cases} \tag{2-7}$$

式中，k 是两段函数的交点在球壳径向 r 轴上的坐标；α 和 β 分别是线性函数的斜率与 y 轴的截距。其爆炸荷载冲量与超压的标准分布的表达式可以由最小二乘法进行拟合，对于基准算例来说，其拟合结果见图 2-27。

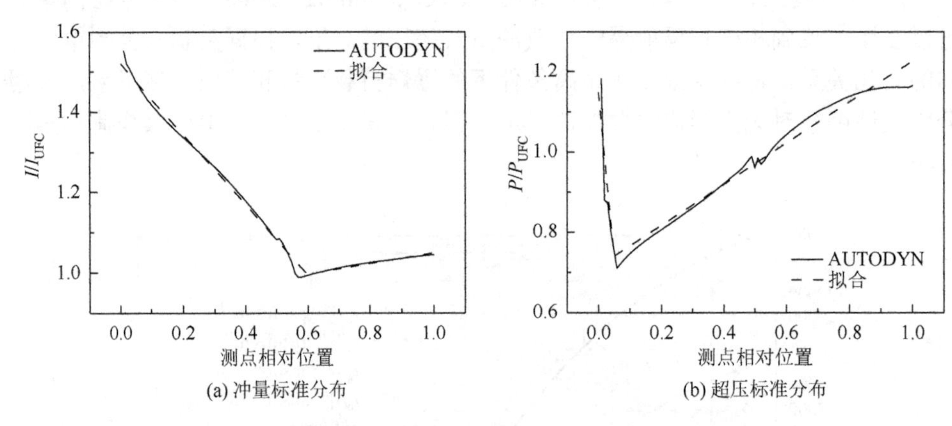

(a) 冲量标准分布　　(b) 超压标准分布

图 2-27　简化荷载模型标准分布

从拟合结果可以看出，用分段线性函数可以很好地描述球壳内部爆炸荷载的分布情况。爆炸荷载的冲量和超压基准分布函数的拟合结果分别如下：

$$f_{S_I}(r)=\begin{cases}-0.869r+1.519, & 0\leqslant r<0.600\\ 0.127r+0.921, & 0.600\leqslant r\leqslant 1\end{cases} \tag{2-8}$$

$$f_{S_P}(r)=\begin{cases}-8.163r+1.148, & 0\leqslant r<0.050\\ 0.517r+0.710, & 0.050\leqslant r\leqslant 1\end{cases} \tag{2-9}$$

当比例距离 Z、矢跨比 f/L 和高跨比 H/L 发生变化时，每一种工况下的爆炸荷载与基准分布间都存在着一定的区别。因此，需要使用与比例距离 Z、矢跨比 f/L 和高跨比 H/L 3 个参数相关的一组修正系数对基准分布中的 5 个参数依次进行修正，修正的具体形式可以表示为

$$f(r)=\xi_\alpha\cdot\alpha r+\xi_\beta\cdot\beta \tag{2-10}$$

式中，ξ_α 和 ξ_β 分别是分段线性函数表达式中直线的斜率 α 和纵轴上截距 β 的修正系数。另外，ξ_k 是相对分段位置 k 的修正系数。

修正系数由三个部分构成，分别为比例距离 Z、矢跨比 f/L 和高跨比 H/L 的影响，在拟合中其各自的贡献按照式（2-11）计算：

$$\xi=\xi_Z\cdot\xi_{f/L}\cdot\xi_{H/L} \tag{2-11}$$

根据对参数分析的结果中修正系数规律的研究及拟合，发现各个修正系数

的具体表达形式分别为 $\xi_Z=ax^b+c$，$\xi_{f/L}=ax+b$，$\xi_{H/L}=ax+b$。拟合得到的修正系数如表 2-4 所示。

表 2-4　简化荷载模型修正系数

修正系数		冲量					超压				
		k_I	α_1	β_1	α_2	β_2	k_P	α_1	β_1	α_2	β_2
ξ_Z	a	8.440	−215.5	3.798	12.260	4.170	−0.000	49.510	28.180	18.090	26.980
	b	−2.617	−7.836	−1.314	−1.243	−1.574	21.780	−3.865	−3.289	−2.722	−3.282
	c	0.499	1.040	0.070	−2.189	0.215	0.980	0.202	0.167	0.013	0.199
$\xi_{f/L}$	a	0.926	−5.494	−0.651	−3.922	1.842	−13.450	−0.777	−0.249	−3.550	2.085
	b	0.825	2.381	1.185	1.955	0.625	3.931	0.877	1.089	1.804	0.542
$\xi_{H/L}$	a	0.838	3.226	4.274	−2.245	4.851	2.782	−0.382	2.818	−4.910	3.616
	b	0.625	−0.721	−1.127	2.032	−1.373	−0.209	1.044	−0.413	3.456	−0.817

参考文献

李翼祺. 1992. 爆炸力学[M]. 北京：科学出版社.

恽寿榕. 2005. 爆炸力学[M]. 北京：国防工业出版社.

Century Dynamics. 2005. AUTODYN Theory Manual, Revision 4.3[M]. Houston: Century Dynamics:1-235.

Edri I, Feldgun V R, Karinski Y S. 2012. On blast pressure analysis due to a partially confined explosion: III. Afterburning effect[J]. International Journal of Protective Structures, 3（3）: 311-331.

Edri I, Feldgun V R, Karinski Y R, et al. 2013. Afterburning aspects in an internal TNT explosion[J]. International Journal of Protective Structures, 4（1）: 97-116.

UFC 3-340-02. 2008. Structures to Resist the Effects of Accidental Explosions[M]. Washington:Departments of the Army the Navy and the Air Force: 1-1867.

第3章　大跨平屋盖结构的内爆荷载

平屋盖结构在工程中非常常见，很多大跨度空间结构的屋盖，包括平板网架结构、大跨度桁架等都是平屋盖形式。由于屋面近乎水平面，其对于冲击波的传播影响、汇聚机制与曲面存在明显不同。本章选择典型的大跨平屋盖进行内爆数值仿真分析，研究爆炸冲击波的传播过程及屋盖上的内爆荷载模型。

3.1　有限元建模

本章采用 LS-DYNA 进行数值仿真工作，以平面矩形尺寸为 30m×30m、高度为 15m 的大跨度平屋盖结构为例说明有限元模型的建立以及验证过程。

为了克服拉格朗日和欧拉两种方法各自的缺陷，本节采用任意拉格朗日-欧拉（ALE）方法实现流固耦合的动态分析。炸药和空气两种物质借助显式实体单元 Solid164 来进行模拟；大跨度平屋盖结构使用 Shell163 来进行模拟。通过关键字 *MAT_HIGH_EX PLOSIVE_BURN 设置炸药材料，通过关键字*EOS_JWL 来定义炸药的状态方程，如表 3-1 所示。

表 3-1　LS-DYNA 中炸药参数设置表

ρ/(kg/m^3)	D/(m/s)	PCJ/GPa	A/GPa	B/GPa	R_1	R_2	OMEG	E_0/(J/m^3)	V_0
1631	6930	21	371	3.23	4.15	0.95	0.35	7×10^9	1

注：ρ 为炸药密度；D 为爆速；PCJ 为爆轰压力；A、B、R_1、R_2 为描述炸药爆轰产物 JWL 状态方程的控制参数；E_0 为爆轰初始内能；V_0 为初始相对体积。

通过关键字*MAT_NULL 定义空气的材料参数，借助关键字*EOS_LINEAR_POLYNOMIAL 描述空气的状态方程。模型中空气的参数设置如表 3-2 所示。

表 3-2　LS-DYNA 中空气参数设置表

ρ/(kg/m^3)	C_0	C_1	C_2	C_3	C_4	C_5	C_6	E_0/(J/m^3)	V_0
1.29	-1×10^5	0	0	0	0.4	0.4	0	2.5×10^5	1

注：ρ 为空气密度；C_0～C_6 为状态方程参数；E_0 为空气初始的内能；V_0 为初始相对体积。

建模时开始只建立空气域及其中的实体模型，然后在 K 文件关键字卡片的修改中，利用对关键字*INITIAL_FRACTION_GEOMETRY 中参数的修改来设置炸药的形状和位置等几何参数。利用这种方法建立的有限元模型不用在每次计算中修改，只需对 K 文件关键字卡片进行简单修改即可，便于后续进行大量参数分析。

本章中通过改变炸药位置及药量来观察炸药参数对屋盖上压力场分布的影响，选取的炸药爆炸点位置在结构中的分布情况如图 3-1 所示。为了简化计算，采用对称建模的思想，同时考虑到炸药在不同位置爆炸的几种工况，需要建立的模型有 3 种，分别为 1/4 模型、矩形 1/2 模型、对角线 1/2 模型。

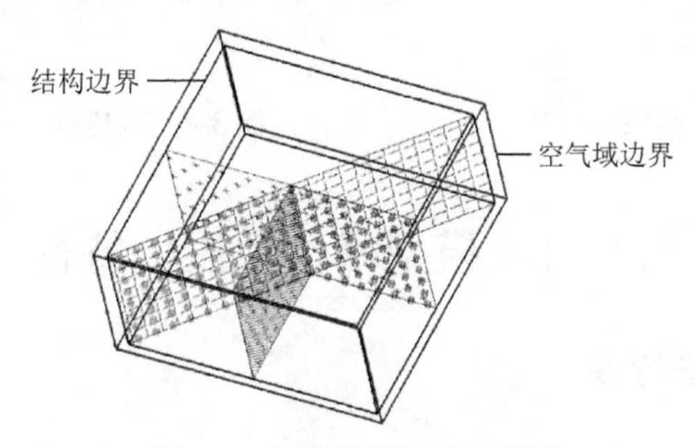

图 3-1　炸药布置位置示意图

以炸药位于屋盖结构平面中心、位置坐标 $X=Y=Z=0$ 的情况为例，将 ANSYS 作为前处理软件，取尺寸为 0.8m×0.8m×0.8m 的 TNT 炸药放置于结构对称轴上，并且炸药摆放高度为 0m（地面位置处），此时的炸药 TNT 当量约为 52kg。由于结构和炸药关于对称轴均对称，因此可以选取 1/4 结构进行建模（图 3-2）。在爆炸过程中，由于爆炸问题的高压和瞬时性，结构选择为刚性或是柔性对于荷载计算结果并无太大影响，因此在建模时，大跨度平屋盖结构可按照刚性结构建模。为了实现空气与结构之间的流固耦合，将空气域（ALE 空间）略微放大，使其能完整地包围结构，取空气域尺寸为 32m×32m×16m，最终的单元数约为 51.95 万个。建模时坐标系 Z 轴取为大跨度平屋盖结构的中轴线，坐标原点位于地面处。矩形 1/2 模型与 1/4 模型的建模材料参数、单元类型以及计算设置相同，模型空间范围如图 3-3 所示，对角线 1/2 模型如图 3-4 所示，单元数分别约为 103.9 万个和 197.2 万个。

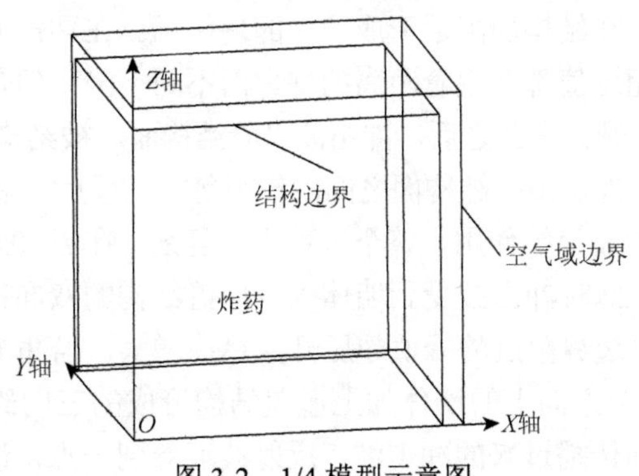

图 3-2　1/4 模型示意图

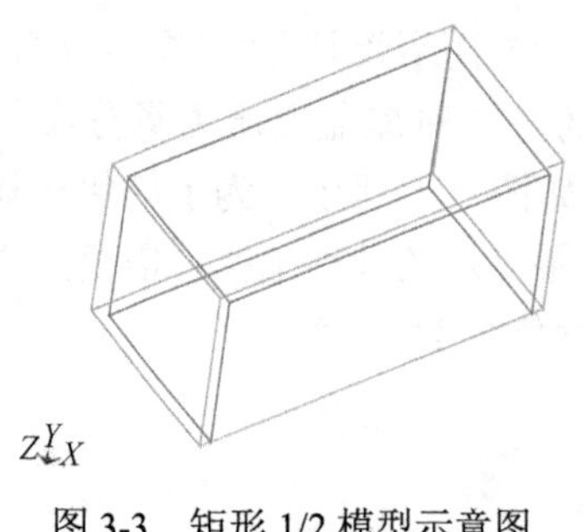

图 3-3　矩形 1/2 模型示意图

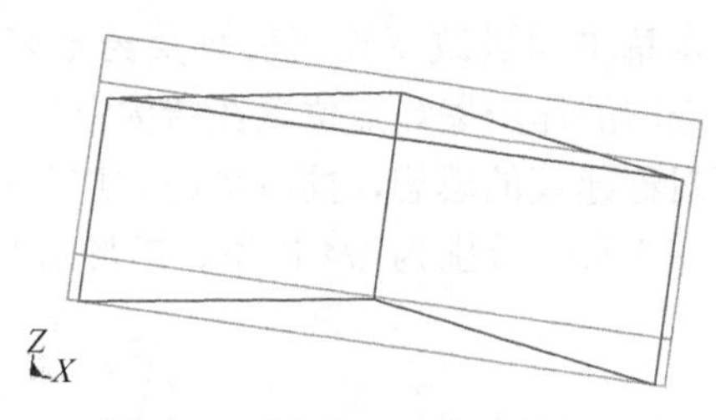

图 3-4　对角线 1/2 模型示意图

3.2　1/4 模型峰值超压场特性

3.2.1　冲击波传播特性

本节进行炸药位于结构中心轴上的仿真分析，利用对称性选取 1/4 模型进行计算。本部分主要考察大跨度平屋盖结构在爆炸荷载下压力场的变化以及分布规律，取 TNT 炸药尺寸为 0.4m×0.4m×0.2m，等效当量为 52kg，取对称之后炸药尺寸为 0.2m×0.2m×0.2m，炸药放置位置为模型坐标原点，在屋盖结构中轴线上的地表面上（高度=0m）。

利用前述方法建模进行仿真分析后，可以得到结构内的三维超压应力云图，如图 3-5 所示。在 $t=0$s 时刻，位于坐标系原点的炸药开始起爆。t=0.01s 时，冲击波已经传播到了 8m 的位置，此时冲击波的形状与空爆时的情况没有区别，呈球形向外扩散；冲击波的传播速度与空爆分析时基本一样，说明此时冲击波在遇到结构之前并未受到影响。在 $t=0.025$s 时，冲击波阵面前端到达结构屋顶。此时冲击波阵面仍然保持球形，正压作用时间不断增大，反映在图中为冲击波阵面的厚度随着传播距离的增大而不断增加，当冲击波到达结构屋顶时，冲击波阵面的厚度已经很大了，约为 6m。此时冲击波由于遇到刚性屋面开始反射，这些反射波与后面的冲击波共同作用，在结构面附近形成很大的超压场。在冲击波阵面到达结构面之前，冲击波阵面的超压值都在随着距离的增大而不断下降，但是由于结构面的反射作用，超压又开始上升。在此之后，冲击波沿着结构面，被结构面约束着继续传播，在这种传播过程中，冲击波与结构面之间的作用包括正反射、斜反射以及反射波与首冲击波之间的互相碰撞等作用，整个过程十分复杂。在 $t=0.04$s 时，冲击波传播到了结构边界位置，此时冲击波受到墙体以及屋盖结构的双向约束作用，反射波更加混乱和复杂。此时边界附近的峰值超压开始迅速增大。当冲击波传播到结构角点时（$t=0.055$s），两个方向上的墙体加上屋盖结构形成的三向约束，使得在这个狭小的区域内各个方向传播过来的冲击波、反射波汇聚到一点，该区域的超压值比其他结构面的反射超压又骤然增大。此时冲击波固有状态已经完全被打乱，球形形状完全失去。在此之后，冲击波开始向结构中部汇聚，但是由于传播距离已经足够远，在冲击波不断向结构中部回弹的同时，其峰值强度也在迅速衰减。

通过直观的三维超压云图可以看到，本例中所体现的冲击波传播过程是符合客观规律的。整个爆炸过程中，在结构面附近由于出现了反射以及反射波与冲击波的碰撞，而产生了高出空爆情况很多的超压值。同时，最大的超压值出现在结构的角点处。这是由于所有的冲击波受到结构面的约束作用无法继续向前传播，只能沿着结构面传播，最终在角点处汇聚。

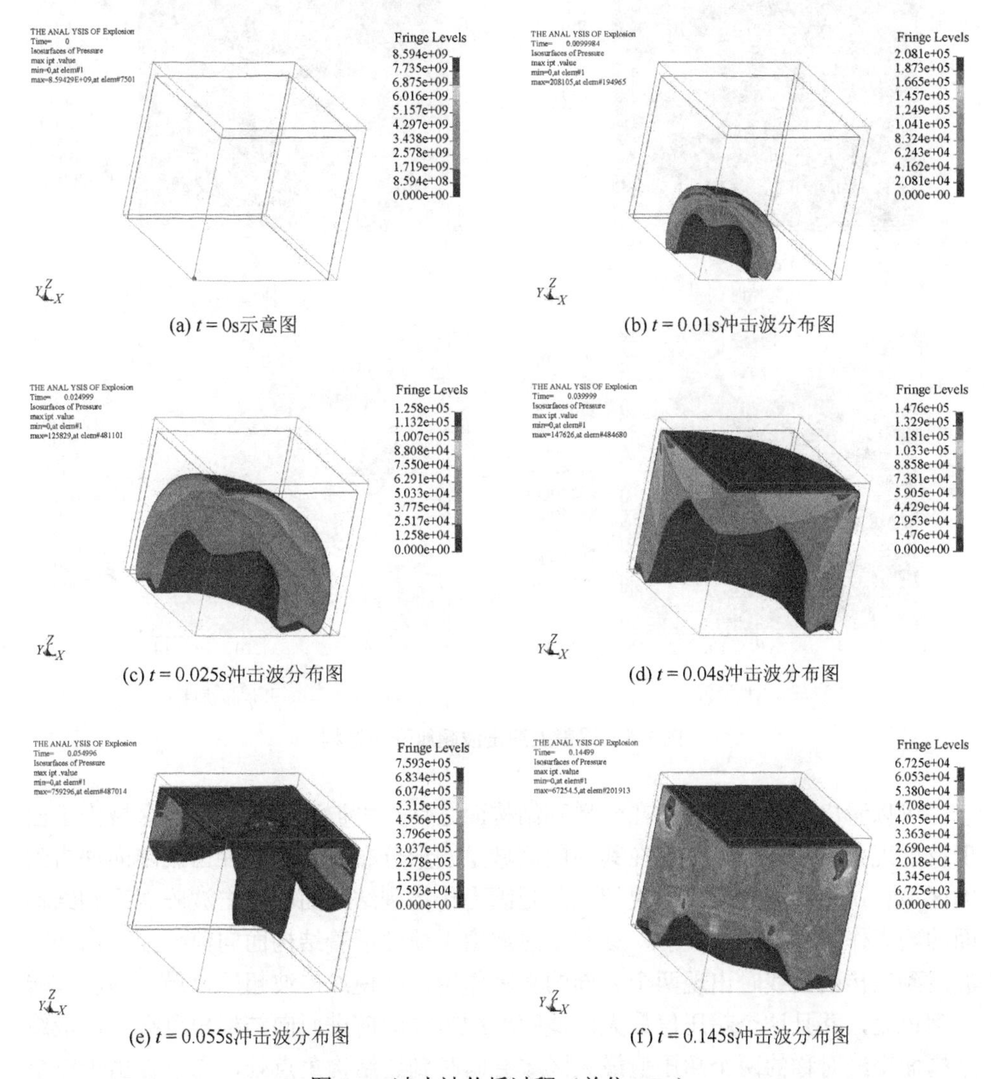

(a) $t = 0$s示意图

(b) $t = 0.01$s冲击波分布图

(c) $t = 0.025$s冲击波分布图

(d) $t = 0.04$s冲击波分布图

(e) $t = 0.055$s冲击波分布图

(f) $t = 0.145$s冲击波分布图

图3-5 冲击波传播过程（单位：Pa）

3.2.2 结构超压分布

将数值仿真分析得到的超压以平面超压云图的形式表达出来，在此选取较为典型的 4 幅超压云图，如图 3-6 所示。

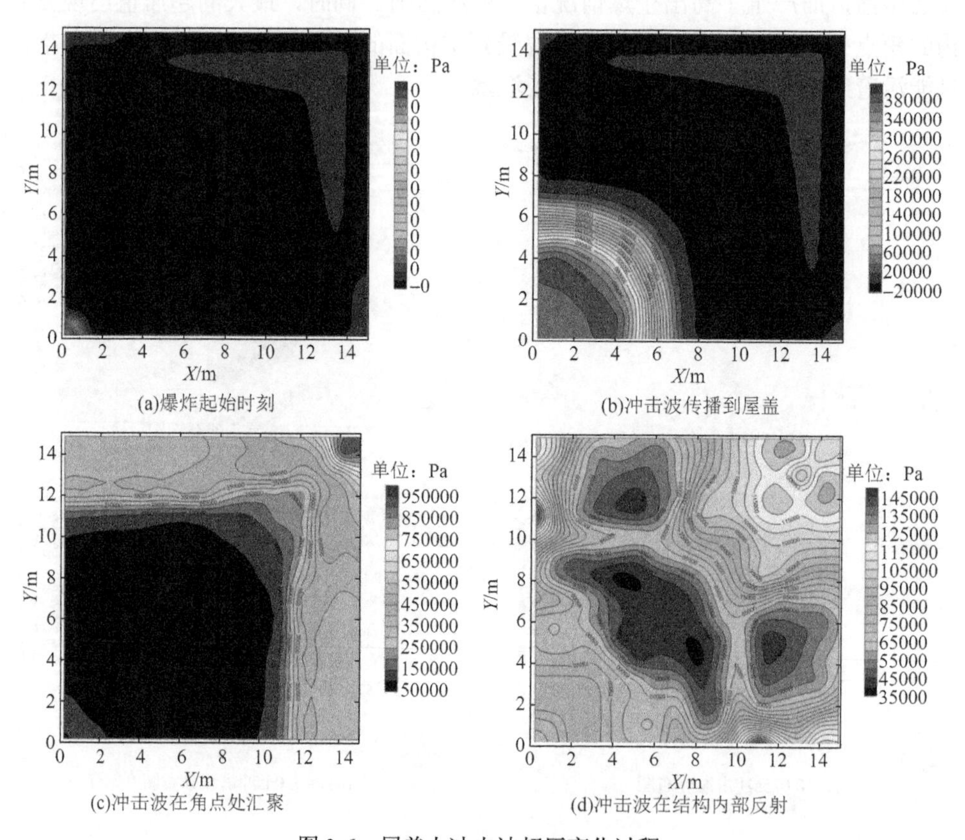

(a)爆炸起始时刻　(b)冲击波传播到屋盖
(c)冲击波在角点处汇聚　(d)冲击波在结构内部反射

图 3-6　屋盖上冲击波超压变化过程

可以看出，爆炸冲击波在传播到结构面之后，先被冲击波影响的区域由于出现反射现象，超压值很大，在其周围区域呈圆形分布着即将被冲击波阵面冲击到的区域。这些区域之所以出现超压，是因为传播到结构面的冲击波阵面受到结构面的约束作用时会发生反射，这些反射波由于惯性沿着结构面向前传播。当冲击波遇到结构面交线时出现两个方向的限制作用，会使冲击波超压值最大的区域转移到该处，并且这个超压值最大区域随着冲击波的前进而向结构角点靠近，最终结构面交线对称的两个超压值最大区域会同时到达结构角点处，在该点由于三个方向的限制作用，会使各个方向传播过来的冲击波以及反射波在结构角点这个很小的区域内同时发生碰撞作用，从而形成一个十分巨大的空气冲击波超压值区域。随后，冲击波因为反射作用，会重新向结构体内部传播，此时的冲击波是没有明显的波阵面的，反映在结构屋顶上就是一个十分混乱的、没有规律的超压值分布形状。

通过提取出整个大跨度平屋盖范围内出现的最大峰值超压，得到出现最大峰值超压的单元位置，该单元位于屋面上的 $X=11$m、$Y=11$m 处。该单元超压时程如图 3-7 所示。在图 3-7 中可以看到，该点峰值超压为 0.573MPa，远远超过了首冲击波峰值超压 0.13MPa。从该时程曲线中可以清晰地分辨出三个冲击波作用，其中首冲击波峰值超压约为 0.13MPa，次冲击波峰值超压约为 0.39MPa，而第三冲击波也就是峰值超压最大的冲击波峰值超压为 0.573MPa。由于该点靠近结构角点，受到反射波的干扰作用很大，而且由于对称，反射波几乎在同一时刻重新到达这一位置，因此出现了三个冲击波段，并且其形式为幅度巨大、时间短促的剧烈振荡。

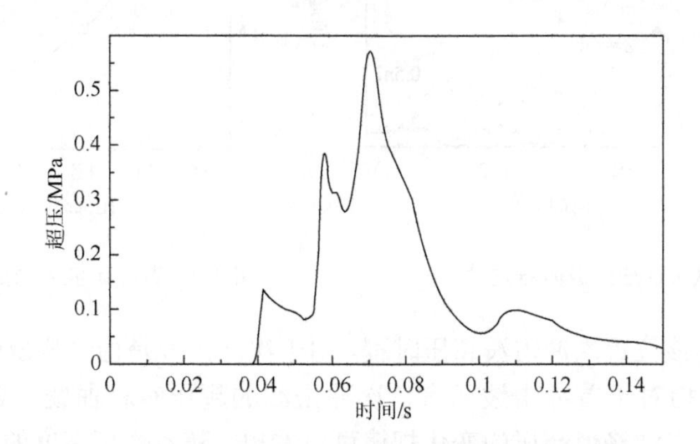

图 3-7　屋盖上最大峰值超压单元超压时程图

相对于无限空气域中的炸药爆炸，大跨度平屋盖结构内爆所产生的最大峰值超压已经远远超过了空气爆炸的超压值，并且其首冲击波到达时间也落后于无限空气域中的状态，这均是由结构的约束作用造成的。

3.2.3　参数分析

上述仅针对炸药 TNT 等效当量为 52kg、放置位置为 $X=Y=Z=0$ 的算例进行了分析，本节将改变炸药的一些参数，研究参数变化对于屋盖内冲击波传播及超压的影响。

1. 炸药高度

取炸药放置高度分别为 $Z=0$m、0.5m、1m、1.5m、2m、4m、6m、8m、10m、

12m，炸药尺寸仍为 0.2m×0.2m×0.2m（通过对称性模拟 TNT 等效当量为 52kg）。以屋面中心点位置的单元超压时程为例，将每个算例的超压时程提取出来。

从图 3-8 可以看到，随着炸药高度的上升，该单元所受到的首冲击波峰值是不断增大的，而且由于炸药的靠近、冲击波传播距离的减少，冲击波到达时间也在不断提前。与此同时，首冲击波的超压持时也在不断减少。由图 3-9 可以看出，首冲击波峰值超压与比例距离（由炸药位置与屋面的距离算得）的关系呈现出指数衰减的趋势。

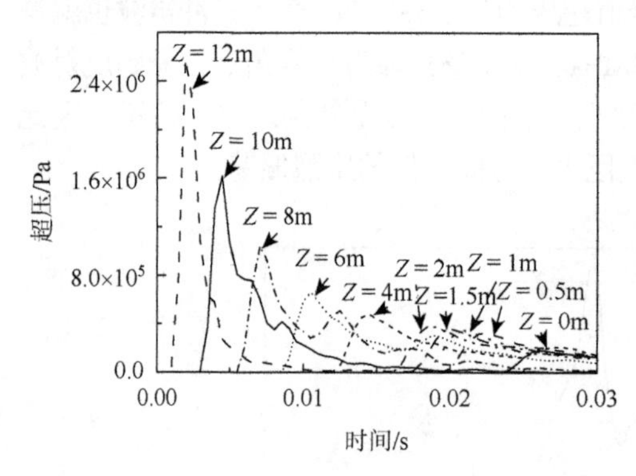

图 3-8　首冲击波时程对比

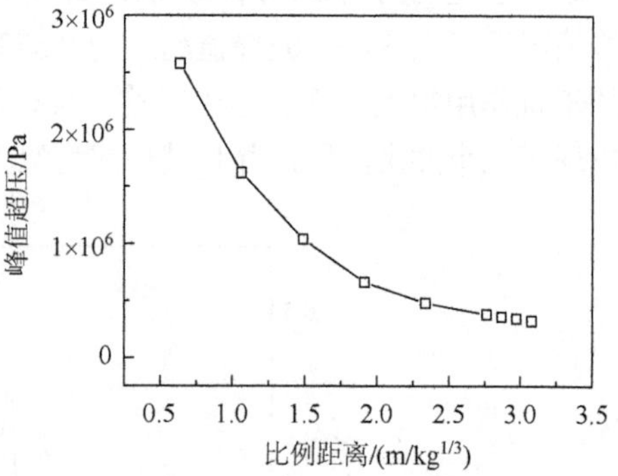

图 3-9　首冲击波峰值超压规律

图 3-10 为该位置次冲击波超压时程，由于次冲击波是由结构反射的冲击波所引起的，因此相对于首冲击波而言，次冲击波的超压时程曲线非常复杂。结合图 3-11 中次冲击波峰值超压的变化规律可以看出，随着炸药高度的上升，次冲击波的峰值超压在逐渐升高；整个次冲击波峰值超压随比例距离的变化曲线呈现出两个反弯点；当炸药位置距离结构屋顶十分近的时候（$Z = 12$m），已经没有了次冲击波的存在。

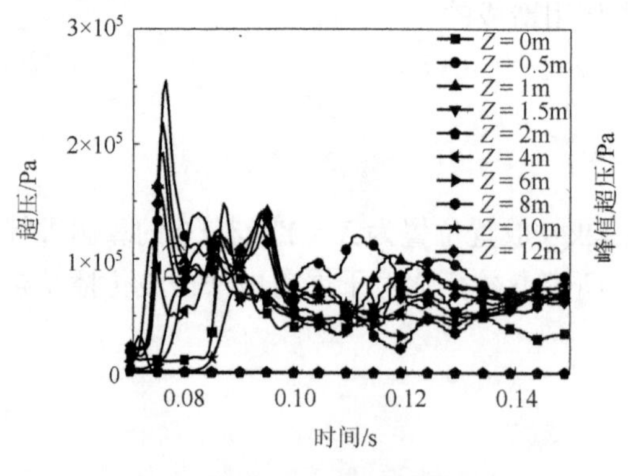

图 3-10　次冲击波超压时程对比

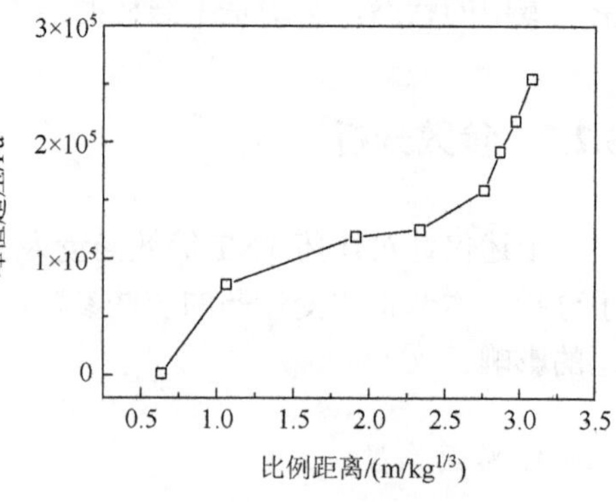

图 3-11　次冲击波峰值超压规律

2. 炸药药量

取炸药尺寸为0.2m×0.2m×0.2m（通过对称性模拟TNT等效当量为52kg）为基准药量（1倍药量），改变炸药药量，分别设置2倍、4倍、6倍、8倍基准药量的炸药进行计算，研究炸药药量改变对结构表面超压的影响。仍然以屋面中点单元的超压为例进行说明。由图3-12（a）可以看出，随着炸药药量的增加，该单元峰值超压不断增大，而且1倍与2倍炸药量之间的差值很大，代表此范围峰值超压增加幅度很大。反映在图3-12（b）中，即为每一条曲线的第一点与第二点之间的连线斜率很大，超过其他点之间的斜率。随后其他各条曲线之间的间隔较为均匀地增长，说明当炸药位于空中时，结构受到的冲击波影响随着炸药距离的趋近而平缓变化。在图3-12（a）中，随着炸药位置的上升，曲线的斜率越来越大，意味着峰值超压增长速度越来越快。同时仍可以看出，炸药药量不变时，随着炸药位置的上升，冲击波峰值超压随着比例距离的减小而呈指数增长。炸药距离结构越近，所造成的冲击波峰值超压越大。

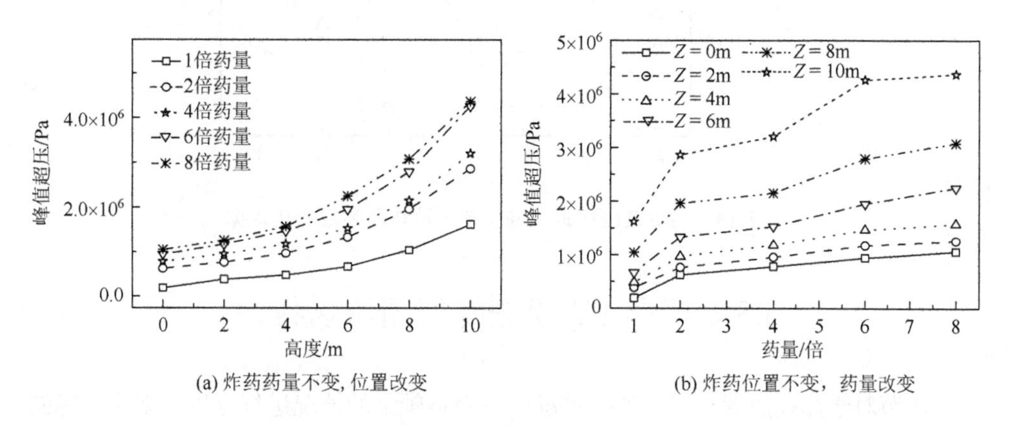

(a) 炸药药量不变, 位置改变　　(b) 炸药位置不变，药量改变

图3-12　炸药药量的影响

3. 对屋盖最大峰值超压的影响

评价结构遭受爆炸冲击作用的一个主要指标就是峰值超压，本节通过炸药的高度和药量两个参数的变化，来讨论对屋盖表面最大峰值超压的影响。

通过图3-13可以看出，当炸药位置固定时，随着炸药药量的增加，结构屋盖范围内最大峰值超压上升。随着炸药位置的上升，结构屋盖最大峰值超压呈现出先上升后下降最后又上升的趋势，该趋势随着炸药量的增加越发明显。分析原因如下：当炸药从地面开始向上移动时，首先由于炸药离结构越来越近，比例距离不断变小，所以产生的最大峰值超压是不断提高的；但当炸药距离结构十分接近的时候，冲击波在结构角点处的反射作用就不是很明显了。因为冲击波相当于是沿着结构屋面进行传播的，不再是三向反射波的碰撞，而是两向反射的冲击波。其次，当炸药距离结构屋面越来越近的时候，首冲击波作用越来越突出，位于屋盖中心的单元可能受到的首冲击波就逐渐超过了远处角点的反射超压造成的次冲击波以及第三冲击波。因此，超压曲线会呈现出一定的下降段。但是随炸药距离屋盖越来越近，首冲击波的超压值也越来越大。总体而言，图 3-13 中结构屋面范围内最大峰值超压曲线前半部分受反射冲击波影响大，后半部分受首冲击波的影响更多一些。

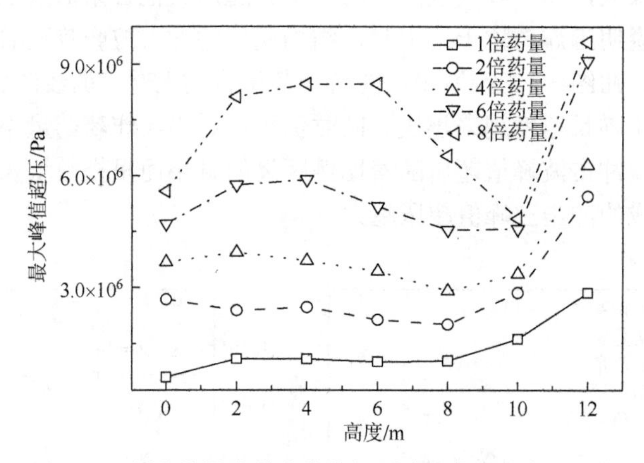

图 3-13　屋盖范围内最大峰值超压随炸药参数变化规律

3.3　矩形 1/2 模型峰值超压场特性

本节对于炸药放置在更一般的情况——对称轴上的情况进行分析，采用前述的矩形 1/2 模型计算。主要观察当炸药在结构内部横向范围内移动时，大跨度平屋盖结构在爆炸荷载下压力场的变化以及分布规律。模型中炸药尺寸为 0.4m×0.2m×0.2m（通过对称性模拟 TNT 等效当量为 52kg）。

3.3.1　冲击波传播特性

以炸药位置为 $X=6\text{m}$、$Y=Z=0$ 的算例结果为例进行说明。经过计算得到该算例炸药爆炸产生的冲击波在屋盖结构内部传播的整个过程，三维应力云图如图 3-14 所示。在图 3-14（a）中，炸药尚未起爆，此时可以清晰地观察到结构、空气域以及炸药的位置。图 3-14（b）中，$t=0.01\text{s}$，冲击波阵面还未到达结构墙体或者屋面，因此冲击波呈现出球形并向外传播。图 3-14（c）中，$t=0.02$s，此时冲击波右侧已经首先到达结构面，由于距离结构墙体较近，首先冲击波与右侧墙体发生了接触。此时冲击波阵面受到墙体的限制，不能自由向外传播扩散，并且产生了反射波。在墙体附近的区域，反射波与后续冲击波的碰撞使得该区域的峰值超压比其他区域要大。在冲击波左侧未受到墙体限制影响的部分仍保持球形向外传播的趋势。图 3-14（d）中，$t=0.03$s，冲击波阵面上部已经到达结构屋盖，并且由于屋盖和右侧墙体共同的限制作用，冲击波不能继续向前传播，只能沿着结构面传播。沿着屋盖结构传播的冲击波和之前产生的反射波以及沿着墙体进行传播的冲击波和之前在墙体上产生的反射波，在屋盖与墙体的交线处汇聚，在此区域产生的峰值超压要远远大于其他区域。图 3-14（e）中，$t=0.07$s，冲击波已经传播到了远端的结构角点。此时在角点附近由于屋盖和两个方向墙体共同的限制作用，峰值超压迅速增大。图 3-14（f）中，$t=0.15$s，冲击波开始向结构体中部返回，并且峰值超压开始迅速衰减。

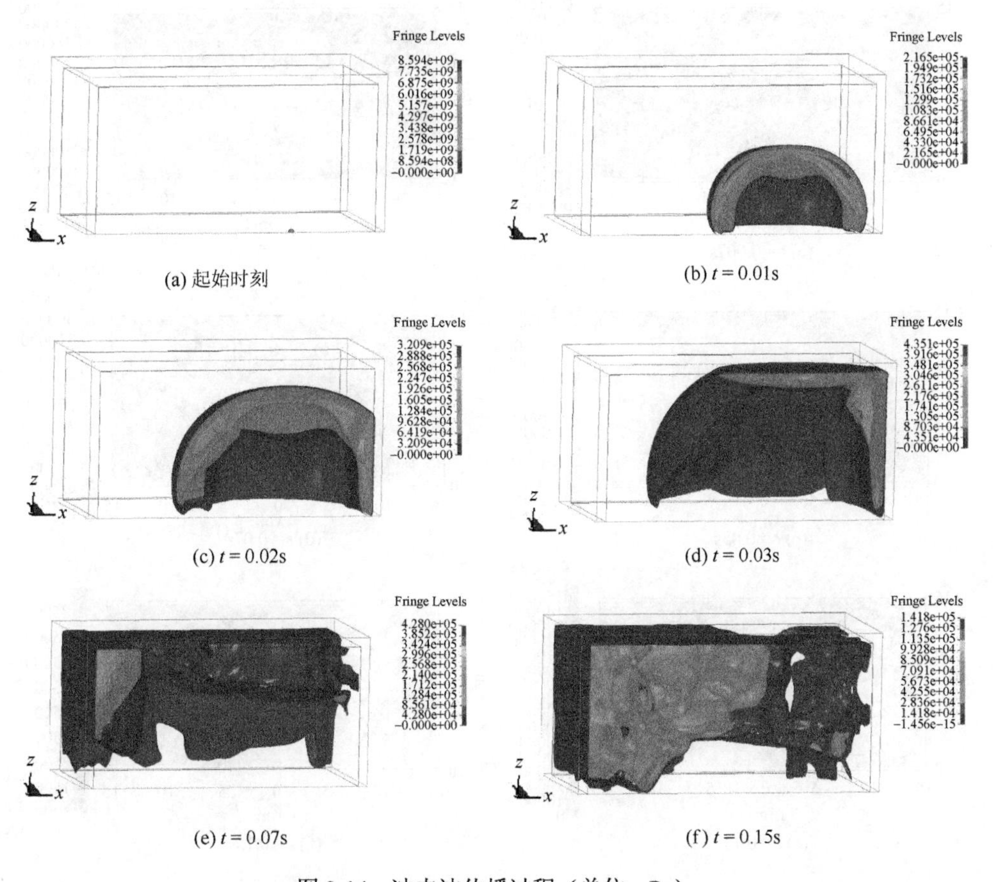

图 3-14　冲击波传播过程（单位：Pa）

3.3.2 结构超压分布

采用与 3.3.1 节相同的算例，绘制屋盖表面超压云图，如图 3-15 所示。与 3.3.1 节的描述类似，首先冲击波到达屋盖结构上炸药投影点的位置，因为该点是屋盖结构上距离爆炸点最近的位置。另外，由于屋盖结构、墙体结构的限制作用，整个波阵面并不是理想的圆形，反射作用造成先传播到屋盖结构的炸药投影点位置的超压是最大的。在传播过程中，冲击波阵面遇到了墙体，在墙体附近形成了一个反射波汇聚区域，该区域有较大的超压。然后冲击波沿着墙体和屋盖继续向远离爆炸点的方向传播。当冲击波传播到结构近端角点时遇到了另一面墙体，这样就在这个三向约束的狭小区域内，各个方向的冲击波、各个面的反射波都汇聚到

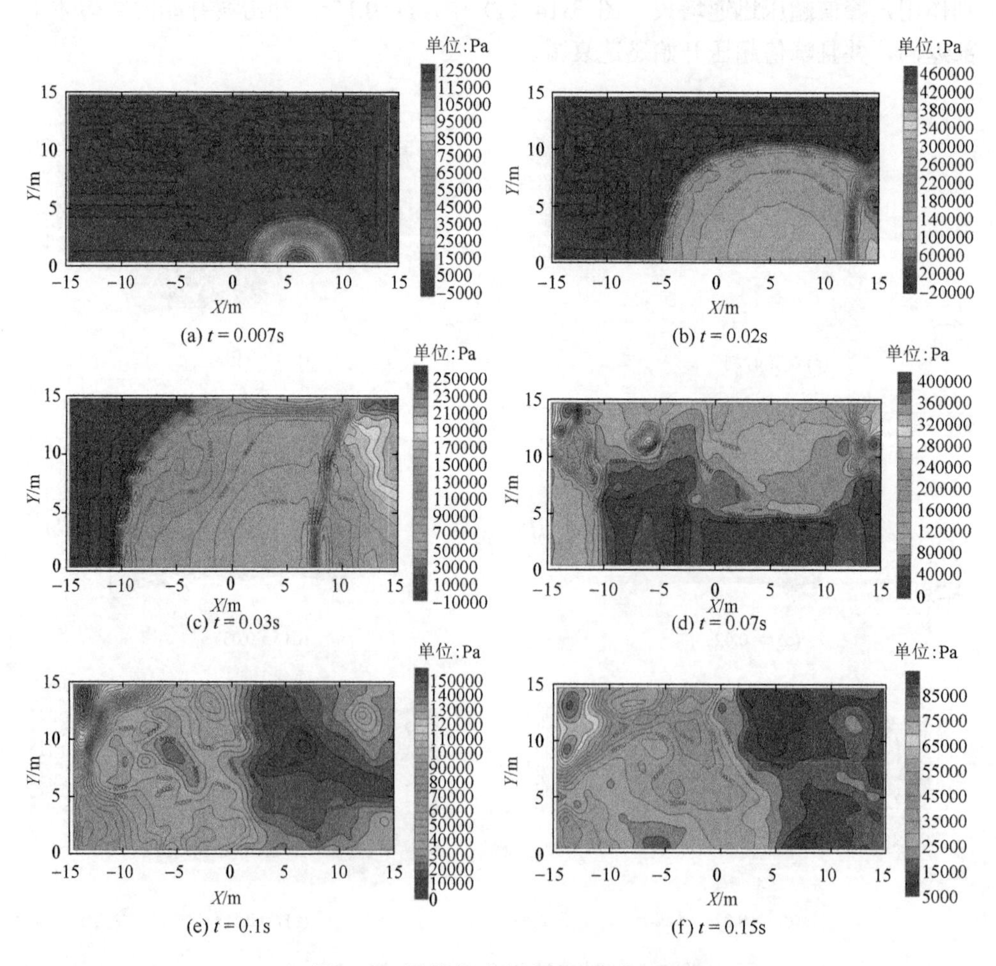

图 3-15　屋盖上冲击波超压变化过程

了一起，形成一个远大于其他区域的超压区。当冲击波继续向前传播到远端角点时，相同的情况会再发生一次。然后冲击波开始混乱无序地在结构体内部扩散、运动，并且迅速衰减。

同样取屋盖中心点的单元超压时程进行分析，其超压时程如图 3-16 所示。可以看出，该单元的超压时程图与 1/4 模型结构中心点单元超压时程形状类似。只是由于炸药并未放置在对称轴上，冲击波传播并不是对称的，当反射波重新传播到结构中心点时，并未在这里发生碰撞，而是在其他区域碰撞，因此在结构中心的次冲击波峰值超压较小；但是首冲击波的峰值超压仍是较为接近的。同样由于反射波的作用，超压时程曲线上充满了幅度较小的波动。

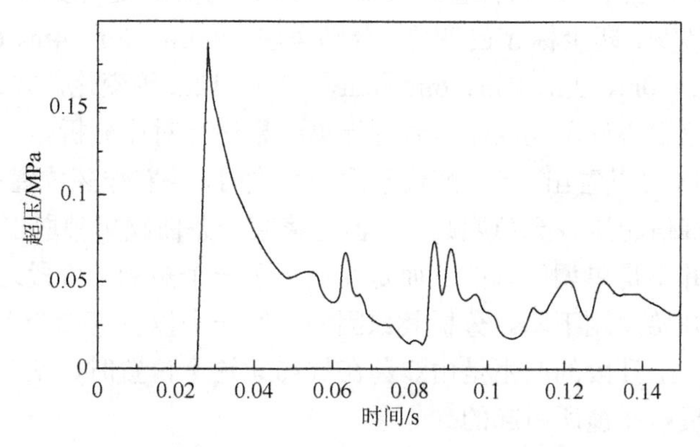

图 3-16 屋盖中心处超压时程图

通过 MATLAB 程序将屋盖上最大峰值超压的单元提取出来，该单元编号为 BK-973551，单元中心坐标为（14.1, 14.1），超压时程图如图 3-17 所示。由图可见，该单元出现的最大峰值超压为 0.65MPa。该时程图形状与结构中心点超压时程图

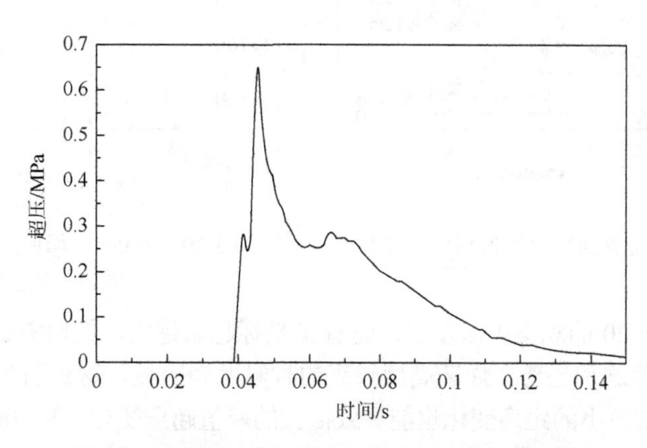

图 3-17 屋盖上最大峰值超压单元的超压时程图

不同，没有出现次冲击波以及过多的反射波引起的超压波动，而是一个类似于三角荷载形状的曲线。分析原因如下：该单元位于较为靠近角点的位置，因此当冲击波传播到此位置时，空气冲击波引起的首冲击波，反射引起的次冲击波以及第三冲击波在一个很短的时间内同时出现，三者叠加在一起，从而形成了一个很大的峰值超压。

3.3.3　参数分析

1. 炸药位置

在矩形 1/2 模型中，炸药位置除类似于 1/4 模型的改变高度，还需考虑在水平向对称轴上的改变，即坐标 X 的变化。分别考虑 $X = 0$m、2m、4m、6m、8m、10m、12m、14m 和 $Z = 0$m、2m、4m、6m、8m、10m、12m 等变化，共计分析了 56 个算例。仍取屋盖中心处单元的超压时程计算结果进行对比分析。

通过图 3-18 可以看出，当炸药位于同一高度时，随着炸药位置不断靠近墙体，屋盖上中心的峰值超压也会急剧减小。但是将某一条曲线单独取出，如图 3-19 所示，整条曲线并不是单调下降的，而是在经历了一个短的下降段之后重新开始上升，然后才又开始急剧下降。分析其原因为，第一个以及第二个下降段都是由炸药远离造成的，上升段的产生是由炸药在 X=6m 这个位置时，空气冲击波的传播过程中发生的反射碰撞所引起的。

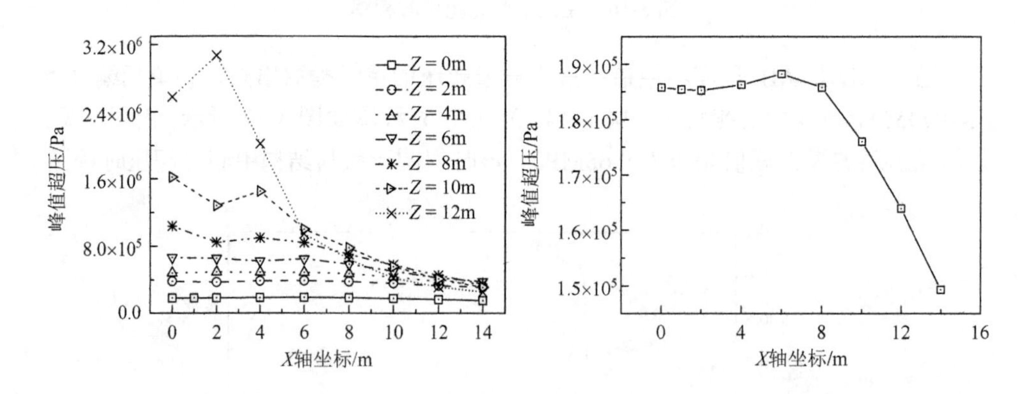

图 3-18　炸药位置改变对峰值超压的影响　　　图 3-19　Z=0m 时峰值超压的变化

通过对图 3-20 的观察可以发现，随着 X 坐标越来越大，结构中心点的峰值超压是越来越小的，这种趋势在炸药高度较高的时候尤为明显，这是因为当炸药高度较高的时候，即使较小的距离变化也能导致很大的峰值超压变化。$X = 0$m、2m、4m 三条峰值超压曲线基本上呈指数趋势上升，而在 $X = 6$m 之后的峰值超压曲线就呈现出

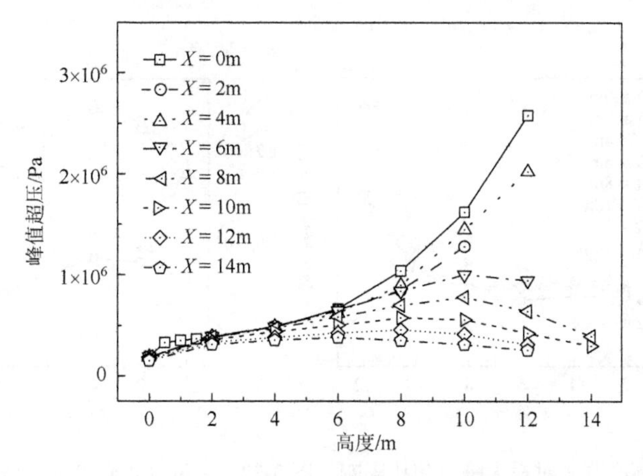

图 3-20　仅改变炸药高度时的峰值超压

先上升然后下降的趋势，而且极值点位于 $Z = 10m$ 的位置。说明当炸药位置 X 坐标大于 6m 时，在 $Z = 10m$ 时屋盖中心受到的峰值超压是最大的。但总体而言，还是炸药距离其越近，所引起的峰值超压越大。

2. 对屋盖最大峰值超压的影响

通过图 3-21 可以看出，当炸药位置 X 坐标不变、高度改变时，随着高度的上升，结构屋盖范围内的最大峰值超压从总体趋势上看是不断增大的，增长趋势为，当高度从 0m 变到 2m 时，最大峰值超压增加斜率较大，随后在 2～8m 范围内，最大峰值超压的增加速率有所变缓，而在 8m 之后，最大峰值超压开始迅速增加，曲线的斜率越来越大。增长速度之所以越来越快，是因为随着炸药高度的上升，结构屋盖上爆炸冲击波作用的比例距离越来越小，在空爆模型中入射超压与比例距离之间呈指数衰减关系，故最大峰值超压呈指数增长趋势。

图 3-22～图 3-24 为结构屋盖上最大峰值超压随着炸药在 X 方向不同位置、不同高度引爆时的变化图。通过观察这些曲线可以得到结论：炸药在空中爆炸产生的最大峰值超压要远远大于地面爆炸情况；炸药在空中爆炸时，当距离结构或者地面都较远时，产生的结构屋面最大峰值超压相差不大；当炸药距离结构越近时，产生的最大峰值超压呈指数变化的趋势越大。当炸药高度固定时，X 坐标大约在与高度相差不多时，即两者与 X 轴角度约为 45° 时，产生的结构屋盖最大峰值超压是最大的。分析其原因为，由于屋盖结构上的最大峰值超压一般出现在角点附近，而当炸药位置满足 X=Z 条件时，传播到角点附近时的冲击波阵面能保持一个较好的球形，能保证屋盖两个方向的墙体引起的反射波汇聚到同一个点上，由此引起的最大峰值超压是最大的。

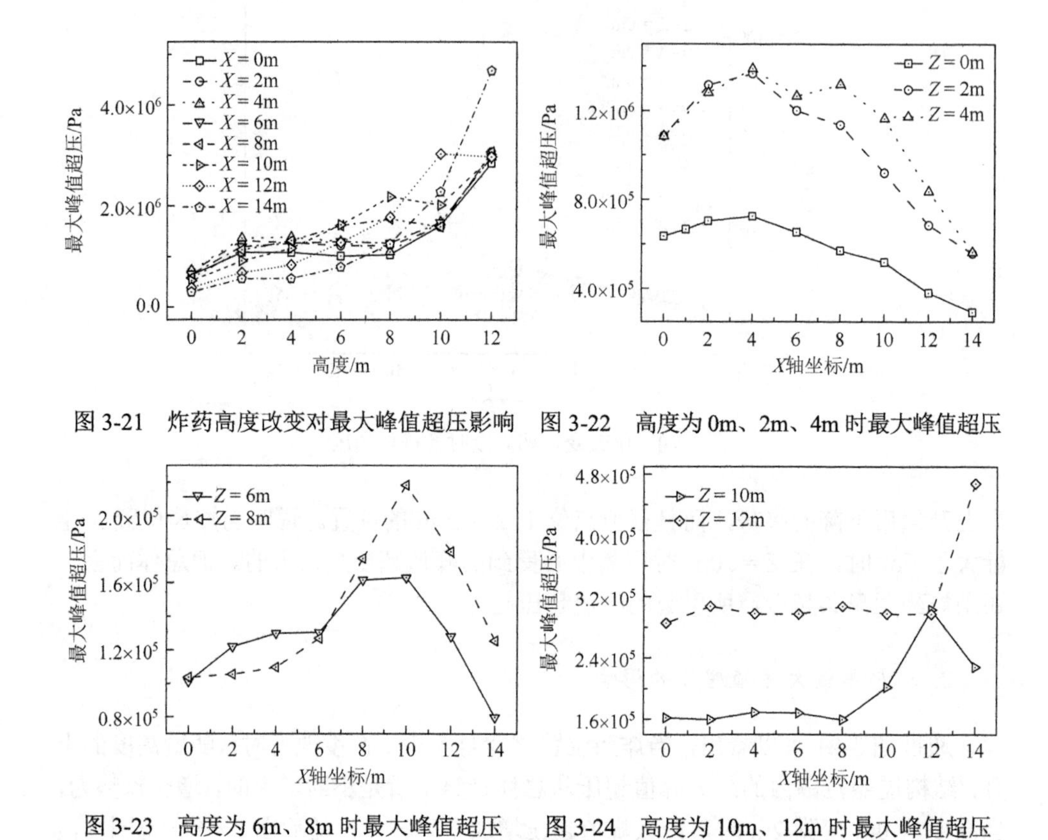

图 3-21　炸药高度改变对最大峰值超压影响　图 3-22　高度为 0m、2m、4m 时最大峰值超压

图 3-23　高度为 6m、8m 时最大峰值超压　图 3-24　高度为 10m、12m 时最大峰值超压

3.4　对角线 1/2 模型峰值超压场特性

本节考虑当炸药沿着对角线移动时，对于屋盖上峰值超压的影响。由于该模型空气域体积较大，因此单元数量远超前述两个模型。在该模型中，为便于讨论，将对角线定义为 X 轴；仿真分析设置与前述类似。

3.4.1　冲击波传播特性

通过三维应力云图（图 3-25）可以直观地看到炸药在对角线 1/2 结构内部爆炸时冲击波的传播过程。由于炸药放置的位置（$X = 6\text{m}$）靠近图中的右侧角点，因此在整个冲击波的传播过程中，冲击波首先传播到右侧角点位置，在该区域首先出现了冲击波的汇聚。另外两个角点由于距离爆炸点差不多，冲击波几乎同时到达。在这两个区域也分别出现了明显的冲击波汇聚现象。

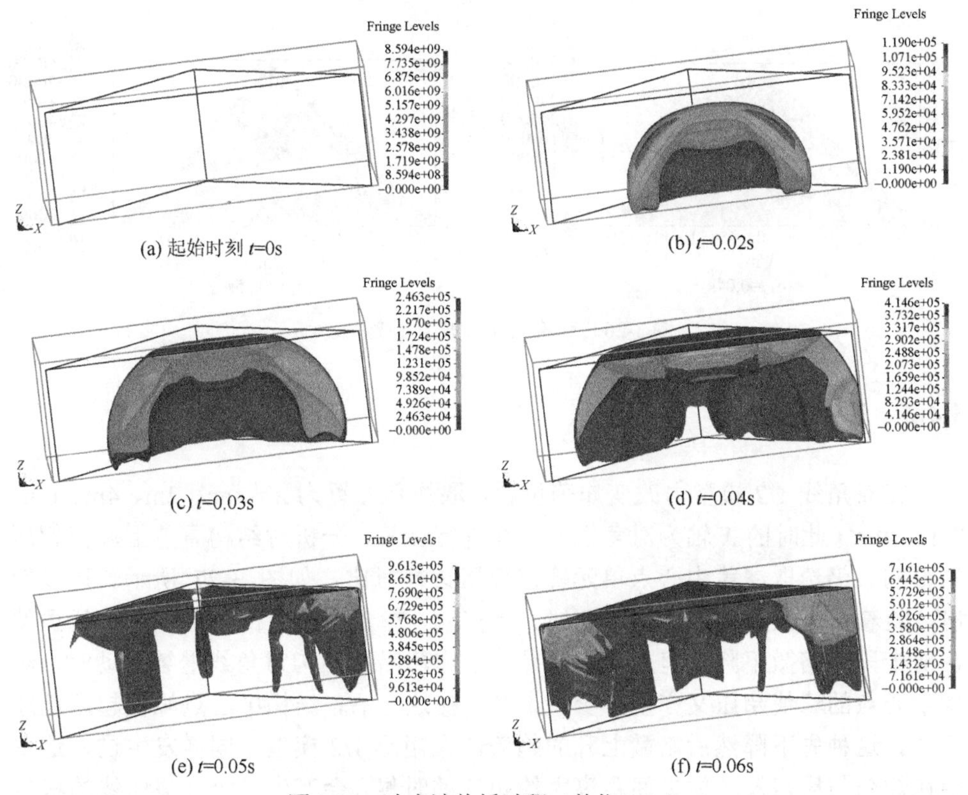

(a) 起始时刻 t=0s　(b) t=0.02s

(c) t=0.03s　(d) t=0.04s

(e) t=0.05s　(f) t=0.06s

图 3-25　冲击波传播过程（单位：Pa）

屋盖结构上的冲击波超压云图如图 3-26 所示。当冲击波阵面刚刚到达屋盖结构时，在屋盖结构上产生了规则的圆形超压区域。圆心就是炸药在屋盖结构上的投影点。然后，冲击波继续传播，由于炸药爆炸点距离右侧墙体较近，因此冲击波首先与右侧墙体发生碰撞和反射，在墙体与屋盖交线处，产生了明显高于其他区域的超压。随着冲击波的传播，左侧墙体和三个角点都先后出现了冲击波在该区域的反射以及汇聚，在这些区域的超压要明显大于结构中部未发生近距离反射的区域。

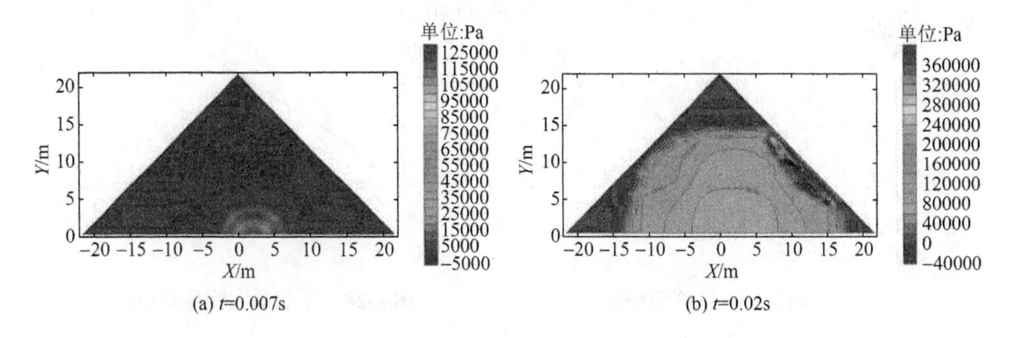

(a) t=0.007s　(b) t=0.02s

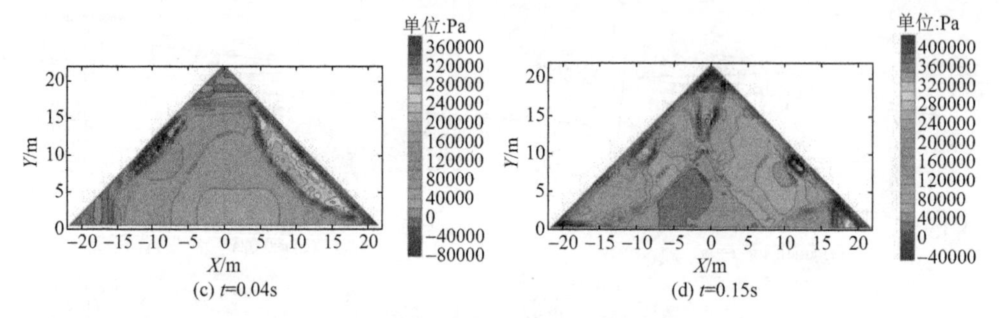

图 3-26　屋盖上冲击波超压变化过程

3.4.2　参数分析

在对角线 1/2 模型内改变炸药位置，取炸药位置为 $X = 0$m、2m、4m、6m、8m、10m（此时的 X 轴为对角线）分别进行计算，分析对结构屋盖上峰值超压的影响。仍选取屋盖中心点单元峰值超压进行对比，如图 3-27 所示。可以看出，随着炸药位置在 X 轴（对角线）上移动，屋盖中心点的峰值超压曲线虽然在前半段有略微下降，但是并不明显。当炸药沿着结构对角线继续移动时，结构中心点的峰值超压又产生了少量上升，在这之后，结构中心点峰值超压迅速下降。这种先下降然后略微上升的趋势，在矩形 1/2 模型中同样发生过，这说明在炸药与屋盖及墙体之间距离大约相等的时候，会产生一个峰值曲线的极值点。图 3-28 是提取出的每个算例屋盖结构上产生的最大峰值超压。可以看出，随着炸药位置在 X 轴（对角线）上移动，对角线 1/2 模型屋盖范围内最大峰值超压呈直线上升的趋势。炸药距离结构角点越近，所产生的结构最大峰值超压也越大。

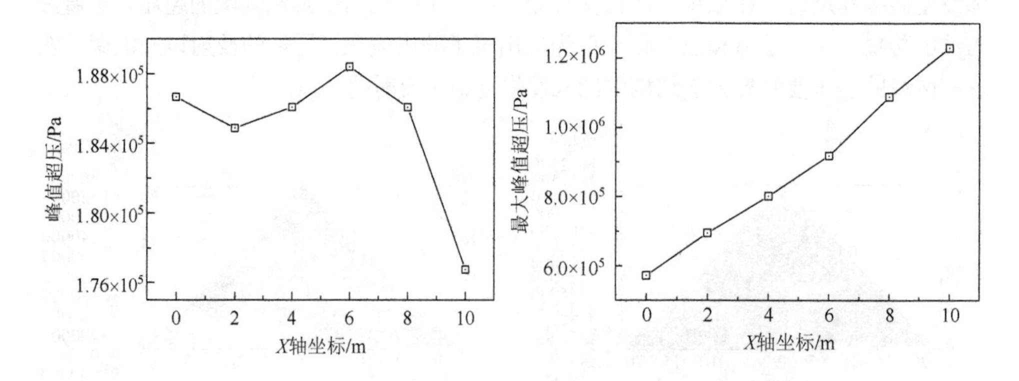

图 3-27　结构中心点峰值超压　　　　图 3-28　屋盖最大峰值超压

3.5　平屋盖结构峰值超压场模型

由于屋盖上的超压分布具有一定的规律性，为省去计算过程，通过建筑及爆炸荷载参数直接获得屋盖上的超压荷载，本节对大跨度平屋盖结构在内爆下的压力场进行分析，建立满足工程精度的超压分布模型。需要说明的是，本节仅对本章中的前述算例进行了分析统计，提出的方法是可行的，但所建立模型的适用性仍有限。

3.5.1　屋盖超压场分区简化

1. 超压场分布规律

选取 1/4 模型，炸药尺寸为 0.2m×0.2m×0.2m，炸药位于 $X=Y=0$m、$Z=2$m 的算例进行说明。将每个单元的峰值超压提取出来，绘制成三维图，如图 3-29 所示。通过该图（对称 1/4 屋盖）可以看出：在屋盖上，以 $X=Y=0$m 为中心，在大约为 10m×10m 的范围内，最大峰值超压没有太大变化，而在 X 轴或 Y 轴处于 10～15m 的范围内时，峰值超压迅速上升。在结构角点处，最大峰值超压的增长幅度非常大；当距离结构面交线越来越近时，峰值超压越来越大，在角点位置增长速度迅速。

在图 3-30 中也可以清晰地看出，整个平面大致分为 4 个区域，包括屋盖结构中心点附近的区域、结构面边界附近的区域、结构角点附近的区域以及之间的区域。在结构中心点附近的区域峰值超压变化趋势缓慢，各单元之间的峰值超压相差不多。在结构边界附近的区域由于墙体的限制以及在边界处的反射作用，这个

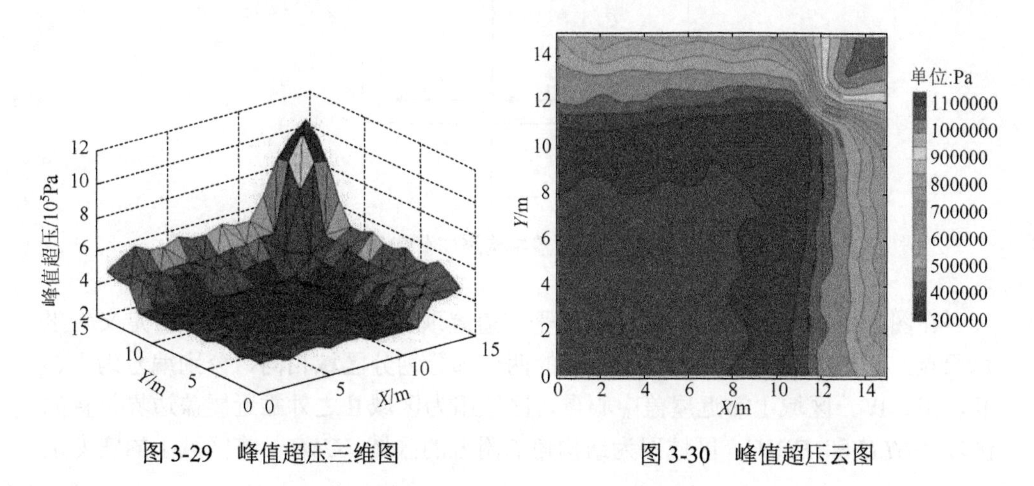

图 3-29　峰值超压三维图　　　图 3-30　峰值超压云图

区域内单元的峰值超压变化趋势迅速增快，并且在结构边界处达到最大值。在结构角点附近的区域由于角点的三向限制以及反射作用，该区域的峰值超压变化十分迅速。取 $Y=0$m 和 4m、$X=0$～15m 这两条线上的单元为例，单元峰值超压的规律如图 3-31 所示，规律与上述是一致的。

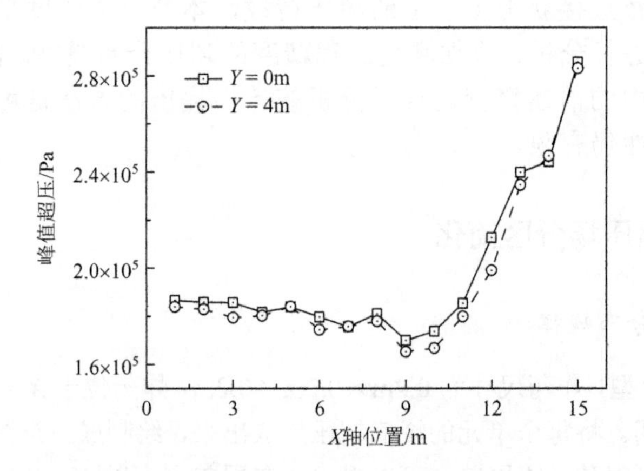

图 3-31　屋盖范围内 $Y=0$m 与 $Y=4$m 上的单元峰值超压变化趋势

可以看出，结构屋盖上峰值超压分布可以分为 4 个区域，如图 3-32 所示。

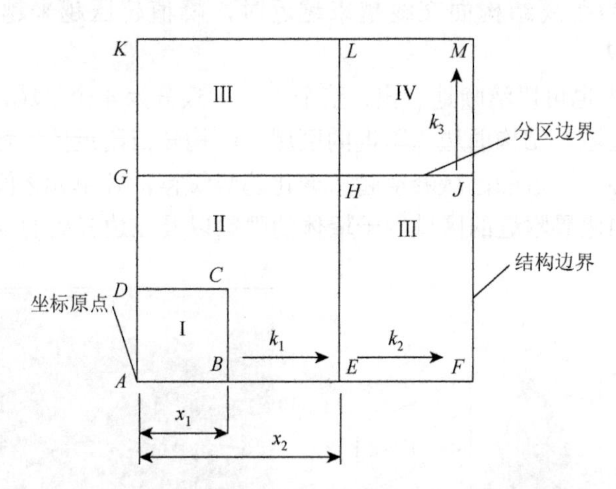

图 3-32　大跨度平屋盖结构爆炸荷载分区示意图

在图 3-32 中，将 1/4 对称部分的平屋盖屋顶（A 点为屋盖中心点，定义为坐标原点）划分为四个区域，由于对称的两个部分划分区域相同，分别编号为Ⅰ、Ⅱ、Ⅲ、Ⅳ。区域Ⅰ靠近屋盖中心点，区域Ⅲ为区域Ⅱ之外靠近屋盖边界位置的区域 $GHLK$ 和 $EFJH$，区域Ⅳ为结构角点附近的区域 $HJML$。将区域Ⅰ的宽度定义为x_1，区域Ⅱ的边界与坐标原点的距离定义为x_2。在区域Ⅰ中，峰值超压并无过多变化，可以认为其保持不变。其中，将坐标原点A的峰值超压称为基准超压P_0。在区域Ⅱ中，BE方向上的峰值超压较为均匀地变化，可以认为其是沿着BE方向以一个固定的斜率k_1进行变化的（同时由于对称，DG方向上也有相同的斜率）。在区域Ⅲ中，峰值超压则沿着EF和GK方向以斜率k_2进行变化。沿着JM与LM两个方向，以更大的斜率k_3进行增长，即区域Ⅳ中，HLM与HJM为两个对称的超压分布场，其变化斜率是关于HM对称的。

基准超压P_0是整个平面分布的基准点，应首先确定。在简化过程中，主要遵循比冲量守恒的原理，并且尽量保证简化后的荷载峰值超压与数值模拟计算结果相同。由于区域Ⅰ中的单元时程变化不大，仅仅有幅度较小的波动，因此将区域Ⅰ中的单元超压时程进行积分，然后通过比冲量守恒原理的规定，将计算结果作为简化三角形荷载模型的比冲量，此时假设峰值超压的升压时间可以忽略，即图3-33中的b点和c点之间无压差，故超压持时为b点及d点对应的时间。描述整个屋盖的超压场时需要确定的系数包括区域宽度x_1、x_2，基准超压P_0，超压变化斜率k_1、k_2、k_3，以及基准超压冲击波作用起始时间t_1、对应的超压持时$t_{+,1}$、角点超压冲击波作用起始时间t_2、对应的超压持时$t_{+,2}$等参数。

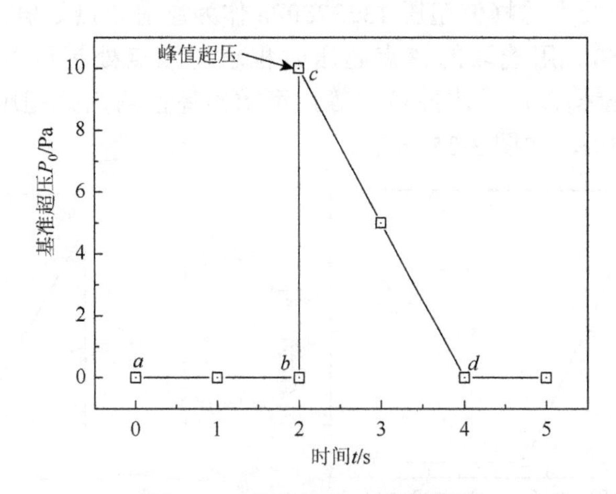

图3-33　基准超压P_0时程简图

基于以上参数，平屋盖结构在爆炸荷载下峰值超压分布的模拟公式如下：

$$P=\begin{cases}P_0, & x\leqslant x_1\\ P_0+k_1(x-x_1), & x_1<x\leqslant x_2\\ P_0+k_1(x_2-x_1)+k_2(x-x_2), & x>x_2, y\leqslant x_2\\ P_0+k_1(x_2-x_1)+k_2(x-x_2)+k_3(y-x_2), & x>x_2, y>x_2\end{cases} \tag{3-1}$$

对于炸药位于结构中轴上的算例，均可采用此方法进行简化。

2. 1/4 模型峰值超压场

以 30m×30m×15m 大跨度平屋盖在炸药位置 $X = Y = 0$m、$Z = 2$m，炸药尺寸为 0.2m×0.2m×0.2m 的情况为例。根据上节提出的简化方法可确定 x_1、x_2 的值，通过观察，取 $x_1 = 7$m，$x_2 = 11$m。确定基准超压，发现屋盖中心点位置的单元峰值超压相对于区域Ⅰ其他单元略微大一些，偏于安全，即取此点超压为基准超压，$P_0 = 395920$Pa。对屋盖中心点单元的超压时程进行积分，得到比冲量为 10889N/(m^2·s)，保证比冲量相同，得到基准超压的正压持时 $t_{+,1} = 0.055$s，中心点的基准超压时程如图 3-34 所示。

区域Ⅰ中其他单元的简化超压荷载形式以及大小与屋盖中心点相同，只是冲击波到达时间不同，正压作用起始时间可由插值方法确定。

在区域Ⅱ中，需要确定的是峰值超压沿着 *BE* 和 *DG* 方向变化的梯度。偏于安全，取区域Ⅱ范围内此边界上结果较大的峰值超压作为屋盖边缘的峰值超压，其值在本例中为 375460Pa，计算可得到 $k_1 = -5115$；同样，取区域Ⅲ边界 *FJ* 和 *KL* 上较大的峰值超压进行斜率计算，可以得到 $k_2 = 109830$。在区域Ⅳ中，选取了该范围内较大的峰值超压 1323780Pa 作为屋盖角点处值，求得该区域的斜率 $k_3 = 127250$。用选取的该点超压时程求得该点处超压时程的比冲量为 $i_{+,2} = 97844$N/(m^2·s)，通过比冲量相等，可求出屋盖角点处超压三角形荷载的持时 $t_{+,2} = 0.0739$s，如图 3-35 所示。

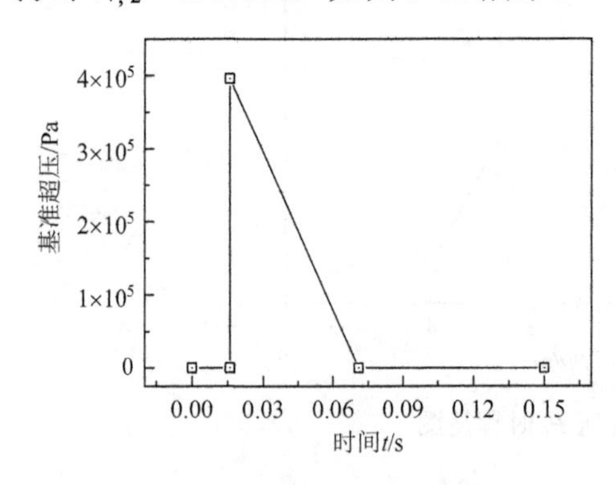

图 3-34　基准超压简化图

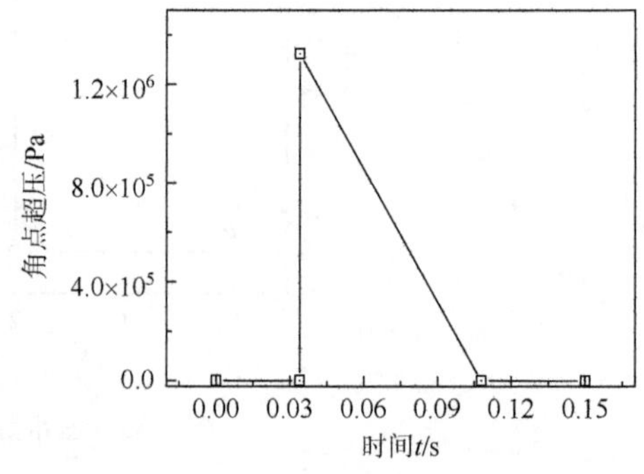

图 3-35　屋盖角点超压简化图

经过以上简化过程，得到了整个屋盖平面的峰值超压场模型。在屋盖上随机取其中几点进行对比，结果如表 3-3 所示，超压场模型的误差均在 15%以内，仅在靠近角点的位置才有较大的误差。因此，简化结果的精度在可以接受的范围，简化方法可行。

表 3-3　炸药 Z=2m 的 1/4 模型简化相对误差表

单元编号	平面坐标	仿真结果/Pa	简化模型结果/Pa	误差
BK-482301	（0,3）	385320	395920	2.68%
BK-483941	（8,7）	351450	390850	10.08%
BK-483961	（12,7）	443550	485290	8.60%
BK-481531	（6,1）	382160	395920	3.48%
BK-482741	（8,4）	346630	390805	11.3%
BK-485921	（4,12）	467440	485290	3.68%
BK-483931	（6,7）	372740	395920	5.85%
BK-483551	（10,6）	346330	380575	9.00%
BK-485566	（13,11）	506690	595210	14.87%
BK-486371	（14,13）	1015500	959450	−5.84%

将模拟结果以三维云图的形式展示出来，如图 3-36 所示。

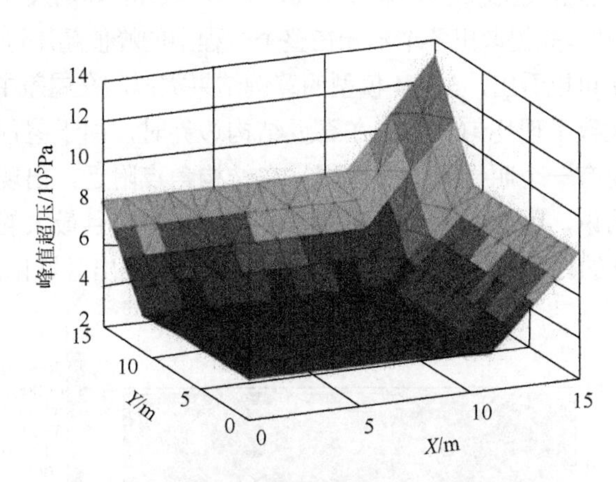

图 3-36　结构屋盖峰值超压场模拟结果

同样选取另一种典型炸药放置位置（坐标原点，$Z=0$m）、炸药尺寸为 0.2m×0.2m×0.2m 的情况来分析简化模型的准确性，同样随机取屋盖上几点进行对比，如表 3-4 所示。所有点的误差均比较小，简化模型的精度也非常好。

表 3-4　Z=0m 的 1/4 模型简化相对误差表

单元编号	平面坐标	仿真结果/Pa	简化模型结果/Pa	误差
BK-484321	（4,8）	165210	186670	11.50%
BK-483936	（7,7）	172070	186670	7.82%
BK-485956	（11,12）	398859	391290	−1.93%
BK-483101	（0,5）	179770	186670	3.70%
BK-482706	（1,4）	182970	186670	1.98%

续表

单元编号	平面坐标	仿真结果/Pa	简化模型结果/Pa	误差
BK-482316	(3,3)	177450	186670	4.94%
BK-484331	(6,8)	157590	171320	8.01%
BK-484356	(11,8)	210340	229661	8.41%
BK-485961	(12,12)	414170	448776	7.71%
BK-486766	(13,14)	515330	537587	4.14%

根据本章的算例结果，统计得到了屋盖超压场简化模型的参数且一并列于附表 3-1，当需要确定某种情况下屋盖平面上的峰值超压场时，只需要查表得到待定参数，然后根据本节提出的公式进行计算即可。

3. 矩形 1/2 模型峰值超压场

对于矩形 1/2 模型，选取炸药位置 $X=2\text{m}$、$Y=Z=0\text{m}$，炸药尺寸为 0.4m×0.2m×0.2m 的算例进行说明。先提取出各个单元在整个时程中的峰值超压进行观察，如图 3-37 所示。通过图 3-37 可以看出，与 1/4 模型的算例结果类似，在屋盖中部位置单元峰值超压变化不大，大致呈现均匀分布；在靠近结构边界时，由于屋顶和墙体的两向约束作用，峰值超压有一个明显的上升过程；在结构角点附近，出现了两面墙体以及屋盖结构的三向约束，因此峰值超压的增长速度更快，而且最大的峰值超压远远超过了屋盖中部区域的峰值超压。超压场分布同样明显呈现出区域化。

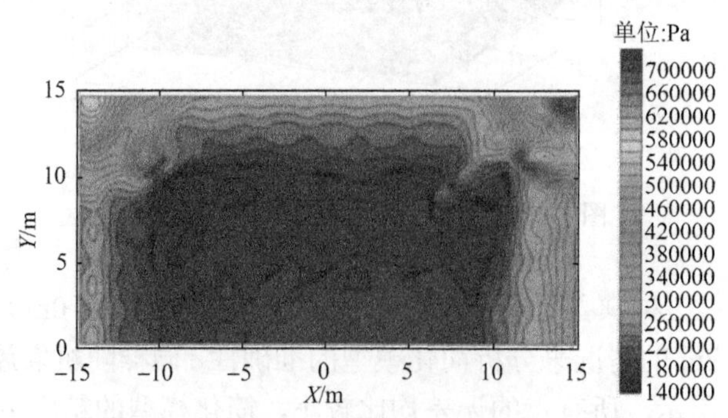

图 3-37　矩形 1/2 模型屋盖峰值超压云图

鉴于此，对于炸药位于 $Y=0\text{m}$ 平面上的情况，对屋盖进行分区，如图 3-38 所示。分区思路基本与图 3-32 相同，只是由于炸药布置并非关于 Y 轴对称，所以在超压场的计算中，区域Ⅱ和Ⅳ（区域Ⅴ和区域Ⅵ、区域Ⅲ和区域Ⅸ）并不相同，相比而言，区域Ⅱ（Ⅴ、Ⅷ）的边界峰值超压要小于区域Ⅳ（Ⅵ、Ⅸ）。区域Ⅲ（Ⅶ）也并非平面严格不变的，而是沿着 X 轴、随着 X 值的减小而减小。针对矩形 1/2 模型的分区情况，提出了相应的计算公式，如式（3-2）所示。

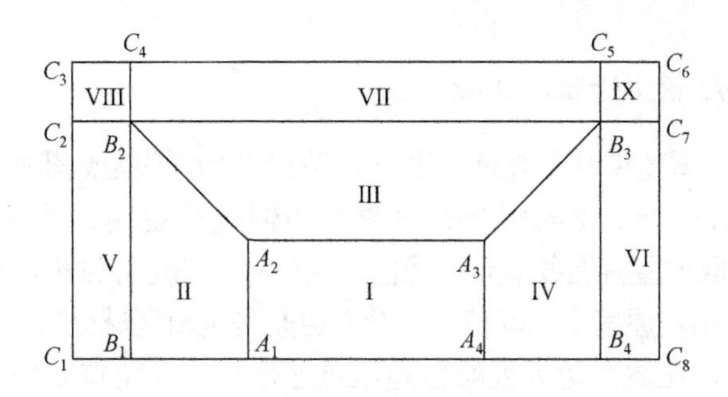

图 3-38　矩形 1/2 模型峰值超压场简化分区图

$$
P=\begin{cases}
P_0, & (x,y)\text{属于区域 I}\\
P_0+k_{\mathrm{II},x}\cdot(x-x_{11})+k_{\mathrm{II},y}\cdot\dfrac{x-x_{11}}{x_{21}-x_{11}}\cdot y, & (x,y)\text{属于区域 II}\\
P_0+k_{\mathrm{III},y}\cdot(y-y_1)+k_{\mathrm{III},x}\cdot\dfrac{y-y_1}{y_2-y_1}\cdot x, & (x,y)\text{属于区域III}\\
P_0+k_{\mathrm{IV},x}\cdot(x-x_{12})+k_{\mathrm{IV},y}\cdot\dfrac{x-x_{12}}{x_{22}-x_{12}}\cdot y, & (x,y)\text{属于区域IV}\\
P_0+k_{\mathrm{IV},x}\cdot(x_{22}-x_{12})+k_{\mathrm{VI},x}\cdot(x-x_{22})+\left(k_{\mathrm{IV},y}\dfrac{15-x}{15-x_{22}}+k_{\mathrm{VI},y}\dfrac{x-x_{22}}{15-x_{22}}\right)\cdot y, & (x,y)\text{属于区域 V}\\
P_0+k_{\mathrm{II},x}\cdot(x_{21}-x_{11})+k_{\mathrm{V},x}\cdot(x-x_{21})+\left(k_{\mathrm{II},y}\dfrac{-15-x}{-15-x_{22}}+k_{\mathrm{V},y}\dfrac{x-x_{21}}{-15-x_{22}}\right)\cdot y, & (x,y)\text{属于区域VI}\\
P_0+k_{\mathrm{III},y}\cdot(y_2-y_1)+k_{\mathrm{VII},y}\cdot(y-y_2)+\left(k_{\mathrm{III},x}\dfrac{15-y}{15-y_2}+k_{\mathrm{VII},x}\dfrac{y-y_2}{15-y_2}\right)\cdot x, & (x,y)\text{属于区域VII}\\
P_0+k_{\mathrm{III},y}\cdot(y_2-y_1)+k_{\mathrm{III},x}\cdot x_{21}+k_{\mathrm{VIII},x}\cdot(x-x_1)+\left(k_{\mathrm{VIII},y_1}\dfrac{x-x_1}{-15-x_1}+k_{\mathrm{VIII},y_2}\dfrac{-15-x}{-15-x_1}\right)\cdot(y-y_2), & (x,y)\text{属于区域VIII}\\
P_0+k_{\mathrm{III},y}\cdot(y_2-y_1)+k_{\mathrm{III},x}\cdot x_{22}+k_{\mathrm{IX},x}\cdot(x-x_4)+\left(k_{\mathrm{IX},y_1}\dfrac{x-x_4}{14-x_4}+k_{\mathrm{IX},y_2}\dfrac{14-x}{14-x_4}\right)\cdot(y-y_2), & (x,y)\text{属于区域IX}
\end{cases}
\tag{3-2}
$$

在炸药位置为 $X=2\mathrm{m}$、$Y=Z=0\mathrm{m}$，炸药尺寸为 0.4m×0.2m×0.2m 的算例中，任意选取一些单元，将这些单元的简化模型结果与仿真结果进行对比（表 3-5），可以看到，最大的误差为–9.14%，精度同样非常好。

表 3-5　矩形 1/2 模型简化结果与仿真结果对比

单元编号	平面坐标	仿真结果/Pa	简化模型结果/Pa	误差
963101	（4.1,1.1）	186260	188800	1.35%
965436	（–8.9,4.1）	167350	177530	5.74%
969516	（7.1,9.1）	228240	209120	–9.14%
971946	（13.1,12.1）	475610	515460	7.73%

利用计算公式（3-2）对本章中的算例进行拟合，得到了一个详细的系数参数表供使用，具体系数见附表 3-2。

4. 对角线 1/2 模型峰值超压场

对角线 1/2 模型建模时，取对角线为 X 轴和 Y 轴，假定炸药在 X 轴上布置。选取炸药位置为 $X=4\text{m}$、$Y=Z=0\text{m}$ 的情况为例进行说明，炸药尺寸为 0.4m×0.2m×0.2m，提取出屋盖上各单元的峰值超压分布云图进行讨论，如图 3-39 所示。由图 3-39 可以看出，屋盖上的峰值超压分布也是呈现出区域分布特性，结构屋面中部区域较为平缓，在屋面边界处峰值超压迅速增加，在角点处增长趋势变得更加明显。根据峰值超压分布云图的情况，对对角线 1/2 模型进行分区，如图 3-40 所示。为了方便计算，对于模型的坐标系 $X'O'Y'$ 进行转换，顺时针旋转 45°，得到新坐标系 XOY，见图 3-41。

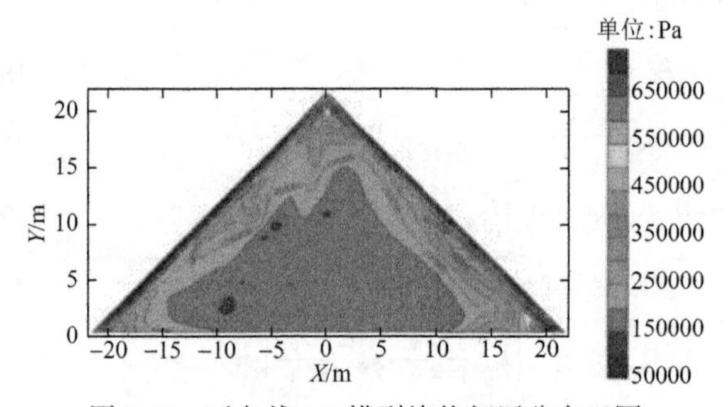

图 3-39　对角线 1/2 模型峰值超压分布云图

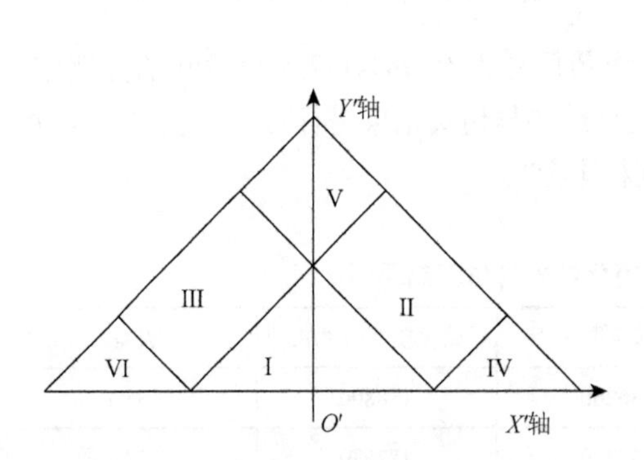

图 3-40　对角线 1/2 模型峰值超压场简化分区图

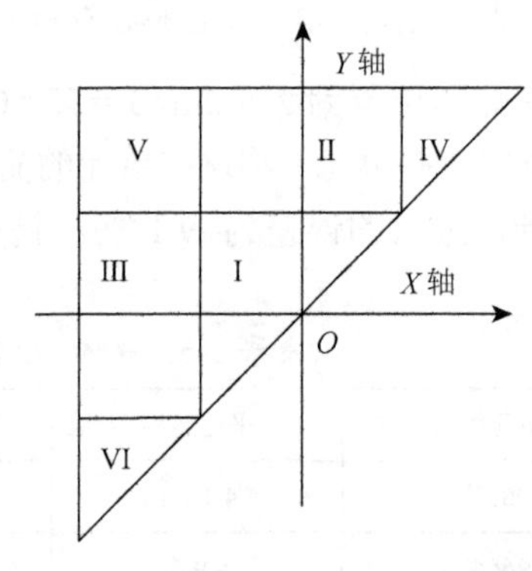

图 3-41　转换坐标系后的分区示意图

针对对角线 1/2 模型的峰值超压分布情况及以上分区，提出了峰值超压的计算公式，如式（3-3）所示。同上，选取一些单元进行仿真结果与简化公式计算结果的对比，最大相对误差为 13.67%，如表 3-6 所示，精度较好。同样，拟合获得公式（3-3）中的具体系数可查附表 3-3。

$$
P=\begin{cases}
P_0, & (x,y)\text{属于区域 I} \\
P_0+k_{\text{II},x}\cdot x+\left(k_{\text{II},y_1}\dfrac{x-x_1}{x_2-x_1}+k_{\text{II},y_2}\dfrac{x_2-x}{x_2-x_1}\right)\cdot(y-y_2), & (x,y)\text{属于区域 II} \\
P_0+k_{\text{III},y}\cdot y+\left(k_{\text{III},x_1}\dfrac{y_2-y}{y_2-y_1}+k_{\text{III},x_2}\dfrac{y-y_1}{y_2-y_1}\right)\cdot(x-x_1), & (x,y)\text{属于区域 III} \\
P_0+k_{\text{II},y_2}\cdot(y-y_2)+k_{\text{IV},x}\cdot\dfrac{y-y_2}{15-y_2}\cdot(x-x_2), & (x,y)\text{属于区域 IV} \\
P_0+k_{\text{II},y_1}\cdot(y-y_2)+\left(k_{\text{III},x_1}\dfrac{y-y_2}{15-y_2}+k_{\text{V},x_2}\dfrac{15-y}{15-y_2}\right)\cdot(x-x_1), & (x,y)\text{属于区域 V} \\
P_0+k_{\text{III},x_2}\cdot(x-x_1)+k_{\text{VI},y}\cdot\dfrac{x-x_1}{-15-x_1}\cdot(y-y_1), & (x,y)\text{属于区域 VI}
\end{cases}
\tag{3-3}
$$

表 3-6　对角线 1/2 模型简化结果与仿真结果对比

单元编号	平面坐标	仿真结果/Pa	简化模型结果/Pa	误差
1820269	（4.95,5.09）	183610	178371	−2.94%
1821248	（−12.87, −11.31）	270040	283480	4.74%
1821394	（7.78,9.33）	226710	262600	13.67%

3.5.2　形函数插值法

通过前述内容可知，矩形平屋盖上的峰值超压场在屋盖中部变化不大，而在屋盖边界以及角点位置由于发生反射、汇聚，峰值超压远大于屋盖中部。因此可以在屋盖上定义一些控制点，然后根据这些控制点的峰值超压，借助有限等参元的思想，使用形函数对整个结构屋盖的峰值超压场进行预测。

当已经确定了一个四边形区域 4 个点的峰值超压后，利用等参元形函数，即可确定此四边形内部任意点的峰值超压。具体选用自然坐标系下的四节点正方形单元作为母元，如图 3-42 和图 3-43 所示，当已知 4 个节点的峰值超压时，借助形函数公式（3-4）以及公式（3-5）即可确定整个单元内部的峰值超压。

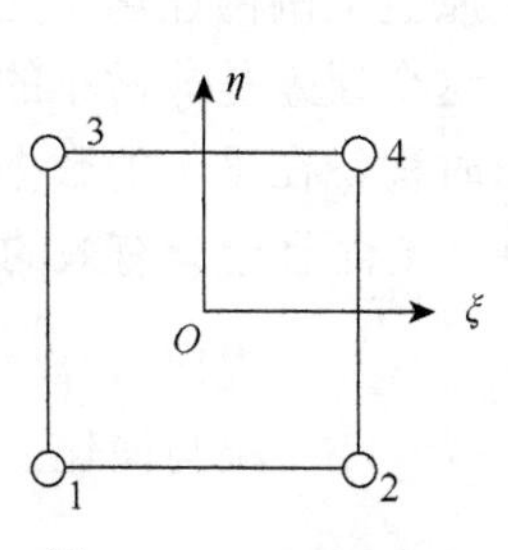

图 3-42　母元示意图

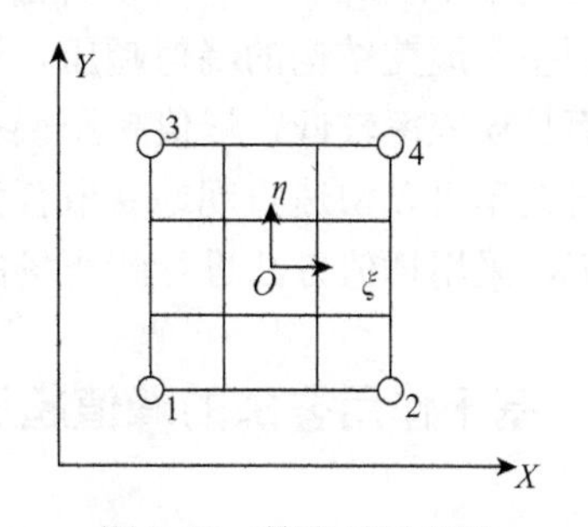

图 3-43　等参元示意图

$$N_1=\frac{1}{4}(1-\xi)(1-\eta),\ N_2=\frac{1}{4}(1+\xi)(1-\eta)$$
$$N_3=\frac{1}{4}(1+\xi)(1+\eta),\ N_4=\frac{1}{4}(1-\xi)(1+\eta) \tag{3-4}$$

$$p(\xi,\eta)=\sum P_i N_i \tag{3-5}$$

式中，$\xi=\dfrac{x-x_0}{(x_2-x_1)/2}$；$\eta=\dfrac{y-y_0}{(y_4-y_1)/2}$；$x_0=\dfrac{1}{4}\sum x_i$、$y_0=\dfrac{1}{4}\sum y_i$ 为单元中心坐标。

在此基础上，推而广之，将每一个时刻点的数值进行形函数插值，即可得到任意位置单元的超压时程：

$$p(\xi,\eta,t)=\sum P_i(t)N_i \tag{3-6}$$

以对称 1/4 模型，炸药位于 $Z=2\text{m}$、$X=Y=0\text{m}$，炸药尺寸为 0.2m×0.2m×0.2m 的算例为例进行分析。通过 3.5.1 节中的分区可以看出，在屋盖边界 4m 范围内峰值超压变化剧烈，在距离中心点 7m 的区域内峰值超压变化并不是很大，因此针对此模型，建立 3m×3m 的控制点网格。利用此控制点网格进行形函数插值。以单元中心坐标分别为（3, 3）、（3, 6）、（6, 3）、（6, 6）的四个单元构成的四节点单元为例，进行插值。选取点（3, 5）以及点（4, 5）进行插值，得到的结果如图 3-44 和图 3-45 所示。

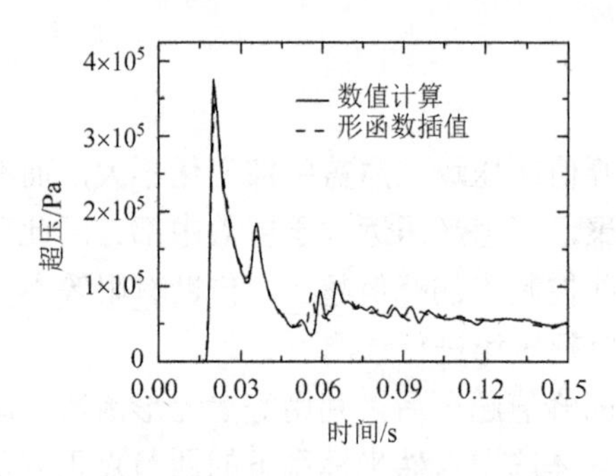

图 3-44　点（3, 5）处预测结果

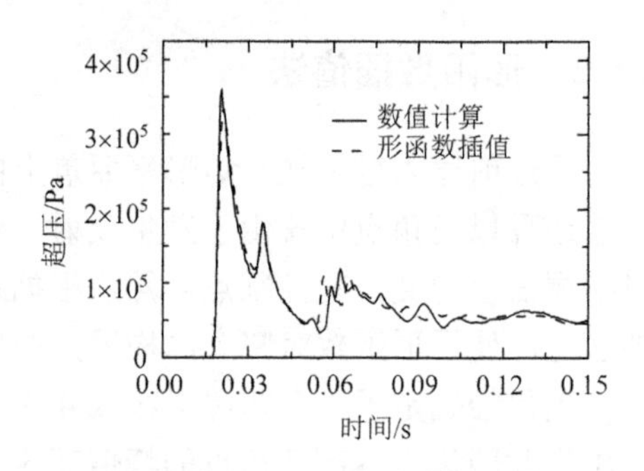

图 3-45　点（4, 5）处预测结果

由图 3-44 和图 3-45 可以看出，采用形函数插值方法进行拟合之后，不但可以得到整个屋盖结构的峰值超压，还可以得到整个屋盖范围内任意单元的超压时程，而且误差率较低，峰值超压误差约为 5.45%。这个误差是非常小的。该方法的优势在于可以快速直观地获取任意点的单元超压时程，在采集的数据点不足的情况下，采用插值方法进行超压场的预测，是一种简便而且十分有效的办法。

3.5.3　基于作用叠加的峰值超压场预测

除了可通过插值预测峰值超压场，本节将再提出一种将边界约束作用、反射作用等叠加考虑的峰值超压场预测的方法。

经过前面的观察，对于炸药位于屋盖中心 Z 轴上的情况，可以认为大跨度平屋盖结构在爆炸荷载作用下产生的峰值超压场是三个部分的叠加，即不考虑墙体（X 向和 Y 向）的限制作用数据，然后依次加上 X 向和 Y 向的墙体作用影响。

为了建立这个叠加的公式，首先应建立爆炸模型，此模型中在地面与刚性屋盖之间没有墙体限制，即炸药在地面与屋盖结构之间爆炸之后产生的冲击波在传播过程中只受到屋盖结构的约束限制，在 X 向以及 Y 向可自由扩散，由此得到刚性屋盖的峰值超压场，通过此峰值超压场，得到炸药爆炸点正上方结构屋盖上的峰值超压 P_0，以及结构屋面上各点的峰值超压与该点到爆炸投影点之间距离 R 的关系曲线 $f(R)$。本节采用爆炸点正上方的峰值超压 P_0 作为基准超压，将峰值超压与距离的关系函数 $f(R)$ 作为基准函数。然后，在公式中依次加入考虑 X 向以及 Y 向约束作用的影响系数 ξ_x、ξ_y；通过改变炸药的药量以及位置，加入炸药高度影响系数以及炸药药量影响系数 ξ_z、ξ_w，即得到预测公式（3-7）：

$$p(x,y)=p_0 f(R)\cdot\xi_x\cdot\xi_y\cdot\xi_z\cdot\xi_w \tag{3-7}$$

将数值仿真中大跨度平屋盖结构 $Y=0$ 轴上的各单元峰值超压提取出来，与仅考虑屋盖平板模型的计算结果相除（图 3-46），以获得两者之间的比值。

在图 3-46 中可以明显看出，在靠近屋盖中心的部位，即 X 坐标值较小的区域，两种情况的计算结果比值为 1，两种情况是几乎相同的。当 X 坐标逐渐变大时，受到墙体的影响，比例开始变大，这与前面的预想是吻合的。

对于某一算例，首先确定该算例的基准超压 P_0、峰值超压衰减公式 $f(R)$ 以及 X 向墙体影响系数 ξ_x 和 Y 向墙体影响系数 ξ_y。在大量算例统计的基础上，即可确定其他未知系数，如炸药高度影响系数 ξ_z、炸药药量影响系数 ξ_w。以炸药位于 $X=Y=0\text{m}$、$Z=2\text{m}$，炸药尺寸为 0.2m×0.2m×0.2m 为例。基准超压 P_0 为屋盖结构上炸药爆炸投影点的峰值超压值，此算例中 P_0=383660Pa。

仅利用平板模型的计算结果，峰值超压衰减公式 $f(R)$ 的形式为

$$f(R)=A\mathrm{e}^{\frac{r}{t}}+f_0 \tag{3-8}$$

式中，A=−0.00337；t=4.28586；f_0=1.01796。拟合后的结果与仿真结果对比如图 3-47 所示。

在此算例中 X 向墙体影响系数 ξ_x 和 Y 向墙体影响系数 ξ_y 是相同的，只需要确定其中之一。如图 3-46 所示，可将 ξ_x 定义为分段函数：

$$\xi_x=\begin{cases}1, & x<x_\xi \\ [0.04(z-2)+0.26](x-x_\xi)+1, & x\geqslant x_\xi\end{cases} \tag{3-9}$$

在式（3-9）中，考虑到随着炸药高度变化，X 向墙体影响系数ξ_x作用范围不断变化，而且峰值超压增长的斜率也在不断变化，对斜率进行插值得到该式。在式（3-9）中，$x_\xi=(z-2)\times0.3+10$，为墙体作用范围的界限。

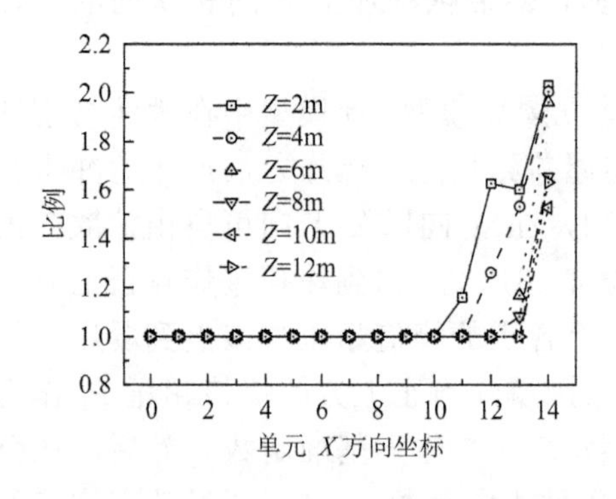

图 3-46　平屋盖与平板模型对比

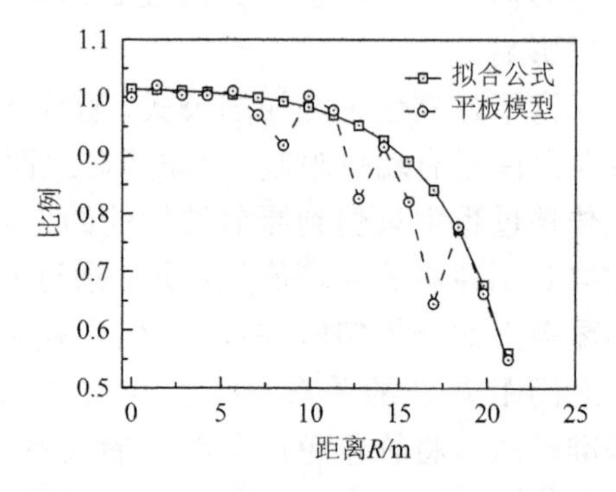

图 3-47　衰减公式 f（R）拟合情况

然后对炸药高度影响系数ξ_z进行拟合，如图 3-48 所示，可以得到ξ_z中的基准超压选项ξ_{z,p_0}：

$$\xi_{z,p_0}=A_1\mathrm{e}^{\frac{r_1}{t_1}}+f_1 \tag{3-10}$$

式中，$A_1=-0.24697$；$t_1=3.72714$；$f_1=0.56415$。

在研究炸药高度对于峰值超压衰减系数的影响中，发现随着炸药高度的增加，衰减速度越来越慢，如图 3-49 所示。在该图中，这些曲线之间并无明显的规律联系，因此应采用不同的函数进行描述。即当炸药高度改变时，峰值超压衰减公式 f（R）采用不同的公式。本节仅对炸药位置 $X=Y=0\mathrm{m}$、$Z=2\mathrm{m}$ 的情况进行了讨论，未对其他算例进行拟合。

最后需要确定的是炸药药量影响系数ξ_w。通过图 3-50 可以看出，当炸药药量改变时，峰值超压的衰减规律以及墙体限制的影响规律并未发生改变，因此只需要确定炸药药量改变对于基准超压的影响即可。通过图 3-51 表述出的炸药药量影响系数ξ_w的拟合公式可以由式（3-11）确定：

$$\xi_w=A_2\mathrm{e}^{-\frac{r_2}{t_2}}+f_2 \tag{3-11}$$

式中，$A_2=-4.25878$；$t_2=2.62027$；$f_2=3.91866$。

至此，确定了拟合公式中的全部未知量，除炸药高度对于峰值超压衰减公式的影响因素无法用一个通用的公式外，其他变量均可采用通用公式进行描述。

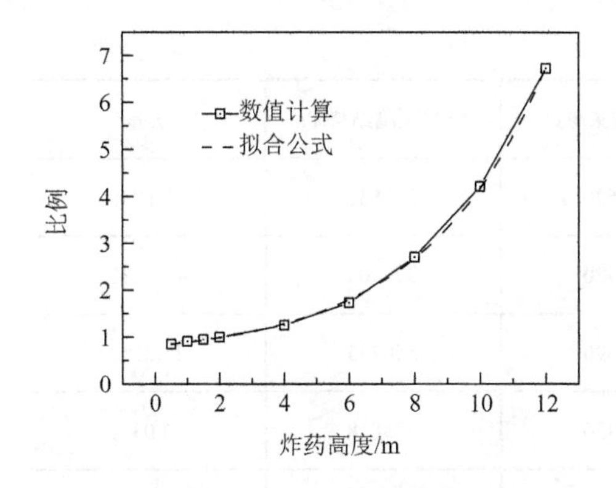

图 3-48　炸药高度对于基准超压的影响系数拟合公式

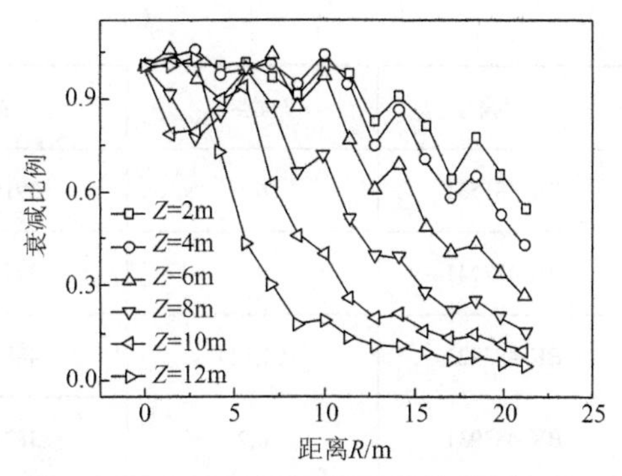

图 3-49　炸药高度变化对于衰减速度的影响

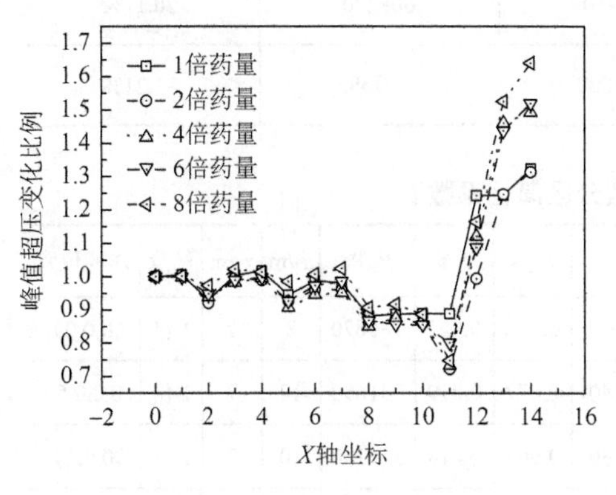

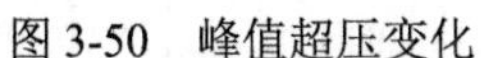
图 3-50　峰值超压变化

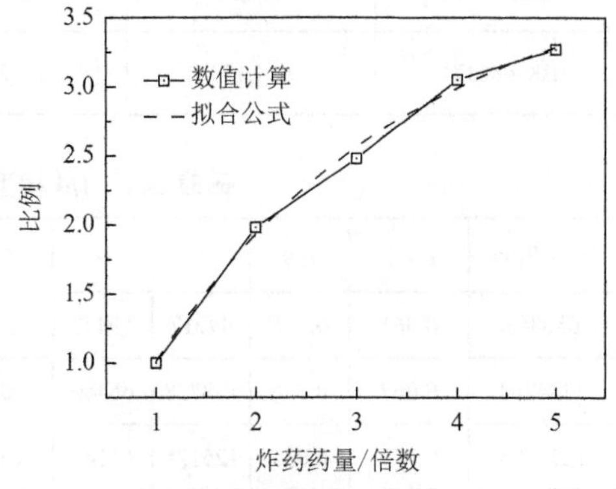

图 3-51　炸药药量影响系数拟合公式

最后，取算例 30m×30m×15m 大跨度平屋盖在炸药位于 $X=Y=0$m、$Z=2$m，炸药尺寸为 0.2m×0.2m×0.2m 的情况进行应用，根据提出的拟合公式进行计算，得到了整个屋盖结构的峰值超压场，并进行对比，如表 3-7 所示。

由表 3-7 可以看出，最大的误差为 20.11%，大部分结果的误差在 10%以下，说明拟合公式是有效的。

表 3-7　拟合公式预测结果与仿真结果对比

单元编号	平面坐标	仿真结果/Pa	公式预测结果/Pa	误差
BK-482301	（0,3）	392260	384246	−2.09%
BK-483941	（8,7）	355870	371529	4.21%
BK-483961	（12,7）	488690	538199	9.20%

续表

单元编号	平面坐标	仿真结果/Pa	公式预测结果/Pa	误差
BK-481531	（6,1）	391520	381531	−2.62%
BK-482741	（8,4）	395920	376503	−5.16%
BK-485921	（4,12）	488690	550733	11.27%
BK-483931	（6,7）	383450	375818	−2.03%
BK-483551	（10,6）	347600	367365	5.38%
BK-484366	（13,8）	485950	608270	20.11%
BK-486371	（14,13）	1015500	1003395	−1.21%

附表 3-1　1/4 模型分区简化系数表

峰值 P_3/Pa	$t_{+,2}$/s	t_2/s	k_3	k_2	k_1	$t_{+,1}$/s	t_1/s	P_0/Pa	x_2/m	x_1/m	药量	炸药位置
656863	0.061	0.045	49917	19447	−15350	0.076	0.022	186670	8	7	1 倍	（0,0,0）
1344768	0.067	0.036	138728	66440	−4240	0.077	0.019	331650	10	7	1 倍	（0,0,0.5）
1274075	0.073	0.035	126128	61148	−6160	0.065	0.018	356180	10	7	1 倍	（0,0,1）
1317327	0.074	0.035	114663	127463	−5920	0.06	0.018	372500	11	7	1 倍	（0,0,1.5）
1323780	0.074	0.034	127250	127463	−5920	0.055	0.016	395920	11	7	1 倍	（0,0,2）
1293353	0.072	0.031	154547	53607	−11730	0.04	0.012	507660	11	7	1 倍	（0,0,4）
1156873	0.075	0.03	126790	18283	−31538	0.028	0.008	702730	11	7	1 倍	（0,0,6）
1070280	0.07	0.027	141425	2145	−49629	0.019	0.005	1036600	12	4	1 倍	（0,0,8）
887330	0.06	0.026	170680	−53320	−96399	0.012	0.003	1616600	13	3	1 倍	（0,0,10）
685240	0.052	0.025	143260	−60050	−212062	0.004	0.001	2851500	13	2	1 倍	（0,0,12）
3373767	0.048	0.031	379400	319967	−14270	0.065	0.015	633380	11	7	2 倍	（0,0,0）
4185483	0.046	0.028	546933	337950	−16600	0.069	0.01	712350	11	7	4 倍	（0,0,0）
4642873	0.045	0.026	667267	306770	−9898	0.06	0.014	786280	11	7	4 倍	（0,0,0）
5375647	0.039	0.025	784367	351280	−13060	0.063	0.014	885300	11	7	5 倍	（0,0,0）
5643560	0.0358	0.0245	729875	217685	−16793	0.0526	0.0135	956140	10	7	6 倍	（0,0,0）

续表

峰值 P_3/Pa	$t_{+,2}$/s	t_2/s	k_3	k_2	k_1	$t_{+,1}$/s	t_1/s	P_0/Pa	x_2/m	x_1/m	药量	炸药位置
6022528	0.0326	0.0245	651060	190768	−21020	0.0529	0.013	1013600	9	7	7倍	(0,0,0)
6490020	0.03	0.023	707360	201860	−15500	0.0597	0.0125	1065700	9	7	8倍	(0,0,0)
2921703	0.0534	0.0265	407367	135537	−8155	0.0442	0.015	782710	11	7	2倍	(0,0,2)
4930060	0.04	0.0245	744367	259293	−11310	0.0558	0.0115	960660	11	7	4倍	(0,0,2)
7277333	0.028	0.023	1169033	361600	−14050	0.0451	0.0125	1211000	11	7	6倍	(0,0,2)
10374400	0.0208	0.022	1621467	643663	−18550	0.0427	0.012	1388200	11	7	8倍	(0,0,2)
3247220	0.0538	0.0255	580850	201570	−26688	0.0328	0.012	1033400	12	7	2倍	(0,0,4)
4559200	0.0383	0.023	689700	162800	−20575	0.0376	0.0115	1231500	11	7	4倍	(0,0,4)
7390467	0.0254	0.021	1202600	299367	−43425	0.0329	0.01	1556300	11	7	6倍	(0,0,4)
10741000	0.0191	0.02	1768067	525333	−62525	0.0308	0.0095	1817500	11	7	8倍	(0,0,4)
2659100	0.0501	0.0235	474900	51200	−31133	0.0266	0.006	1361000	12	3	2倍	(0,0,6)
4453150	0.0348	0.021	824050	202800	−39960	0.0272	0.007	1572400	12	7	4倍	(0,0,6)
6354367	0.0261	0.019	966400	216767	−92900	0.0226	0.0065	2086200	11	6	6倍	(0,0,6)
10641600	0.0195	0.018	1953433	234667	−123100	0.0229	0.0065	2381600	11	7	8倍	(0,0,6)
2045100	0.0551	0.0215	446400	28700	−101533	0.0145	0.005	2008700	13	4	2倍	(0,0,8)
3612550	0.0334	0.019	670300	37150	−107713	0.0163	0.0045	2351900	12	4	4倍	(0,0,8)
5931050	0.0276	0.017	989350	407800	−159413	0.0142	0.004	3014900	12	4	6倍	(0,0,8)
11039600	0.0221	0.0165	2298000	2214800	−154100	0.0146	0.0035	3400900	13	4	8倍	(0,0,8)
1418000	0.0516	0.02	295970	−87470	−185610	0.0116	0.002	2857100	13	3	2倍	(0,0,10)
3072500	0.0386	0.0175	640200	173700	−177250	0.0109	0.0025	3217200	13	3	4倍	(0,0,10)
4577100	0.0325	0.0155	1329700	14900	−243391	0.013	0.0015	4565200	13	2	6倍	(0,0,10)
7452000	0.0263	0.0145	2624100	−19300	−218945	0.0133	0.001	4650800	13	2	8倍	(0,0,10)
1108810	0.0482	0.0205	191300	−9370	−427168	0.0029	0.001	5443800	13	2	2倍	(0,0,12)
2362500	0.0386	0.0165	654300	−145800	−448636	0.0052	0.001	6280500	13	2	4倍	(0,0,12)
3404300	0.04	0.0145	1197400	−321300	−675191	0.0044	0.001	9079200	13	2	6倍	(0,0,12)
3625400	0.034	0.013	1522200	−842100	−665355	0.0037	0.001	9584100	13	2	8倍	(0,0,12)

附表 3-2　矩形 1/2 模型分区简化系数表

位置	药量	x_{11}	x_{12}	y_1	x_{21}	x_{22}	y_2	P_0/Pa	$k_{II,x}$	$k_{II,y}$	$k_{III,x}$	$k_{III,y}$	$k_{IV,x}$	$k_{IV,y}$	$k_{V,x}$	$k_{V,y}$	$k_{VI,x}$	$k_{VI,y}$	$k_{VII,x}$	$k_{VII,y}$	$k_{VIII,x}$	k_{VIII,y_1}	k_{VIII,y_2}	$k_{IX,x}$	k_{IX,y_1}	k_{IX,y_2}
(1,0,0)	1 倍	−7	9	5	−12	10	10	188680	−1863	3320	−2924	49559	12510	−3219	−15214	5430	32555	12058	−1545	89573	−19434	54575	36568	70748	53490	43460
(2,0,0)	1 倍	−6	9	5	−13	10	10	188800	1513	5163	−1643	7288	26910	−1419	−15230	6649	35658	9146	−1599	92449	−18202	49535	37850	62070	63615	38073
(2,2,0)	1 倍	−7	10	8	−13	11	11	394360	7100	−7946	3093	− 40893	−10990	−3343	−71648	11410	81157	7186	2587	235875	−124878	130547	133540	119763	203170	129827
(2,4,0)	1 倍	−6	10	9	−12	11	11	507440	34488	11709	−3731	−84685	−103820	−1992	−86365	−577	91907	4186	6565	201800	−52578	117330	23127	114560	185203	98637
(2,6,0)	1 倍	−5	9	8	−11	12	13	694420	39921	26106	−1037	1761	−76893	17289	−146065	23683	155040	13934	−3770	806055	−130315	−5740	138750	133230	265040	70430
(2,8,0)	1 倍	−4	7	5	−12	12	13	1047100	77706	14235	−2519	−77968	−105648	−3771	−143145	15549	71115	12632	7900	721785	−151685	171820	90230	177730	229900	350690
(2,10,0)	1 倍	−3	6	8	−14	13	13	1594400	134053	2258	9580	−296659	−166370	7884	−123410	10128	116530	3498	4659	622625	−174565	267410	278830	59520	269000	150890
(2,12,0)	1 倍	0	4	2	−13	13	13	3073700	220158	2639	9876	−269937	−302213	11457	−83325	8783	55380	5596	4737	497410	−123260	175850	189880	−20810	143720	56270
(2,14,0)	1 倍	0	1	1	−12	13	13	685500	23881	2067	13265	−10104	−9184	13193	−146065	23683	198530	13934	13170	1024390	−286570	−5740	451260	208160	265040	448800
(4,0,0)	1 倍	−4	9	5	−12	10	10	190390	5850	1307	2303	250	21670	236	−16870	6271	49653	3236	1705	93101	−26798	44625	46750	57153	70703	43758
(4,2,0)	1 倍	−6	9	7	−11	11	11	393990	15244	2	3414	−12882	6625	−1304	−66798	20172	118020	2093	9131	249685	−122265	148650	110273	130473	194427	152200
(4,4,0)	1 倍	−4	10	5	−14	12	12	509130	24413	1982	7995	−12597	55915	−7623	−95090	27050	92575	−3344	14233	413670	−195363	99050	159465	118245	311810	234325
(4,6,0)	1 倍	−4	11	7	−13	12	12	260100	4753	−648	9295	16408	52140	10807	−11160	14280	49215	7268	3237	239813	−100730	34925	114810	27985	113975	39085
(4,8,0)	1 倍	−1	10	5	−1	13	13	1034800	60804	4038	10349	−77518	−139897	892	−103010	23330	286200	−14504	13305	755355	−228410	169770	224750	86050	384140	301610
(4,10,0)	1 倍	0	7	5	−12	13	13	1687800	107735	682	7179	−185479	−175460	−11713	−61240	18218	101410	−10871	7931	635910	−175220	209630	236690	112360	285230	256240
(4,12,0)	1 倍	2	6	3	−11	13	13	2976600	185405	3301	11813	−287176	−354330	3792	−63670	13619	8010	−1602	6828	513200	−130740	111960	186000	−62120	235460	56370
(6,0,0)	1 倍	−1	9	5	−12	10	10	209330	1417	−2127	4118	2273	23420	3303	−15135	6264	56420	−10117	2805	103115	−57090	39878	52285	22870	74060	44735
(6,2,0)	1 倍	−4	10	7	−11	11	11	398690	14063	4290	2979	−10350	37380	−3106	−73307	22329	153347	−11892	16317	269807	−139450	116623	96130	121133	145200	198390
(6,4,0)	1 倍	−3	10	7	−11	11	11	504280	19935	6140	−268	−45010	−54770	−7589	−94060	14068	192197	−15675	11257	284065	−137665	108420	114880	162547	137543	207083
(6,6,0)	1 倍	0	10	6	−13	12	11	689320	29346	7606	2043	−68073	−34280	−16199	−75185	10259	231870	−21069	15377	270597	−89775	108400	76030	205085	106887	187143
(6,8,0)	1 倍	0	10	5	−6	13	12	1041900	66431	9977	3759	−105077	−90727	−25941	−60970	14457	422580	−40701	18787	356333	−78890	119275	56690	245460	194605	244535

续表

位置	药量	x_{11}	x_{12}	y_1	x_{21}	x_{22}	y_2	P_0/Pa	$k_{\mathrm{II},x}$	$k_{\mathrm{II},y}$	$k_{\mathrm{III},x}$	$k_{\mathrm{III},y}$	$k_{\mathrm{IV},x}$	$k_{\mathrm{IV},y}$	$k_{\mathrm{V},x}$	$k_{\mathrm{V},y}$	$k_{\mathrm{VI},x}$	$k_{\mathrm{VI},y}$	$k_{\mathrm{VII},x}$	$k_{\mathrm{VII},y}$	$k_{\mathrm{VIII},x}$	k_{VIII,y_1}	k_{VIII,y_2}	$k_{\mathrm{IX},x}$	k_{IX,y_1}	k_{IX,y_2}
（6,10,0）	1倍	3	10	4	4	13	12	1678100	95934	−1428	982	−192634	−265170	−45095	−210	13737	38130	−31088	18129	278240	−45705	123490	10525	206220	154515	216290
（6,12,0）	1倍	4	8	2	−12	13	12	2972600	171814	2894	1893	−298960	−435704	−40705	−16237	11321	−172960	−14712	9934	229498	−49943	69355	38260	138960	107610	138775
（8,0,0）	1倍	1	9	4	−12	11	10	230140	1380	764	1619	1435	44815	−6222	7170	6689	48110	−13848	5395	116201	−52080	33583	45073	22690	61518	68673
（8,2,0）	1倍	−1	10	8	−13	13	11	423590	10128	3236	8415	11733	163253	−32445	−312170	19761	13050	−24312	14872	259917	−157955	50900	82917	102520	159677	138880
（8,4,0）	1倍	0	10	7	−11	12	12	512770	22408	12197	8608	−4810	114595	−12095	−57363	25128	227820	−44715	18916	344855	−109087	11870	36240	32100	233090	159940
（8,6,0）	1倍	0	10	5	−14	12	12	687440	37247	11477	7866	−35808	8985	−11535	−51153	22056	365245	−59584	22970	334833	−93470	44035	7910	76950	172105	189160
（8,8,0）	1倍	3	8	5	−10	13	12	1047100	56447	6845	8665	−100689	−27900	−30054	−25485	17963	657000	−72433	22963	308310	−58838	69265	1045	148450	159200	172610
（8,10,0）	1倍	4	12	5	−14	13	12	1594400	73535	2207	5340	−204178	−359600	−66115	−25080	15648	−9100	−50342	10500	308015	−186380	85150	88515	180180	101775	158180
（8,12,0）	1倍	6	10	2	−11	13	13	3073700	151957	7317	3405	−274781	−551367	−80726	−62285	8913	−459200	−39299	9892	483410	−72660	58400	73190	79350	167640	241840
（8,14,0）	1倍	7	9	1	−12	13	6	10190000	1238403	39232	−6836	−2429921	−2355885	−57333	7834	−757	−294590	−7018	16441	43378	24971	22781	−35780	7300	4574	4956
（10,0,0）	1倍	−10	−4	8	−12	8	10	158240	3705	1882	2506	36470	5916	−946	−10683	7008	30868	−13753	9328	92768	−27770	25998	27035	9523	60665	61145
（10,2,0）	1倍	0	8	7	−13	13	11	393470	15390	8713	7340	4875	77456	−25871	−38348	20539	−17020	−14902	20278	199307	−70870	39903	11523	103640	107120	115027
（10,4,0）	1倍	2	10	8	−13	12	12	532870	22504	16533	5553	−16673	226430	−36353	−52167	23919	55435	−41812	18506	296110	−81713	10765	−23030	22685	167630	132400
（10,6,0）	1倍	4	7	7	−14	12	11	675190	30246	13895	12402	−52740	33228	−16522	−33835	12699	377435	−75388	21480	181487	−30545	36910	−25637	53670	34970	43963
（10,8,0）	1倍	6	11	4	−14	12	13	1034700	49171	20443	2494	−67683	−145830	−28227	−26873	23373	549865	−113198	19866	525030	−36395	14000	−167980	−2450	260860	231570
（10,10,0）	1倍	6	10	5	−10	13	13	1687800	77333	12297	4389	−178915	−70633	−75650	−35760	17599	528500	−118596	11419	508795	−70225	49470	−17990	−29800	275020	164790
（10,12,0）	1倍	8	12	3	−11	13	12	2976600	197956	5498	9822	−326514	−444000	−172900	−7802	6718	−1127700	−78689	14163	210005	−9430	43490	7140	2830	60325	48380
（10,14,0）	1倍	9	11	1	−11	13	7	10900000	2055096	−27043	−4083	−2096631	−4626750	−178290	23545	−1523	−891200	−31574	17686	43984	14143	23441	−29560	135810	−19556	−1571
（12,0,0）	1倍	−10	−6	8	−12	5	10	142950	−6980	653	1851	36220	4773	−55	−6893	8373	12314	−8430	7569	74600	−32627	17218	17655	3009	39755	41960
（12,2,0）	1倍	−10	−5	9	−14	9	11	285150	43820	6597	6420	52335	21074	−15935	−43197	22696	−6926	−9085	15655	161898	−102227	18777	17080	8146	77060	81727
（12,4,0）	1倍	−11	−4	10	−11	10	12	296750	45980	4615	9735	75375	32106	−21846	−64955	24558	1410	−24578	11398	261570	−184610	−6515	65945	−6788	133630	85070

续表

位置	药量	x_{11}	x_{12}	y_1	x_{21}	x_{22}	y_2	P_0/Pa	$k_{II,x}$	$k_{II,y}$	$k_{III,x}$	$k_{III,y}$	$k_{IV,x}$	$k_{IV,y}$	$k_{V,x}$	$k_{V,y}$	$k_{VI,x}$	$k_{VI,y}$	$k_{VII,x}$	$k_{VII,y}$	$k_{VIII,x}$	k_{VIII,y_1}	k_{VIII,y_2}	$k_{IX,x}$	k_{IX,y_1}	k_{IX,y_2}
（12,6,0）	1 倍	11	12	0	−10	13	11	1236900	47599	34765	−2420	−69381	−43400	−61768	−31753	16034	−100000	−45502	16514	156093	19760	28423	−100677	78930	33057	50800
（12,8,0）	1 倍	−11	−4	7	−6	13	13	264940	10650	537	6831	13451	86309	−100598	−31220	22344	−29500	−98576	6127	528850	−314710	−19050	206170	−3210	202010	187140
（12,10,0）	1 倍	8	10	3	−14	13	12	1560400	74957	8129	5106	−149119	−29067	−87253	−21090	8866	1337800	−196619	11962	203065	−22858	32245	−20080	25400	78300	58760
（12,12,0）	1 倍	−12	−4	2	−14	10	12	228250	−8610	−1590	7392	9649	196025	−214067	−46440	2913	−43800	−197342	7088	203698	−100480	35410	47975	6375	48630	44325
（14,0,0）	1 倍	−10	−7	8	−11	−4	10	143630	5400	325	350	−925	−8513	2584	−7743	4670	4376	−1149	8066	51353	−18605	12883	8925	2302	22990	22428
（14,2,0）	1 倍	−10	−6	10	−11	10	13	241570	32570	6255	5585	38803	7067	1998	−35700	17122	1233	205	8867	372980	−82793	3280	17700	−4595	120720	89910
（14,4,0）	1 倍	−10	−6	10	−12	6	12	237010	35445	5075	5436	38930	23044	−15723	−42610	19639	−2549	−17662	12856	190953	−100867	−3180	19590	−5456	110420	86375
（14,6,0）	1 倍	−11	−5	11	−13	9	13	254600	27980	6239	5036	80545	7619	2252	−42445	17122	−340	205	5616	415800	−113185	3280	74270	−5662	120720	87040
（14,8,0）	1 倍	−11	−5	10	−13	11	12	340040	87410	2840	6624	−61255	45910	−59694	−35230	18458	−16567	−58296	5556	197963	−128935	11285	64975	−10973	66405	52165
（14,10,0）	1 倍	−10	−1	11	−14	13	13	284760	19065	−576	3645	−34540	142674	−152521	−18970	14304	−491100	−117179	2181	357320	−212410	−800	126860	−31660	124310	87340
（14,12,0）	1 倍	−10	−1	11	−14	13	13	218210	4493	−2738	4190	3000	179864	−189117	−29760	8259	1396300	−298982	2567	302440	−172730	7160	103140	−31940	89550	59320
（2,0,0）	2 倍	−5	5	1	−10	10	11	614800	26680	−853	7577	−7446	−1414	1438	−106160	50564	187243	−1009	5135	392717	−219276	360133	218260	180513	561533	201983
（2,2,0）	2 倍	−6	10	8	−11	11	11	795840	49802	5587	1927	−83175	−154280	830	−165468	−8955	199280	12018	10041	393417	−125478	356533	153837	240303	448933	213337
（2,4,0）	2 倍	−6	10	7	−11	11	11	1035500	86396	7166	716	−115090	−277490	−5445	−147245	−20571	203863	182	1291	340100	−70968	447093	107917	224497	416100	112130
（2,6,0）	2 倍	−5	10	7	−12	13	11	1358700	111156	5176	−1542	−246807	−167993	−23246	−179297	−20136	479480	−25264	45056	551967	−86483	326667	151717	457290	463933	540030
（2,8,0）	2 倍	−4	6	5	−14	13	11	1976700	126999	−7194	−3669	−279729	−169619	−23713	−285170	−5549	344830	−27511	5433	451683	−303260	233120	218040	303050	282440	299957
（2,10,0）	2 倍	−3	6	5	−11	13	12	2794200	287841	−1792	4847	−377678	−305573	−5741	−73175	−4529	194470	3043	14486	463285	−64963	341940	141385	299870	253765	257050
（2,12,0）	2 倍	0	5	2	−10	11	10	5960400	558323	15263	−3030	−780346	−882097	−20166	−39800	−5286	−19257	−5118	4876	132015	1298	137223	−13235	30903	114658	28275
（2,14,0）	2 倍	1	3	1	−6	10	7	12568000	1710917	−187	−13472	−2417101	−1711929	−29969	23421	−7141	−52893	−5870	11	39686	28830	31944	−44651	−10720	33563	−13833

附表 3-3　对角线 1/2 模型分区简化系数表

炸药位置	X/m	Y/m	基准超压 P_0/Pa	k_{2x}	k_{2y_1}	k_{2y_2}	k_{3x_1}	k_{3x_2}	k_{3y}	k_{4x}	k_{4y}	k_{5x_1}	k_{5x_2}	k_{5y}	k_{6x}	k_{6y}
（2,0,0）	−7	7	179846	10967	13476	33038	−12882	−26815	−7811	31901	33038	−12882	−44405	13476	−26815	16957
（4,0,0）	−7	7	178371	11995	14630	36024	−13323	−24320	−6165	42561	36024	−13323	−47102	14630	−24320	11905
（6,0,6）	−7	7	175817	11182	16105	36049	−15802	−21596	−3248	57555	36049	−15802	−47797	16105	−21596	7625
（8,0,0）	−7	7	170873	10602	16653	35563	−13503	−23091	−5375	80080	35563	−13503	−45822	16653	−23091	607
（10,0,0）	−7	7	163923	9932	15871	33585	−18234	−17178	592	100705	33585	−18234	−40224	15871	−17178	2327

第 4 章　球面壳体的外爆荷载

4.1　球面壳体外爆测压试验

国内外对工程结构上爆炸荷载的研究主要集中于空中及无限大平面反射面上任一点的爆炸荷载（Hyde，1991；Henrych，1979；Baker，1973；Brode，1959），积累了大量的试验数据。但是建筑结构形体多变，特别是大跨空间结构多为曲面壳体，在单点源爆炸下，结构具有迎爆面和背爆面，明显比前期的研究工况复杂，目前关于结构形状对于爆炸荷载流场影响的研究工作极少。在缺乏相关爆炸荷载数据的情况下，国内外学者只能通过利用空中或者无限大反射面等简单工况的试验数据去验证有限元网格、材料模型及状态方程选取的正确性（Remennikov，2013；Zhou and Hao，2008），再在此基础上建立实际爆炸场景的有限元模型来研究爆炸冲击波在复杂结构上的传播和流场分布规律。因此，开展相关爆炸场景的场地试验、为这种复杂流场分析技术提供直接的验证性数据具有重要意义。除此之外，外部爆炸同样是大跨空间结构可能遭受的重要场景，由于空间结构的外形曲面复杂，结构形体对于爆炸冲击波的传播影响显著，直观获得冲击波传播规律的试验数据，也可加深研究人员对这一方向的理解。

4.1.1　试验目的与方案

为了考察球面壳体在地面爆炸时壳面上爆炸荷载的分布规律，针对刚性球壳开展了外爆测压试验，通过改变爆炸参数（爆距、炸药量）和结构参数（下部支承结构高度、矢跨比）研究其对屋盖上冲击波流场的影响，并为复杂结构上外爆荷载多种数值研究方法提供校核基准；同时通过多次重复性试验，也为接下来分析球壳表面爆炸荷载（反射超压、冲量、持时）各参数的不确定性打下基础。

基于试验目的，共设计了 2 个封闭刚性球壳模型，模型如图 4-1 所示（图中 W 形象化表示炸药量），分别是矢跨比为 0.217 的带下部支承结构的球壳屋盖结构（模型Ⅰ）和矢跨比为 0.5 的半球形屋盖结构（模型Ⅱ），两个结构的跨度分别为 1060mm 和 940mm。模型Ⅰ的下部支承高度为 330mm，并放置在 35mm 厚的钢板底座上，模型Ⅱ直接被放置在 80mm 厚的钢板底座上。制作两个壳体模型试件的材料均为厚度为 30mm 的 Q345 钢材，壳体屋盖、下部支承及底座之间通过焊接严密地连接在一起，确保模型在多次冲击试验中不变形。

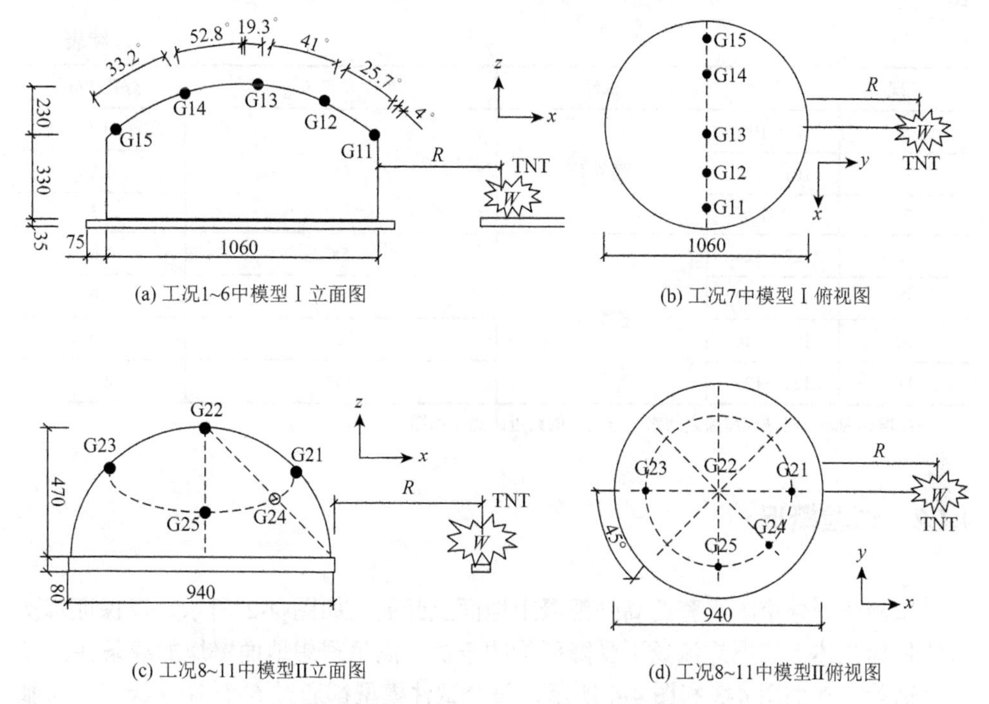

图 4-1　试验模型尺寸及超压测点布置图（单位：mm）

为了考察试验数据的稳定性和变异性，本章对模型 I 的工况 1～6 均进行 20 次重复性试验，工况 7 只进行一次，对模型II每个工况分别进行 3 次重复性试验，共计规划了 11 个工况 133 次试验，具体如表 4-1 所示。在工况 1～6 中，保持炸药形状和重量不变，通过改变爆距去研究球壳模型 I 上沿着爆点与中心连线方向上爆炸荷载的分布规律，爆炸超压测点的分布图如图 4-1（a）所示。在工况 7 中[图 4-1（b）]，炸药与模型中心连线与结构模型上各测点的连线正交，以研究壳体上与爆炸冲击波传播方向相垂直的各测点的爆炸荷载特性。在工况 8～11 中，通过改变炸药量和爆距，研究其对结构上爆炸荷载空间分布的影响，爆炸超压测点的分布图如图 4-1（c）和（d）所示。

表 4-1　试验工况

工况	试验号	试件	TNT 质量 W/g	爆距 R/m
1	1～20	模型 I	66	0.5
2	21～40			0.6
3	41～60			0.7
4	61～80			0.8

续表

工况	试验号	试件	TNT 质量 W/g	爆距 R/m
5	81～100			0.9
6	101～120	模型Ⅰ	66	1.0
7	121			1.5
8	122～124		58	1.0
9	125～127	模型Ⅱ	206	1.0
10	128～130		206	2.0
11	131～133		406	2.0

注：爆距为爆点与球壳屋盖之间水平方向上的最近距离，如图 4-1 所示。

4.1.2 试验概况

试验在野外空旷平整的高强混凝土地面上开展，如图 4-2 所示，以保证每次抵达目标靶体上的爆炸流场不受障碍物的干扰，满足理想地面爆炸加载条件。

试验布置如图 4-3 和图 4-4 所示，每个试件模型都通过 6 个 10.9 级高强膨胀螺栓与 C50 高强混凝土地面进行固定，按照简化方法进行估算，试件在 2MPa 的外部均布动载作用下仍能处于弹性，且结构模型整体不会出现位移。炸药在起爆过程中会产生巨大的冲击力，如果直接将炸药放在混凝土地面上，会对爆点附近的混凝土地面造成损毁甚至成坑。对于模型Ⅰ，为了保证每次试验前场地平整，满足试验的可重复性条件，每次在引爆炸药前都在炸药底部放置可替换的 10mm 厚铁片和 25mm 厚凯夫拉复合防爆板，如图 4-5 所示。同时该 10mm 厚铁片也起到了定位 TNT 炸药的作用，保证爆距的一致性。对于模型Ⅱ，由于每次试验只进行三次，且炸药量更大，破坏摧毁性更强，选用 30mm 厚钢片和 10mm 厚的定位钢圆片叠放在 20mm 厚的大型钢板上，以保证场地地面情况和爆距的一致性，如图 4-4 所示。

在工况 1～7 中，炸药的形状均为半球形的 60g TNT 炸药，采用模具事先预制作，保证炸药的直径统一为 52mm，另外每次试验前都进行称重，以保证炸药形状和质量的一致性。在工况 8～11 中，如图 4-6 所示，TNT 炸药采用 200g 和 400g 两种固定规格的长方体，对于工况 8 中的炸药块，则在现场通过将规格炸药切割制成。为了保证引爆点的一致性，将电雷管（等效为 6g TNT）插在半球形或者长方体炸药中心预留孔中，使得引爆端在 TNT 的中间，以保证每次为中心引爆，引爆装置如图 4-5 所示，每次试验使用 WY2 型同步起爆仪对电雷管进行起爆触发。

图 4-2　试验场地及模型

图 4-3　模型 I 试验布置

图 4-4　模型 II 试验布置

图 4-5　TNT 半球形炸药规格和引爆装置

图 4-6　TNT 立方体炸药规格

4.1.3　传统半经验公式的误差讨论

美国军方设计手册 UFC 3-340-02（2008）和 ConWep（Hyde，1991）设计程序

中的半经验公式基于 Kingery 和 Bulmash（1984）所做的大量空中和平面反射试验数据，适用于预测无限大的、可以忽略边界效应的、平面反射面上的爆炸冲击波荷载参数。另外，该半经验公式假设目标点在冲击波作用的整个过程中，没有因其他障碍物反射或遮蔽效应对爆炸流场产生影响。因此，对本次试验中球壳结构这种有限的曲面靶体，首先通过试验数据评估了该半经验公式预测结果的误差。

分别取工况 1～6 重复性试验中各测点的反射超压和冲量的平均值与利用半经验公式给出的预测结果进行对比分析，如图 4-7 所示。从图中可以看出，半经验公式对球壳结构上的反射超压和冲量的预测误差范围分别为–150%～30%和–90%～2%。这表明基于无限大平面反射面假设的爆炸荷载半经验公式会高估曲面壳体大部分区域的爆炸荷载，且随着结构角度增大，误差增大，这表明本章对有限尺寸曲面壳体上的爆炸荷载开展研究是有意义的。

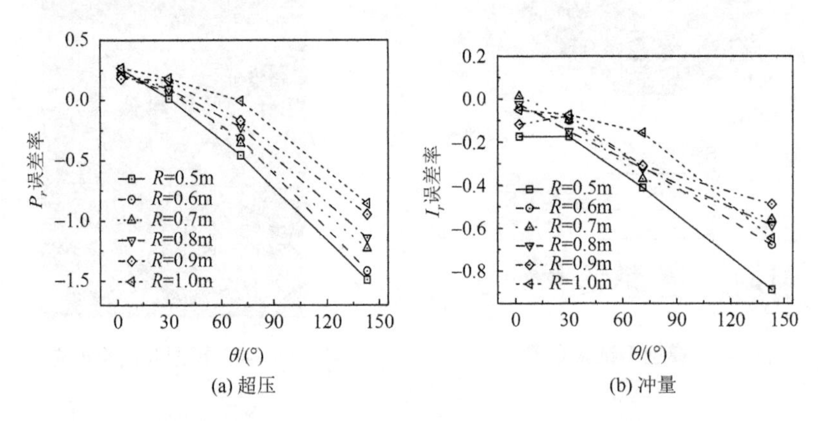

图 4-7 爆炸荷载半经验公式预测各参数误差率

误差率为试验结果与预测结果的差值与试验结果的比值

4.2 球壳外爆仿真技术及屋盖荷载特性

4.2.1 有限元模型建立

ANSYS/AUTODYN 作为一款用于显式非线性动力分析的商用软件，适应于冲击、侵切、爆炸等问题的研究。AUTODYN 的 REMAP 技术（Century Dynamics，2005）可将二维模拟的结果映射并重现到三维模型中，形成三维的爆炸冲击波。基于此技术可运用两步法的概念：首先在二维模式中建立空气和 TNT 单元并进行二维空中爆炸计算，如图 4-8 所示，通过细化网格，可以比较精准且高效地模拟炸药的爆轰和在空气中的自由传播过程；然后将二维计算所得的荷载场和温度场数据在三维情况下进行重构，形成三维的爆炸冲击波，继而模拟爆炸冲击波与目标靶体相互作用的过程。综合考虑计算精度和效率两方面的优势，本章选用AUTODYN对球壳表面上的爆炸冲击波流场进行模拟。

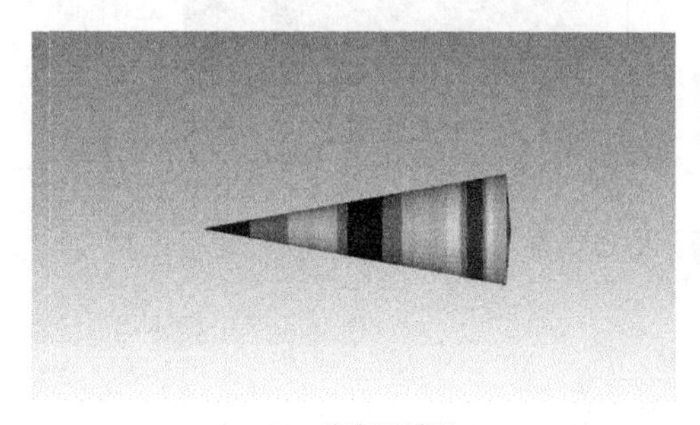

(a)一维楔形模型

(b)三维映射

图 4-8 两步法

在数值建模中，炸药和空气均选用欧拉单元，球壳结构采用拉格朗日单元，基于REMAP技术的两步法和流固耦合计算方法研究地面爆炸的爆轰和冲击波的传播及其在结构上的反射过程。

空气采用理想气体状态方程描述，其相关计算方程为

$$p=(\gamma-1)\rho e \tag{4-1}$$

式中，p 为压力；γ 为材料常数；ρ 为空气的密度；e 为空气的初始内能。在数值仿真中，空气各材料参数均取于AUTODYN材料库，材料常数 $\gamma=1.4$，空气的密度 $\rho=1.225\text{kg/m}^3$，空气的初始内能取为 $2.068\times10^5\text{kJ/kg}$。

通过JWL状态方程计算模拟TNT炸药的化学能转化为压力的过程，压力 p 的计算关系式为

$$p=A\left(1-\frac{\omega}{R_1V}\right)E^{R_1V}+B\left(1-\frac{\omega}{R_2V}\right)E^{R_2V}+\frac{\omega E}{V} \tag{4-2}$$

式中，A、B、R_1、R_2 和 ω 均是常数，分别为373.77GPa、3.747GPa、4.15、0.9、0.35；E 为炸药初始内能，为 $4.294\times10^6\text{J/kg}$；$V$ 为炸药的相对体积。

考虑到数值模型的对称性，为了减少网格数量、加快计算速度，通过设置对称边界，可以简化建立1/2的三维数值仿真模型进行研究。分析中建立的空气域尺寸为2.0m×1.0m×1.0m（模型Ⅱ尺寸与之不同），如图4-9所示。

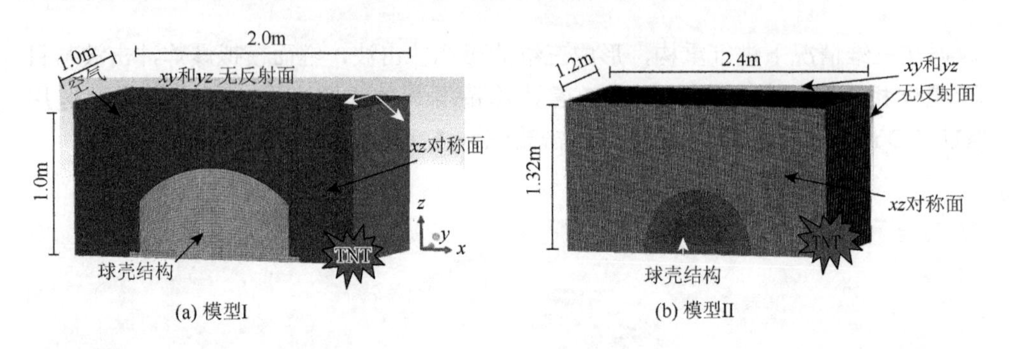

图 4-9　有限元数值模型

4.2.2　流固耦合效应

当爆炸冲击波抵达球面壳体后，球壳结构在冲击波作用下会发生变形，而结构的变形又会影响结构上爆炸冲击波在结构表面上的传播和流场的时空分布。因此，需要研究并评价结构的刚度对爆炸冲击波的影响。

根据工程经验，实际大跨度空间结构工程（如网架结构或者网壳结构）的自振频率多为 0.5～2Hz。考虑到球壳的厚度反映了结构的刚度，所以本节通过改变球壳结构厚跨比的方式来改变结构的刚度。选取跨度为 1m 的半球形壳体，半球形壳体几何构型示意图如图 4-10 所示，其中 L 表示半球形结构的跨度，R 表示炸药与结构的距离，W 表示炸药量，通过改变球壳结构的厚度使其自振频率为 0.5～9.2Hz，研究当炸药量为 400g、爆距为 2m 时，球壳结构迎爆面上测点（G1）、顶点（G2）、背爆面上测点（G3）峰值超压的变化范围（图 4-11），以及结构上顶点的竖向最大位移的变化范围，同时与刚性球壳模型上相应各测点的荷载进行对比，结果如表 4-2 所示。

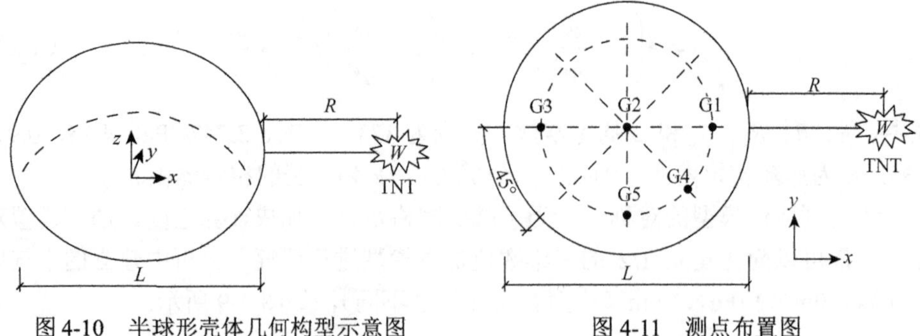

图 4-10　半球形壳体几何构型示意图　　图 4-11　测点布置图

表 4-2　不同自振频率下球壳上爆炸荷载和位移响应对比

自振频率/Hz	反射超压/kPa			挠跨比
	G1	G2	G3	
0.5	296.50	95.93	35.55	1/91
1.0199	296.52	95.95	35.57	1/92
2.8846	296.58	95.98	35.57	1/97
3.2251	296.62	95.99	35.58	1/106
9.1221	297.02	96.00	35.58	1/130
刚性球壳模型	297.25	96.03	35.83	0

由表 4-2 可以看出，在相同的爆炸环境中，结构的刚度对在爆炸荷载作用下顶点最大位移响应有较大影响，当球壳屋盖的自振频率达到 9.1221Hz 时，结构顶点的位移达到 10.977mm，竖向位移与跨度比超过 1/100。然而作用在结构上的爆炸荷载相对于完全刚性结构的变化不超过 0.25%，即结构的刚度没有显著影响结构上的爆炸荷载，流固耦合作用不显著。这是因为结构的自振周期（0.11～1s）远比爆炸荷载的作用时间（1ms）长，在爆炸荷载结束之前，结构还没有达到最大位移甚至结构还没来得及发生变形，也就不可能反过来作用于爆炸冲击波，从而不可能影响作用于结构上的爆炸荷载。通过以上分析可以确定，结构的刚度对结构上爆炸流场的影响可以忽略，即在数值分析时可把球壳结构假定为刚性体，从而提高计算效率。

4.2.3　平行效应

在工况 7 中，爆点和结构中心的连线与球壳上各测点的连线在空间上相垂直，各测点的超压时程曲线如图 4-12 所示。模型 I 球壳上各测点的超压时程曲线趋于一致，且爆炸冲击波各参数，如冲击波抵达时间、超压峰值、超压持时均基本相同。对于模型 II，测点 G22 和 G25 的连线与爆点和结构中心的连线在空间上同样垂直，图 4-13 为两个测点的超压时程曲线，同样可以看出两个测点的超压时程曲线以及各爆炸冲击波参数均吻合良好。从试验结果可以看出，球壳结构上与爆炸冲击波传播方向相垂直方向上各点的爆炸荷载在一定程度上具有一致性。

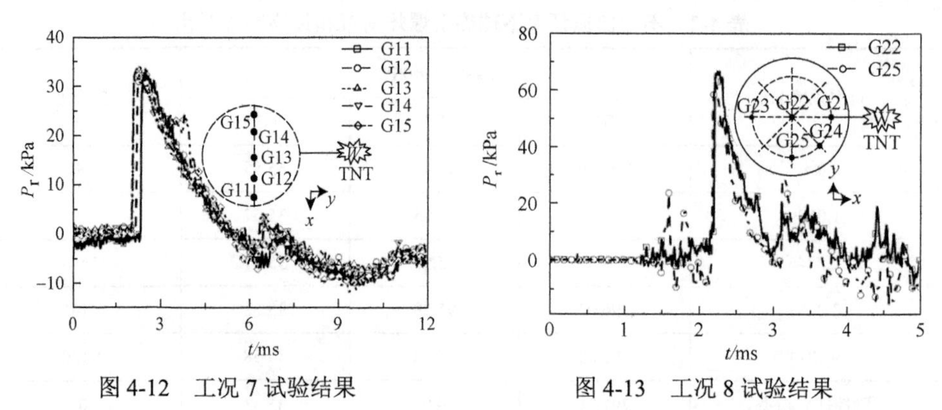

图 4-12　工况 7 试验结果　　图 4-13　工况 8 试验结果

采取数值仿真的方法进一步描述了在地面爆炸情况下无下部支承的半球壳结构上的爆炸荷载时空分布。如图 4-14 所示，当炸药量为 20g、爆距 R 为 1m 时，不同时刻结构上的超压等值线均与 y 轴平行，与爆炸冲击波方向垂直。由此可定义平行效应：在地面半球形爆炸冲击波作用下，半球形壳体上 x 坐标相同的各点爆炸超压相同；也就是说，爆炸超压在半球形壳体上的空间分布等值线与冲击波锋前平行，与冲击波传播方向垂直（Zhi et al.，2019）。

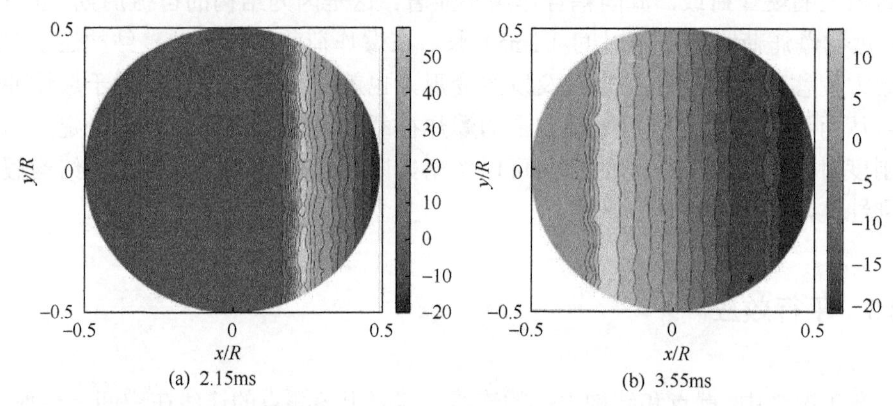

图 4-14　爆炸冲击波在球壳上的超压传播过程（$W = 20$g，$R = 1$m，单位：kPa）

为了研究球壳结构上爆炸荷载空间分布特征，对半球形壳体上各点的正相冲量、峰值正超压以及正相持时进行提取，如图 4-15 所示。由图可以看出，爆炸冲击波各参数的空间分布等值线与 y 轴平行，即球壳上 x 坐标相同的点各爆炸荷载参数也相同。此外，球壳上爆炸冲击波正相冲量和峰值正超压在距离爆源较近的区域内，等值线分布密集，即衰减剧烈，但是随着 x 值的减小，衰减梯度也变缓，如图 4-15（a）和（b）所示。而球壳结构上的爆炸冲击波正相持时等值线在空间的分布趋势与正相冲量和峰值正超压相反，如图 4-15（c）所示，这是因为爆炸冲击波的强度随着比例距离的增加而降低，爆炸冲击波的速度也随之衰减，从而使得正相持时增加。如图 4-16 所示，改变炸药量和爆距，球壳上的冲量空间分布等值线仍与 y 轴平行，同样存在平行效应。

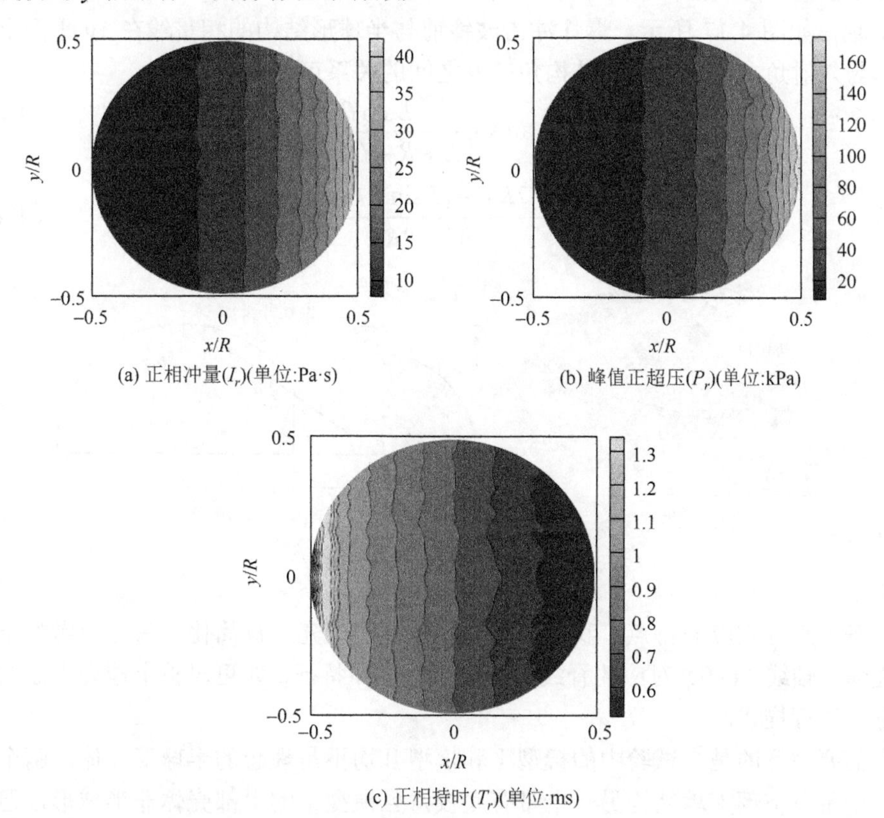

(a) 正相冲量(I_r)(单位:Pa·s)　　(b) 峰值正超压(P_r)(单位:kPa)

(c) 正相持时(T_r)(单位:ms)

图 4-15　球壳上爆炸荷载各参数空间分布（$W = 20$g，$R = 1$m）

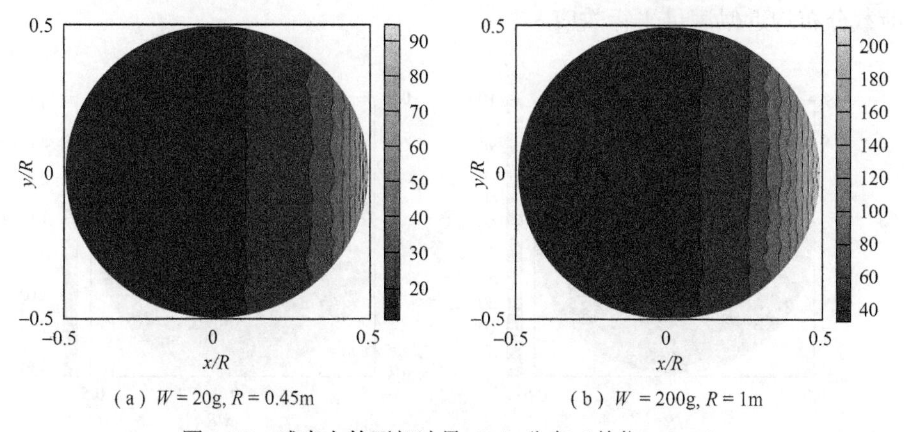

(a) $W = 20$g, $R = 0.45$m　　(b) $W = 200$g, $R = 1$m

图 4-16　球壳上的正相冲量（I_r）分布（单位：Pa·s）

这种平行效应可通过数学分析和几何关系来解释。地面爆炸形成了半球形爆炸冲击波，而目标靶体也是半球形，两个半球形的相贯线在 xy 平面上的投影平行于 y 轴，如图 4-17 所示。爆炸冲击波锋前与半球形结构的相贯线在 xy 平面上的投影与入射角 α 以及对应的结构角度 θ 之间的关系可推导如下：

$$\alpha=\theta+\arcsin\frac{L\sin\theta}{L+R-L\cos\theta} \tag{4-3}$$

$$x=\frac{L^2+\left(L+2R\right)^2-[L\sin\theta/\sin(\alpha-\theta)]^2}{4L+8R} \tag{4-4}$$

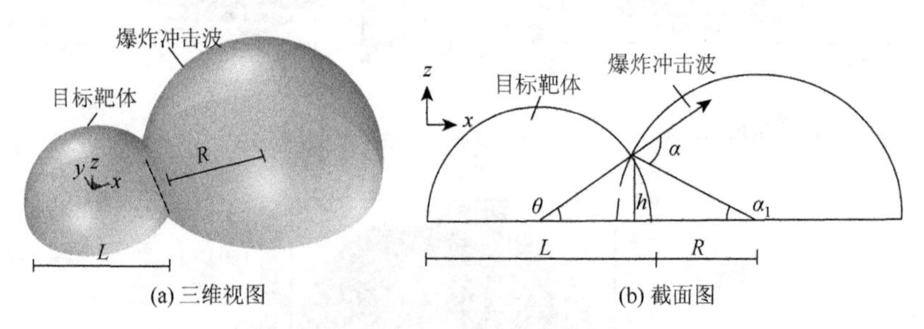

(a) 三维视图　　(b) 截面图

图 4-17　半球体相贯简图

基于平行效应的特点，我们可对这种情况的研究进行简化，只需要考察半球形壳体 x 轴线（y=0）对应的脊线上爆炸荷载分布特征，即可对整个球壳表面的荷载分布进行描述。

需要注意的是，试验中的模型 I 和模型 II 均不是理想的半球形壳体，两个模型一个带有下部支承结构另一个带有底板，且模型 I 的上部壳体非半球形，但从试验结果（图 4-12）和数值仿真结果（图 4-18 和图 4-19）来看，两个模型上的爆炸荷载分布均近似满足平行效应。

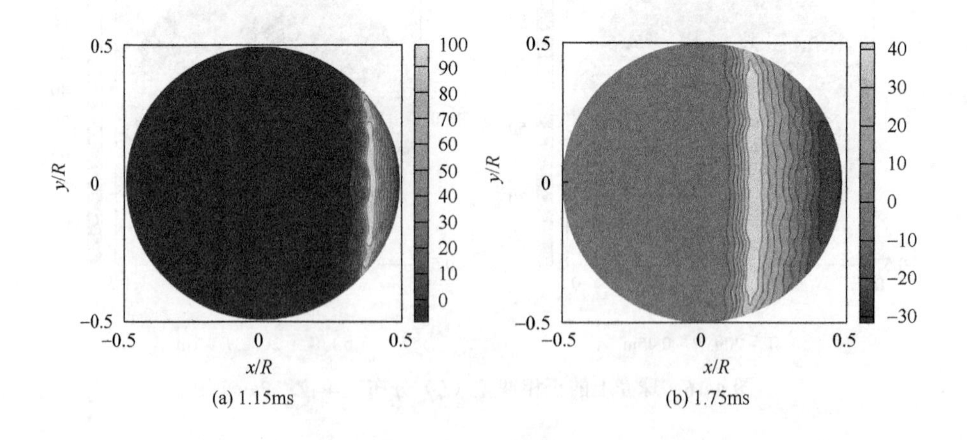

(a) 1.15ms　　(b) 1.75ms

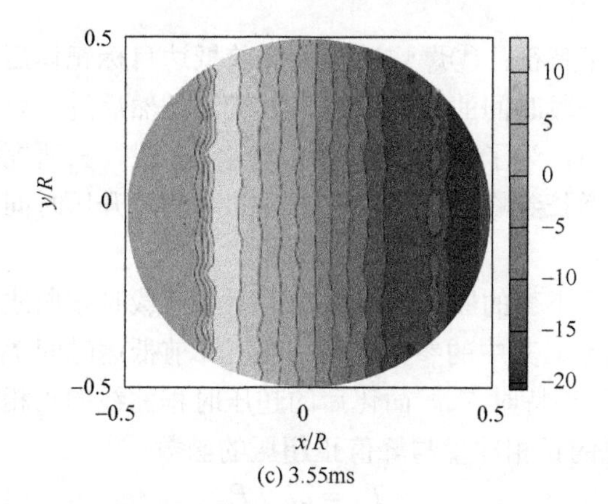

(c) 3.55ms

图 4-18　爆炸冲击波在球壳上的超压传播过程（$W = 1\text{g}$，$R = 0.2\text{m}$，$H = 0.24\text{m}$，单位：kPa）

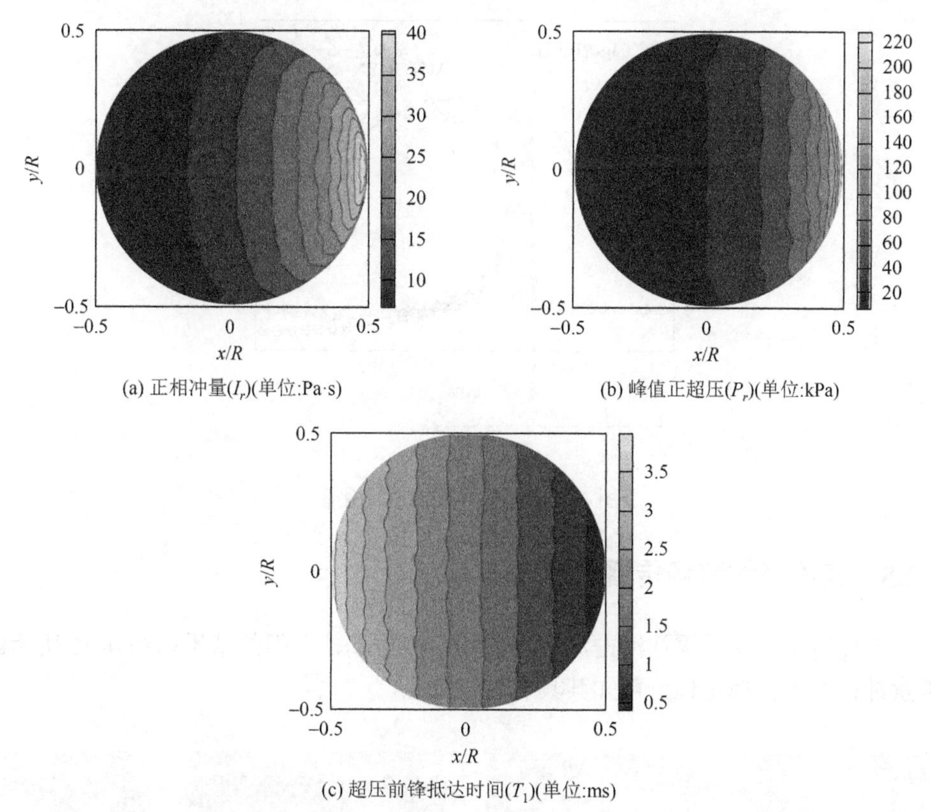

(a) 正相冲量(I_r)(单位:Pa·s)　　(b) 峰值正超压(P_r)(单位:kPa)

(c) 超压前锋抵达时间(T_1)(单位:ms)

图 4-19　球壳上爆炸荷载各参数分布规律（$W = 1\text{g}$，$R = 0.2\text{m}$，$H = 0.24\text{m}$）

4.2.4　超压时程曲线简化

通过试验和数值仿真获得的壳体上的反射爆炸冲击波时程曲线如图 4-20 所

示，该曲线具有如下特征：①爆炸冲击波锋前抵达目标靶体后冲击波压力迅速增加达到峰值，经过一段时间的衰减后达到大气压，然后进入负压区。②爆炸冲击波负压峰值相对较小，为了简化计算可以忽略负压段，只研究超压正相段。③爆炸冲击波荷载从零增长到峰值仅经过非常短的时间，升压时间是瞬时的，因此可将升压时间假设为 0。

基于冲量和超压不变的原则，可将球壳上的荷载时程曲线简化为三角形脉冲荷载，如图 4-20 所示。其中的参数包括：超压锋前抵达时间 T_1、反射峰值正超压 P_r、正相冲量 I_r、正相持时 T_+。简化后的超压时程曲线的正相持时由等效的持时 T_{of} 代替，表示为总的正相冲量与峰值正超压的函数：

$$T_{\mathrm{of}} = 2I_r / P_r \tag{4-5}$$

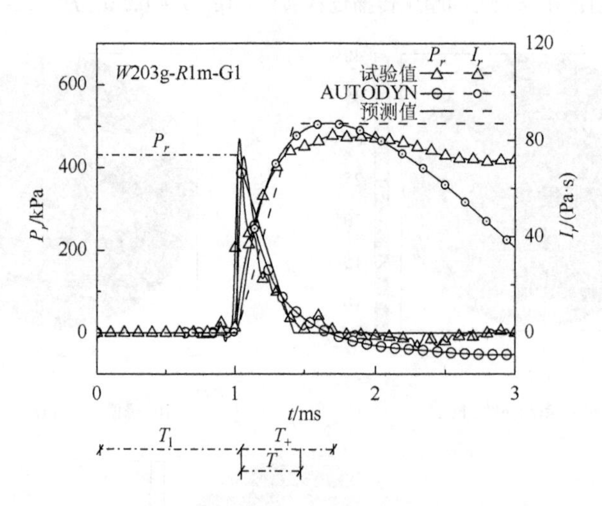

图 4-20　荷载时程曲线简化图

4.2.5　壳面爆炸流场传播规律

首先对工况 4 的爆炸冲击波流场进行数值仿真，获得的结果如图 4-21 所示。考察冲击波的传播过程，可知其具有以下特点。

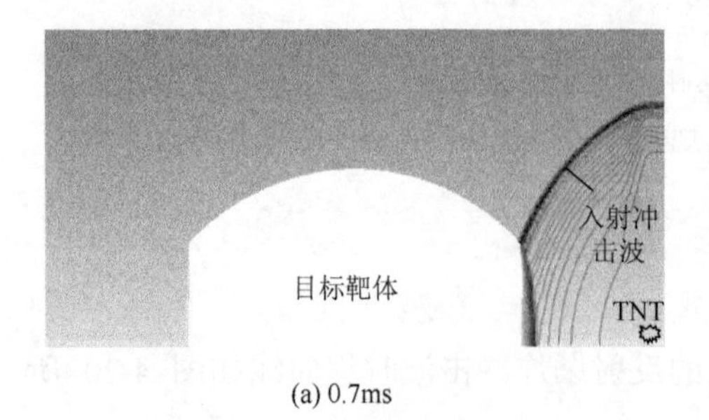

(a) 0.7ms

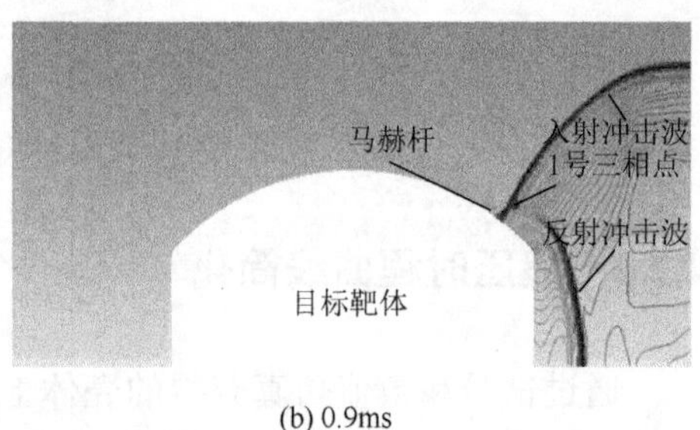

(b) 0.9ms

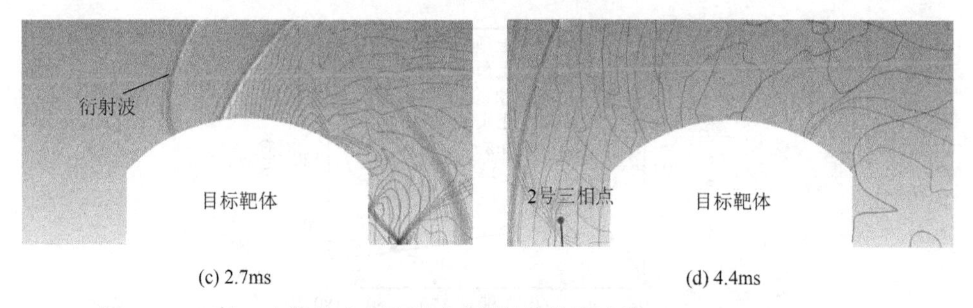

(c) 2.7ms　　(d) 4.4ms

图 4-21　工况 4 中爆炸冲击波沿球壳屋盖的传播过程（$W = 66$g，$R = 0.8$m）

（1）在 0.7ms 时，冲击波锋前抵达结构的迎爆面，入射冲击波迅速反射并增强。

（2）在 0.9ms 时，爆炸冲击波沿着屋顶表面攀爬并发生反射，壳面上的反射冲击波和其上空的入射冲击波相互作用形成加强波，即马赫波（Bryson and Gross，1961）。入射冲击波、反射冲击波与马赫波波阵面汇合之点叫做三相点，随着爆炸冲击波沿着球壳表面向上传播，马赫杆沿着屋盖表面移动并增高，即马赫三相点的位置沿着屋盖不断增高，迎爆面区域受马赫效应影响明显。对于无限大反射面的情况，马赫波强度大于正反射冲击波强度；对于本章讨论的球壳反射面，在马赫波影响区域内，球面上反射冲击波强度又大于无限大反射面上相同入射角处的冲击波强度，如图 4-22 所示。

（3）由图 4-22 和图 4-23 可知，当结构角度小于 45° 时，球壳表面受马赫效应影响明显，此时对应的爆炸冲击波入射角 α 不大于 98°。当入射角 α 大于 98°时，结构上的反射超压值开始小于在相同的比例距离情况下空中爆炸入射超压值，即此时爆炸冲击波在结构上的传播开始进入衍射阶段。在迎爆面，球壳上反射冲击波与入射冲击波叠加使得反射冲击波增强，即放大效应；然而在背爆面，衍射使得入射冲击波与球壳表面相互作用时被削弱，即遮蔽效应（Needham，2009）。

（4）爆炸冲击波抵达球壳表面后，结构上爆炸荷载迅速增大到峰值，但是随着爆炸冲击波锋前沿着球壳表面向前传播，离爆点越远，冲击波抵达时间越延迟且峰值越小，如图 4-24 所示。

（5）背爆面的爆炸冲击波升压时间相对较长，这表明在球壳背爆面上由于受到衍射效应的影响，冲击波传播速度变慢，可以看出冲击波沿着曲面屋顶有明显的绕射现象。

（6）在 4.4ms 时（图 4-21），当爆炸冲击波抵达地面并发生反射时，反射冲击波与入射冲击波形成二次马赫波，从而冲击波再次被增强。当下部支承高度比较低时，特别是无下部支承结构的时候，受到二次马赫效应的影响，球壳的背爆面底部边缘冲击波荷载将会显著增加（图 4-25）。图 4-25 中的虚线表示马赫波与入射冲击波影响区分界线，点划线表示马赫波与衍射波分界线。

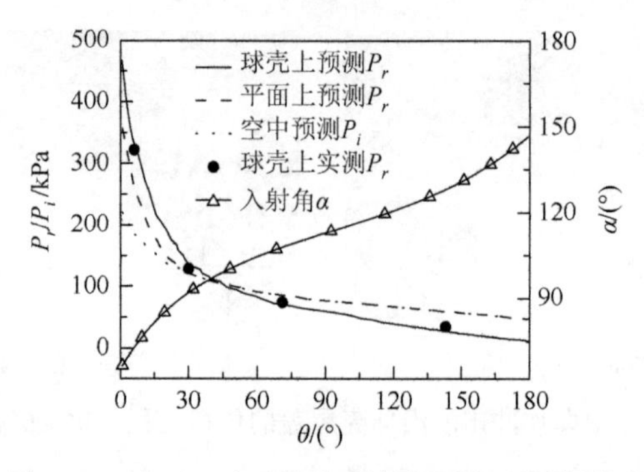

图 4-22　工况 4 中球壳上反射超压和入射角分布

“球壳上预测 P_r” 表示通过 AUTODYN 数值仿真给出的球壳屋盖上的反射超压值;“平面上预测 P_r”表示根据 UFC 3-340-02 手册给出的半经验公式计算出的在相同的入射角和比例距离下无限大反射面上的反射超压值;“空中预测 P_i” 表示根据 UFC 3-340-02 手册给出的半经验公式计算出的在相同的入射角和比例距离下空中爆炸入射冲击波强度;“球壳上实测 P_r” 表示通过本章现场试验给出的球壳结构上冲击波反射超压值。另外，θ 代表球壳屋盖上某点的结构角度；α 代表在某一爆距下球壳屋盖上某点的爆炸冲击波入射角，结构角度和冲击波入射角的关系简图如图 4-23 所示

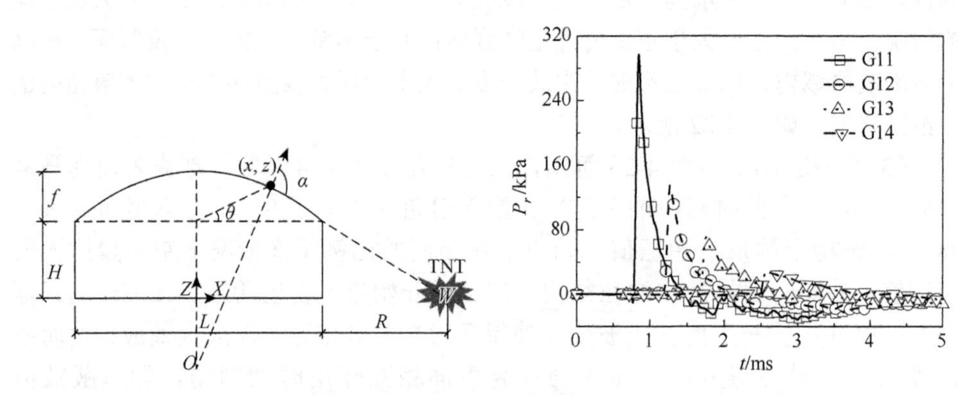

图 4-23　球壳爆炸情景简图和爆炸入射角示意图　　图 4-24　工况 4 中各测点超压时程曲线

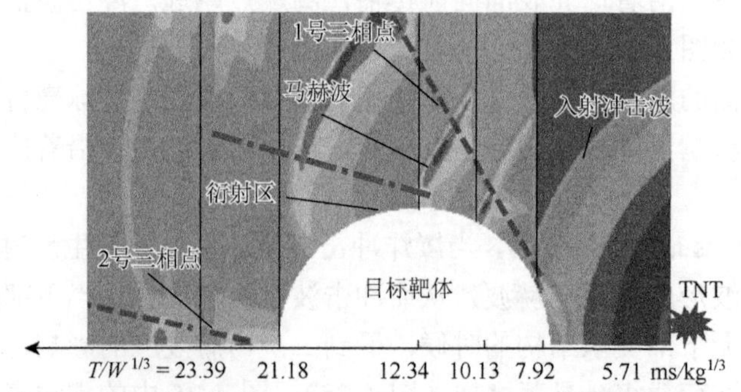

图 4-25　爆炸冲击波沿半球壳传播过程　($L/R = 1$，W=20g，$L/W^{1/3} = 3.68$ m/kg$^{1/3}$)

为了研究马赫效应及爆炸荷载各参数（反射峰值超压、冲量、正相持时等）在球壳上的时空分布特征，定义了马赫系数（μ_{P_M}）和各爆炸荷载参数的反射系数（μ_{P_r}、μ_{I_r}、μ_{T_r}）。马赫系数是壳体上某点的反射超压与相同比例距离、相同入射角下无限大平面上反射超压的比值。它表示曲面壳体表面上入射超压和反射超压形成的加强超压波对平面中相同角度反射冲击波的放大作用，衡量了具有变化曲率的壳体相对于无限大平面目标靶体对爆炸冲击波的影响程度。球壳上各反射系数定义为曲面上某点处的爆炸荷载各反射参数（超压、冲量、持时）与各入射参数的比值。

$$\mu_{P_M}=\text{球壳上预测 } P_r/\text{平面上预测 } P_r$$

$$\mu_{P_r}=\text{球壳上预测 } P_r/\text{空中预测 } P_i$$

$$\mu_{I_r}=\text{球壳上预测 } I_r/\text{空中预测 } I_i$$

$$\mu_{T_r}=\text{球壳上预测 } T_r/\text{空中预测 } T_i$$

从图 4-26 和图 4-27 可以看出，在工况 1～6 中，随着爆距增加，马赫效应和反射效应在壳体结构上的影响范围逐渐增大，壳体上距离炸点最近点的马赫系数在 1.3～1.45，同样最近点的反射系数超过 2。受到球壳表面反射角度变化的影响，反射效应从马赫效应转变为衍射效应，这个转换临界角随着爆距的增加而增大，即推迟了遮蔽效应。在此定义衍射临界角：爆炸冲击波在球壳上传播时，结构上反射超压等于入射超压的点所对应的结构角度称为结构衍射临界角 θ_c，对应的爆炸冲击波入射角称为入射临界角 α_c。在工况 1～6 中，入射临界角在 97°～101° 的范围，如图 4-28 所示。在无限大平面反射中，当入射角大于 90° 时，开始出现衍射效应，这说明球壳曲面结构推迟了遮蔽效应。

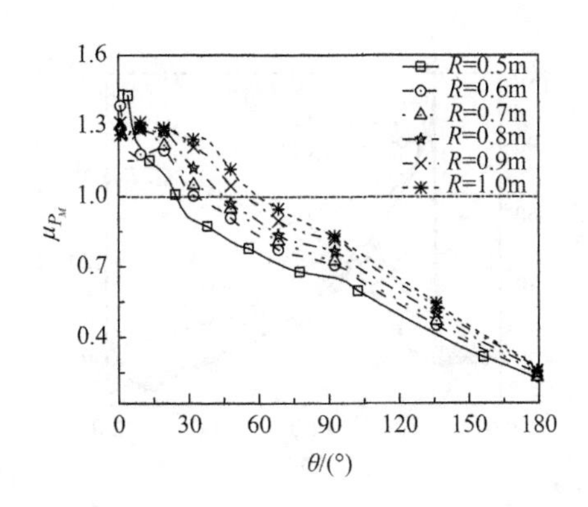

图 4-26　工况 1～6 中球壳上马赫系数分布

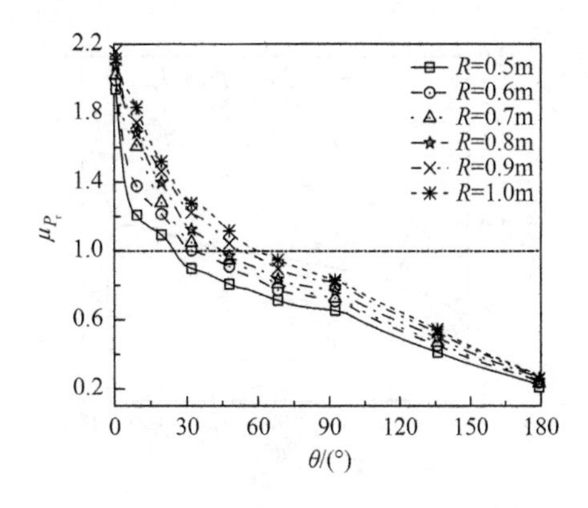

图 4-27　工况 1～6 中球壳上超压反射系数分布

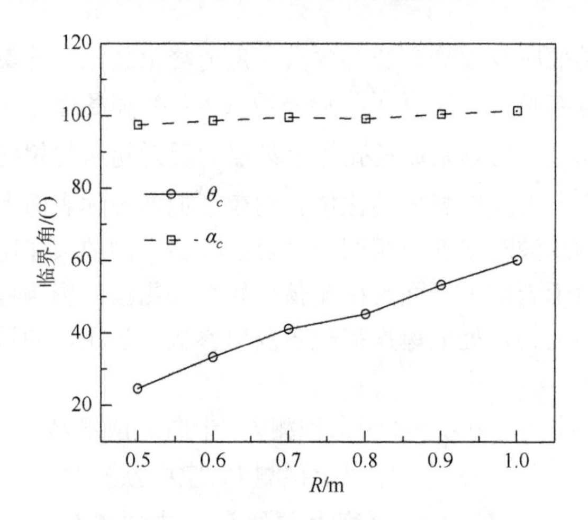

图 4-28　工况 1～6 中结构衍射临界角及入射临界角

在图 4-21 中，在 0.9ms 时，可以观察到爆炸冲击波在下部支承结构的顶部形成了涡流。当入射冲击波抵达下部支承结构后迅速发生反射并向相反方向传播，该处迎爆面的超压荷载达到峰值后开始出现衰减。当入射冲击波爬升到屋盖上并发生反射时，屋盖处的超压荷载迅速增大，此时下部支承与屋盖前沿处出现压力差，从而产生一系列稀疏波，从屋盖前端向下部支承传播。由图 4-29 可知，爆炸冲击波在曲面壳体上的正相超压持时低于无限大平面上在同样入射角时的正相超压持时，此现象为清除效应。从图 4-30 可以看出，清除效应不会减小超压峰值，但是由于稀疏波的传播，超压曲线迅速衰减，从而使得持时减少（Geng et al.，2015；Rigby et al.，2014，2013，2012；Tyas et al.，2011a，2011b）。

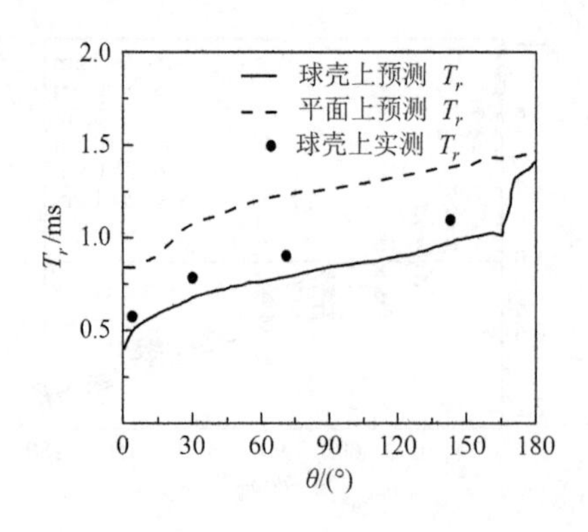

图 4-29　工况 4 中球壳上正相超压持时分布图

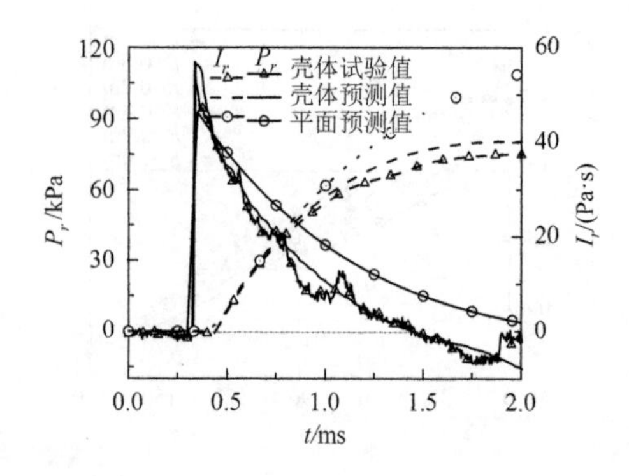

图 4-30　工况 8 中超压及冲量时程曲线

4.3　球壳外爆荷载参数分析

为了研究在地面爆炸下，结构参数及爆炸参数的变化对球壳屋盖上爆炸荷载时空分布的影响，利用数值模拟方法展开大规模的参数化分析。考虑到实际工程结构及爆炸情景，本节选取跨度（L）为 100m 的球壳，矢跨比（f/L）变化范围为 1/5～1/2，下部支承高度（H）变化范围为 0～24m，TNT 炸药到结构的最近距离（R）的变化范围为 20～100m，炸药量（W）的变化范围为 1×10^3～1×10^5kg，共进行了 672 个数值分析算例，计算并统计屋盖结构上的爆炸荷载相关参数，如反射冲量（I_r）、反射超压（P_r）、正相持时（T_r）的变化规律。在进行数值分析时有如下假设：

（1）爆炸情景和目标靶体可简化成如图 4-31 所示的情况；

（2）地面和目标靶体均为不变形的刚性体，忽略流固耦合效应；

（3）假设球壳上爆炸荷载时空分布满足平行效应，即只研究爆点与结构中心连线方向上的球面脊线的荷载分布，以此代表整个球壳表面上的分布；

（4）忽略负压的影响，保证冲量和超压不变的原则，将球壳上的荷载时程曲线简化为直角三角形脉冲荷载。

另外，基于π定理，对所有结构参数和爆炸参数进行无量纲处理，研究跨爆比($L/W^{1/3}$(m/kg$^{1/3}$))、距跨比（R/L）、矢跨比（f/L）和高跨比（H/L）等无量纲变量对结构上的爆炸荷载时空分布特性的影响规律。

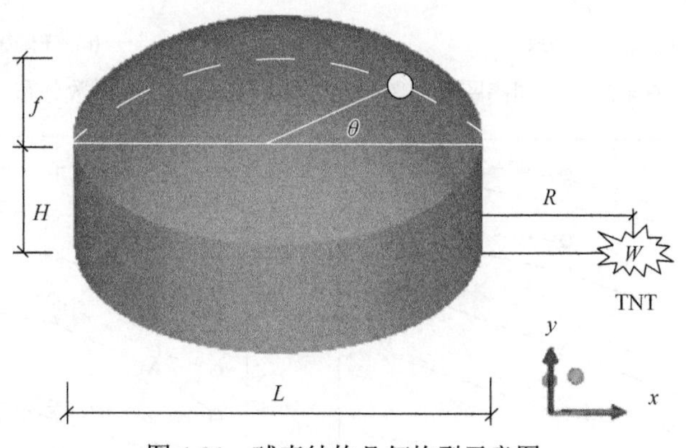

图 4-31　球壳结构几何构型示意图

4.3.1　反射效应

为了研究球壳屋盖上的反射效应，通过参数分析考察反射超压和冲量系数以及衍射临界角在球壳上的分布规律，如图 4-32～图 4-38 所示。

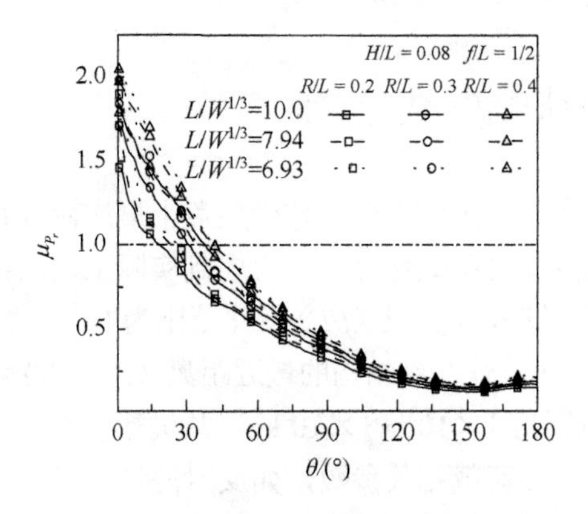

图 4-32　不同距跨比和跨爆比下球壳上超压反射系数分布

图 4-33　不同高跨比和矢跨比下球壳上超压反射系数分布

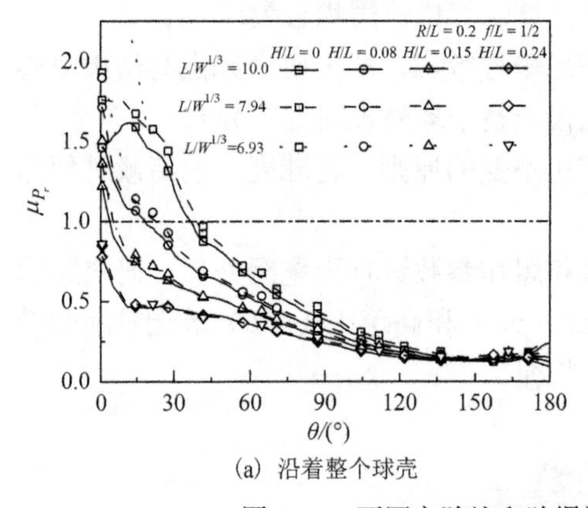

(a) 沿着整个球壳

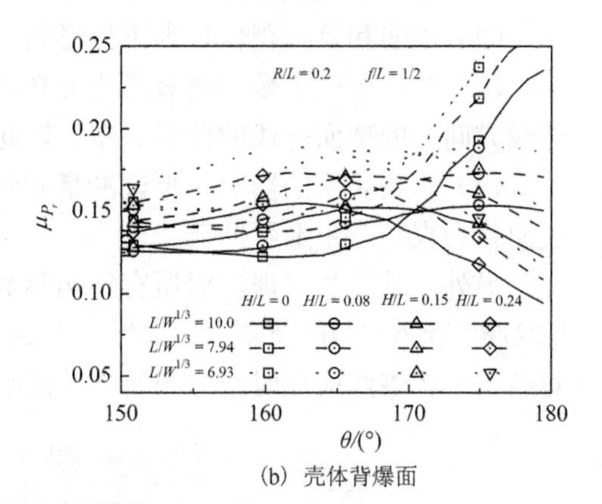

(b) 壳体背爆面

图 4-34　不同高跨比和跨爆比下球壳上超压反射系数分布

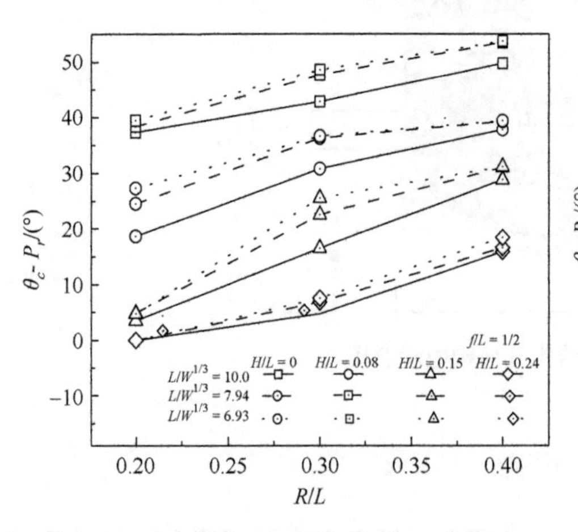

图 4-35　不同高跨比和跨爆比下球壳上超压衍射临界角

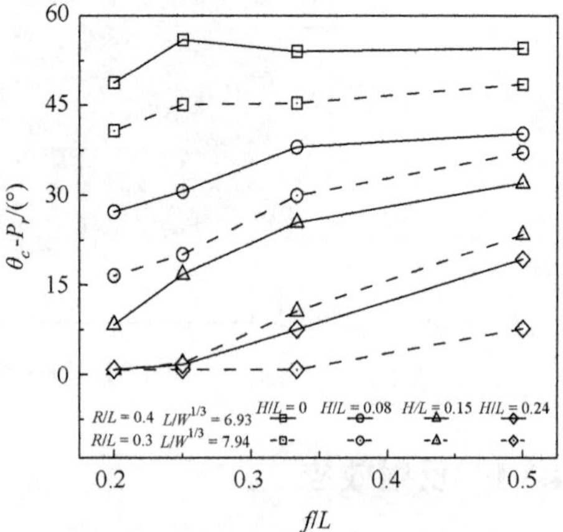

图 4-36　不同高跨比和矢跨比下球壳上超压反射临界角

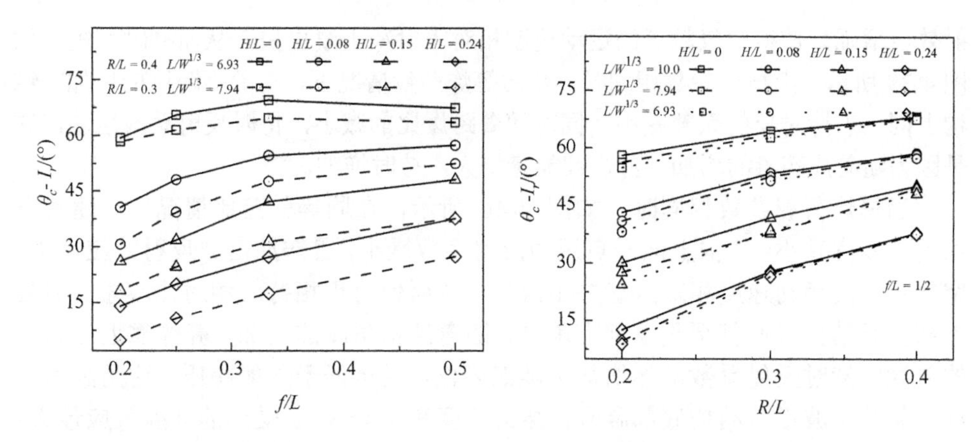

图 4-37　不同高跨比和矢跨比下球壳上冲量反射临界角　　图 4-38　不同距跨比和跨爆比下球壳上冲量反射临界角

如图 4-32 所示，当结构参数相同、炸药量相同时，随着爆距的增加，结构上同一点超压反射系数增加，这是因为随着距离的增加，入射角减小，结构曲率对反射的增强效应增大。随着跨爆比的减小，反射系数增加，这是因为随着炸药量的增加，荷载强度增大，反射效应增强。当爆炸荷载参数相同时，在同样矢跨比情况下，随着下部支承高度减小，冲击波到达壳体上时能量增大，即荷载强度增大，反射效应增强，球壳屋盖上同一点压力反射系数增加，如图 4-33 所示。在结构背爆面，即当结构角度超过 90° 时，如图 4-34（a）所示，结构上的荷载变化趋于平缓。但图 4-34（b）表明，当球壳结构下部支承很低或无下部结构时，随着结构角度的增加，球壳屋盖靠近边缘区的荷载反射系数增大。这是因为此时二次马赫冲击波沿着结构底部爬升，使得结构底部的爆炸荷载增强。

对于球壳屋盖上的衍射临界角，如图 4-35 所示，随着跨爆比和高跨比的减小以及距跨比的增大，结构上衍射临界角越大，即遮蔽效应推迟发生。图 4-36 表明，随着矢跨比的减小，反射临界角减小，即遮蔽效应提前发生。这是因为随着矢跨比的减小，结构上某一点的入射角增大，结构曲率对反射的增强效应减弱。

冲量反射临界角在高跨比、距跨比和矢跨比影响下的变化趋势与超压衍射临界角相同，如图 4-37 和图 4-38 所示。结构上冲量反射临界角随着跨爆比的增加而增加，这是因为冲量受到持时和超压的双重影响。

4.3.2　清除效应

随着爆距的增加，球壳屋盖上相同结构角度处的入射角减小，爆炸冲击波反射效应增强，使得空气粒子的运动速度相对入射冲击波更快，从而持时变短。如图 4-39 所示，当结构参数相同时，在同等炸药量情况下，随着距跨比的增加，结构上同一点持时反射系数减小。同时随着跨爆比的减小，持时反射系数增加，这是因为随着炸药量的增加，冲击波能量增大，持时增加。

当爆炸荷载参数相同时，如图 4-40 所示，在同等矢跨比情况下，随着下部支承高度减小，结构上同一点压力反射系数减小。爆炸冲击波反射效应增强，空气粒子的运动速度相对入射冲击波快，从而使得正相持时相对比较短。但当下部支承结构很低甚至无下部支承时，随着结构角度的增加，壳体靠近边缘区的荷载的持时反射系数陡然增加又陡然降低，甚至低于入射超压。这是因为二次马赫冲击波沿着结构底部爬升，结构角度在 180° 附近受到的马赫效应最大，空气粒子运动速度加快，使得正相持时低于入射冲击波。随着二次冲击波的继续爬升并逐渐减弱，二次冲击波带来的冲击波积聚效应使得球壳屋盖上的正相持时表现出先增加后减小的变化趋势。对于矢跨比的影响，由图 4-41 可见，在相同高跨比情况下，迎爆面的正相持时反射系数基本不受矢跨比的影响；而背爆面的正相持时反射系数随着矢跨比的增大而增大，这是因为在背爆面受到衍射遮蔽效应的影响比较大，爆炸冲击波的传播速度减缓，正相持时相对比较大。从图 4-42 可以看出，随着跨爆比和距跨比的增加以及高跨比的减小，结构上持时临界角度增大，即球壳屋盖上空气粒子运动速度越快，清除效应越明显。

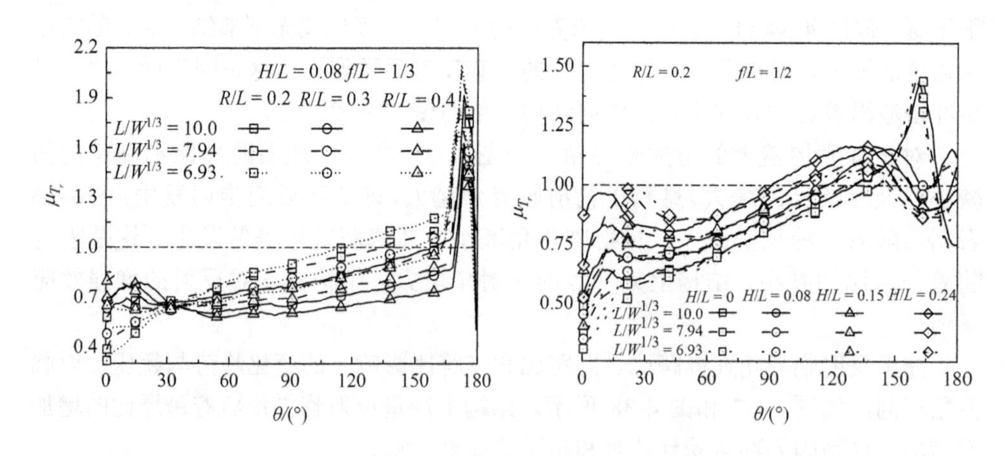

图 4-39 不同距跨比和跨爆比下球壳上正相持时系数

图 4-40 不同高跨比和跨爆比下球壳上正相持时系数

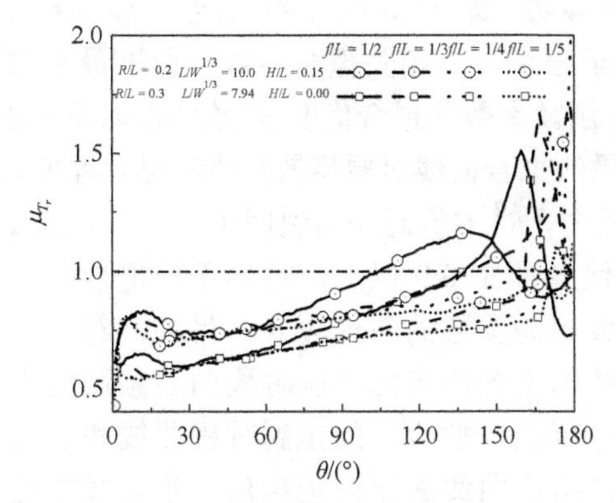

图 4-41　不同矢跨比下球壳上正相持时系数

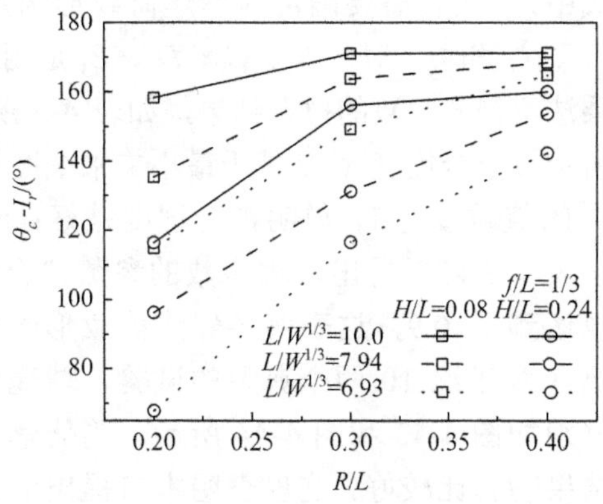

图 4-42　不同高跨比、跨爆比和距跨比下球壳上正相持时临界角度

4.4　球壳外爆荷载简化模型

前述分析表明，球壳屋盖上爆炸冲击波的传播和荷载时空分布规律同时受爆炸参数和结构参数变化的影响。不同于无限大的平面反射面，对于这种有限大的曲面壳体，反射面上表现出反射效应、马赫效应、清除效应及遮蔽效应，基于 UFC 3-340-02 手册给出的半经验公式并不能准确预测球壳屋盖上的爆炸荷载。因此，本节基于数值分析结果，通过无量纲分析方法，选用合适的指数函数和分段线性函数来拟合并建立地面爆炸球壳屋盖上爆炸荷载各参数的预测模型。

选用指数函数描述球壳屋盖上各爆炸荷载参数（正相冲量、反射正超压、抵达时间）在不同结构角度处的空间分布情况：

$$I_r / W^{1/3} = a_{I_r} + b_{I_r} \times \exp(-\theta / c_{I_r}) \tag{4-6}$$

$$P_r = a_{P_r} + b_{P_r} \times \exp(-\theta / c_{P_r}) \tag{4-7}$$

$$T_1 / W^{1/3} = \exp(a_{T_1} + b_{T_1} \times \theta + c_{T_1} \times \theta^2) \tag{4-8}$$

式中，a_{I_r}、b_{I_r}、c_{I_r}、a_{P_r}、b_{P_r}、c_{P_r}、a_{T_1}、b_{T_1}和c_{T_1}是需要确定的关于爆炸荷载形函数的参数。所有这些参数都是关于 4 个无量纲变量（即跨爆比（$L/W^{1/3}$）、距跨比（R/L）、矢跨比（f/L）和高跨比（H/L））的函数。根据最小二乘法，获得各需要拟合的爆炸荷载形函数参数的最优描述方程为

$$y=\begin{cases} A_y + B_y \times \lg\dfrac{L}{W^{1/3}} + C_y \times \lg\dfrac{R}{L} + D_y \times \lg\dfrac{f}{L}, & H/L=0 \\ A_y + B_y \times \lg\dfrac{L}{W^{1/3}} + C_y \times \lg\dfrac{R}{L} + D_y \times \lg\dfrac{f}{L} + E_y \times \lg\dfrac{H}{L}, & H/L>0 \end{cases} \tag{4-9}$$

式中，y 代表需要确定的爆炸荷载形函数参数，即 a_{I_r} 、b_{I_r} 、c_{I_r} 、a_{P_r} 、b_{P_r} 、c_{P_r} 、a_{T_1} 、b_{T_1} 和 c_{T_1} 。A_y、B_y、C_y、D_y、E_y 是用于描述 y 的相关拟合参数，通过最小二乘法可得各参数的拟合结果，如表 4-3 所示。参数的拟合优度 R^2 数值也如表 4-3 所示，拟合优度 R^2 是基于最小二乘法度量的拟合曲线对原离散数值的拟合程度，R^2 的值越接近 1，说明拟合程度越好；反之，R^2 的值越小，说明拟合程度越差。从表 4-3 可以看出，大多数的参数拟合优度都在 0.9 以上，总体平均拟合优度也达到了 0.9，这表明各爆炸荷载形函数相关参数的估计较好。另外，对于工况 3 和工况 10 两个典型的试验，球壳结构上各测点的超压时程曲线预测结果分别如图 4-43 和图 4-44 所示，简化爆炸荷载模型给出的预测时程曲线和试验结果吻合比较好，这也表明本节提出的将超压曲线简化为正直角三角曲线方法的合理性和可靠性。

表 4-3 球壳上爆炸荷载各参数的形函数参数取值

H/L	y	A_y	B_y	C_y	D_y	E_y	R^2
>0	a_{I_r}	53.76	−67.75	−21.07	−12.29	−7.76	0.92
	b_{I_r}	406.87	−384.38	−297.32	321.01	−132.72	0.84
	c_{I_r}	31.79	25.69	45.99	−13.06	7.12	0.72
	a_{P_r}	18.37	−32.07	−19.82	−11.35	−0.85	0.77
	b_{P_r}	1027.94	−1337.29	−869.26	452.13	243.92	0.77
	c_{P_r}	35.44	14.71	58.93	6.16	−5.30	0.87
	a_{T_1}	−0.90	4.10	3.21	−0.90	0.52	0.96
	b_{T_1}	2.19×10^{-2}	-7.23×10^{-3}	-2.75×10^{-2}	2.91×10^{-2}	-2.57×10^{-3}	0.94
	c_{T_1}	5.03×10^{-5}	7.54×10^{-6}	7.60×10^{-5}	1.06×10^{-4}	2.60×10^{-6}	0.92
=0	a_{I_r}	59.04	−78.38	−31.95	−28.69	—	0.97
	b_{I_r}	718.48	−642.67	−696.80	502.08	—	0.89
	c_{I_r}	29.80	41.41	70.27	−1.24	—	0.90
	a_{P_r}	−8.09	−11.48	−17.09	−28.52	—	0.87
	b_{P_r}	1.54×10^{3}	-1.99×10^{3}	-14.57×10^{2}	425.91	—	0.87
	c_{P_r}	42.35	27.69	69.39	15.20	—	0.92
	a_{T_1}	−1.56	4.24	3.91	−1.31	—	0.99
	b_{T_1}	2.45×10^{-2}	6.76×10^{-3}	-3.14×10^{-2}	3.243×10^{-2}	—	0.95
	c_{T_1}	-4.92×10^{-5}	3.59×10^{-6}	8.11×10^{-5}	-1.10×10^{-4}	—	0.92

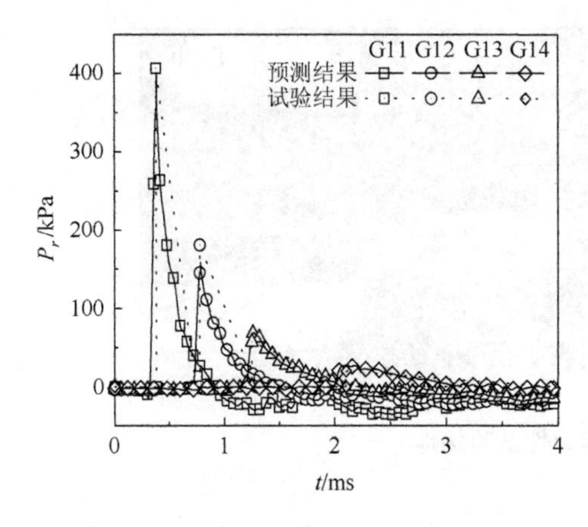

图 4-43　工况 3 中试验和预测超压时程

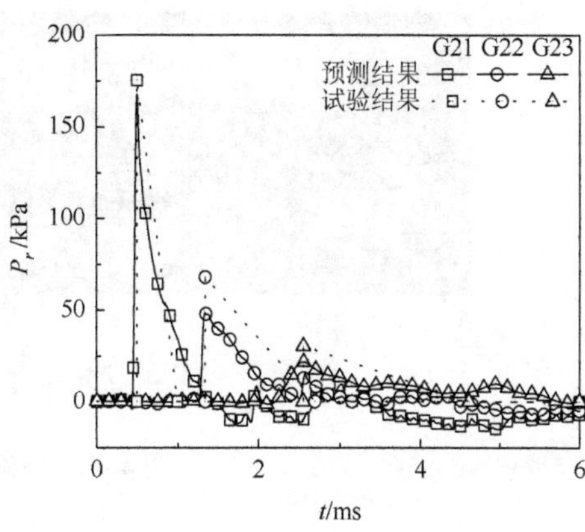

图 4-44　工况 10 中试验和预测超压时程

4.5　球面壳体外爆荷载的不确定性

自然荷载或者人为荷载具有变异性和不确定性（Kottegoda and Rosso，1977），一般结构上的活荷载、地震作用和风荷载的变异系数（coefficient of variation，COV）范围为 0.25～1，甚至超过 1，混凝土和钢结构响应的变异系数一般不超过 0.15。结构响应的不确定性受荷载变异性的影响比较大且敏感度高，所以在评价结构在爆炸荷载作用下的安全性和可靠性之前，有必要去考察和量化爆炸荷载的变异性特征。

爆炸荷载的不确定性主要由参数不确定性、设备不确定性、内在不确定性以及模型误差组成，同时爆炸荷载模型的变异性主要受到模型误差和内在不确定性的影响。本节主要通过重复性试验研究球面壳体外爆荷载的变异性，为后续结构分析用爆炸荷载的确定提供依据（Mark，2018；Michael and Mark，2016，2010，2009）。

4.5.1　外爆荷载不确定性试验

试验基本情况如 4.2 节所述，对模型 I 开展多次独立重复性测压试验，如图 4-45 所示。

由概率分析基本原理可知，爆炸荷载样本数量越多，获得的参数统计量的概率模型的精度越高。但由于每个样本都要通过一次独立的场地试验获得，爆炸试验具有高危、高消耗的特征，故在综合考虑经济性和样本容量的情况下，并参考研究空中爆炸不确定性的样本容量，对模型 I 的工况 1～6 进行了 20 次重复性试验，

图 4-45　不确定性试验场地

对工况 7 进行了 1 次试验。统一使用 66g 半球形 TNT 炸药，选取炸药与结构最近点的距离 $R=0.5\text{m}$、0.6m、0.7m、0.8m、0.9m 和 1.0m 共 6 种工况。在所有工况中，球面壳体屋盖上爆炸比例距离变化范围为 1.48～5.16 m/ kg$^{1/3}$，球壳屋盖上顶点在工况 1～6 下的比例距离（$Z=R/W^{1/3}$）分别为 $Z=2.90\text{m/kg}^{1/3}$、3.12m/kg$^{1/3}$、3.34m/kg$^{1/3}$、3.57m/kg$^{1/3}$、3.80m/kg$^{1/3}$ 和 4.03m/kg$^{1/3}$。

根据试验获得独立样本，球壳上爆炸荷载模型误差（model error, ME）相关统计参数如图 4-46 所示。

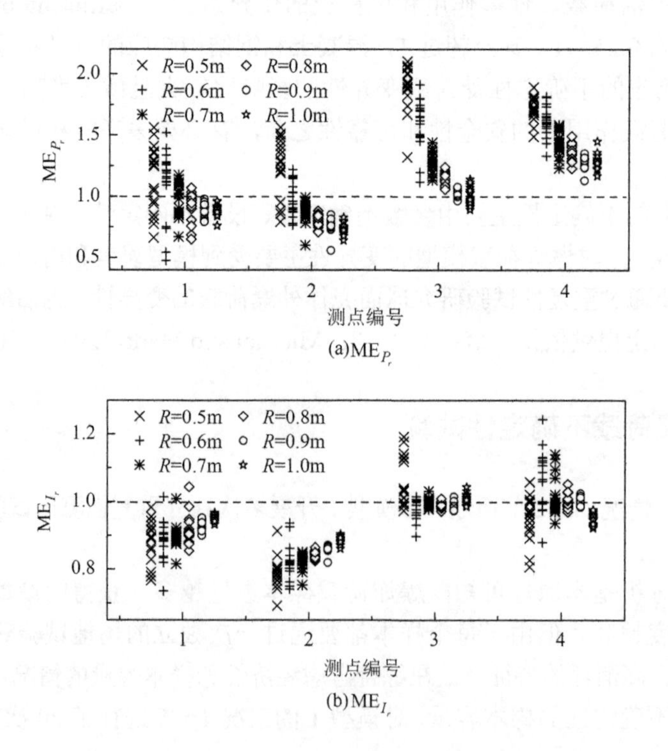

(a)ME_{P_r}

(b)ME_{I_r}

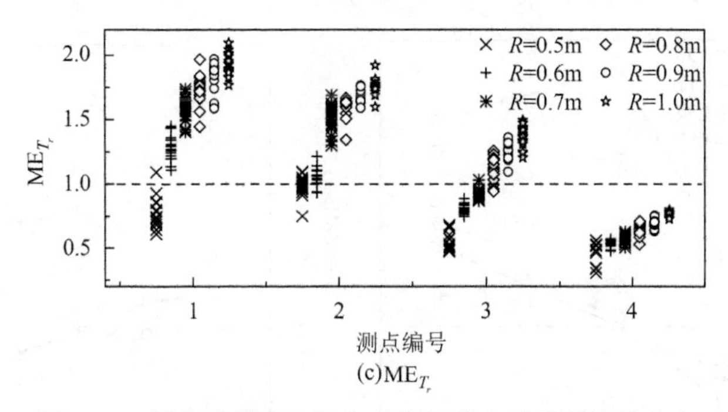

测点编号

(c)ME_{T_r}

图 4-46　爆炸荷载各参数在球壳屋盖上的模型误差分布

如图 4-46～图 4-52 所示（图中 $R/W^{1/3}$ 的单位为 $m/kg^{1/3}$），各爆炸参数模型误差的均值（Mean）沿着结构表面以及在不同比例距离情况下的变化趋势趋于一致。对于冲量，不同比例距离下的模型误差变化较小，如图 4-48 所示。模型误差的均值在球壳结构角度为 30° 附近时在各比例距离情况下均较小，而在其他点均接近于 1，这说明对球壳结构上爆炸荷载模型的预测相对准确，而在球壳结构角度为 30° 附近预测模型趋于保守。对于反射超压，爆炸荷载模型误差的均值随着结构角度的增加而增加，随着比例距离的增加而减小，即对于迎爆面上各点的反射超压的预测相对准确，而对于背爆面上的反射超压，随着比例距离的增加趋于准确。对于正相持时，随着结构角度的增加和比例距离的减小，模型误差的均值减小，同时在总体上正相持时的模型误差均值均大于 1，即预测正相持时比试验值小，这主要是因为预测正相持时的计算是基于等效正直角三角形的假设而得的，忽略了爆炸冲击波在正相时段后期由于冲击波传播速度降低而引起的拖拽效应。

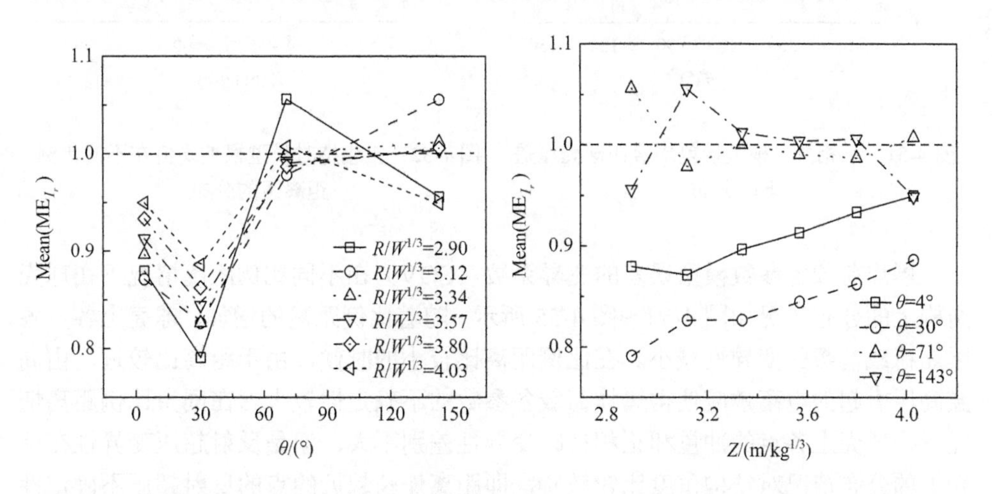

图 4-47　冲量模型误差均值在球壳屋盖上的分布

图 4-48　冲量模型误差均值在不同比例距离下的分布

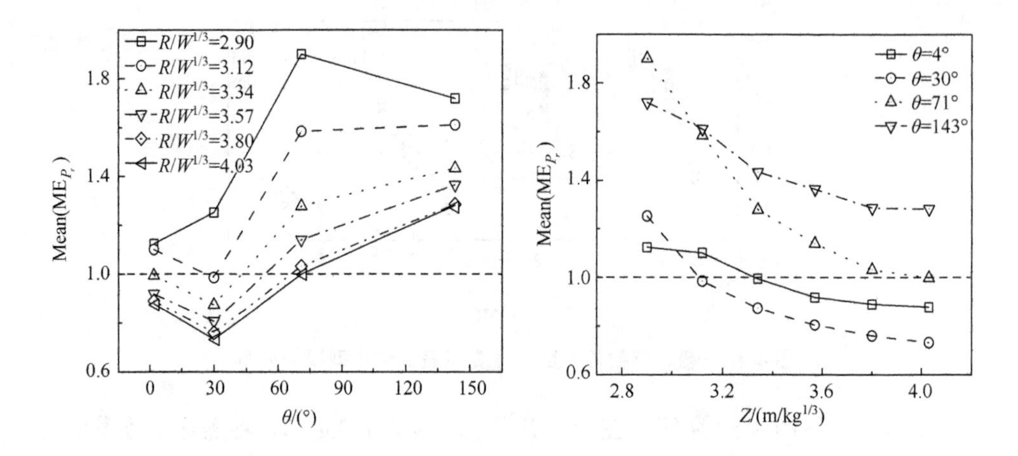

图 4-49　超压模型误差均值在球壳屋盖上的分布

图 4-50　超压模型误差均值在不同比例距离下的分布

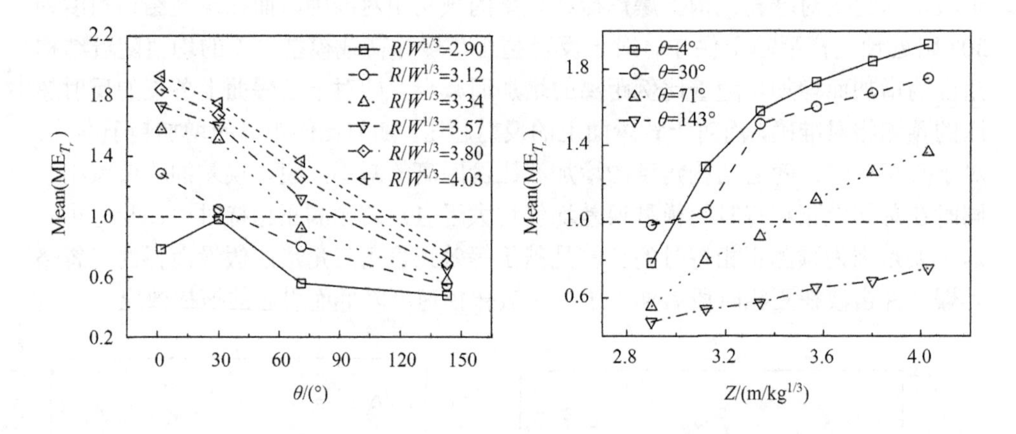

图 4-51　正相持时模型误差均值在球壳屋盖上的分布

图 4-52　正相持时模型误差均值在不同比例距离下的分布

爆炸荷载各参数模型误差的变异系数（COV）在不同比例距离情况下在球壳结构上的分布情况如图 4-53～图 4-55 所示。随着比例距离的增加，球壳上各点各爆炸荷载参数的变异性减小。在比例距离比较小的时候，由于距离比较近，由高温高压引起的电离效应使得爆炸荷载各参数的不确定性较大。在同一比例距离情况下，球壳上各点的冲量和正相持时变异性差别不大，但是反射超压变异性在球壳上的分布情况对结构角度比较敏感，即距离炸药越近的点的反射超压不确定性越大，精度越小。

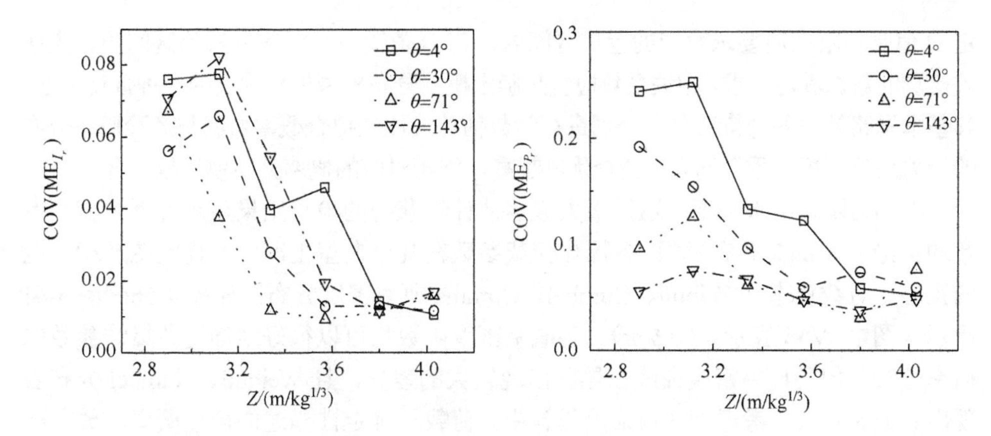

图 4-53　冲量模型误差变异系数在不同比例距离下的分布　　图 4-54　超压模型误差变异系数在不同比例距离下的分布

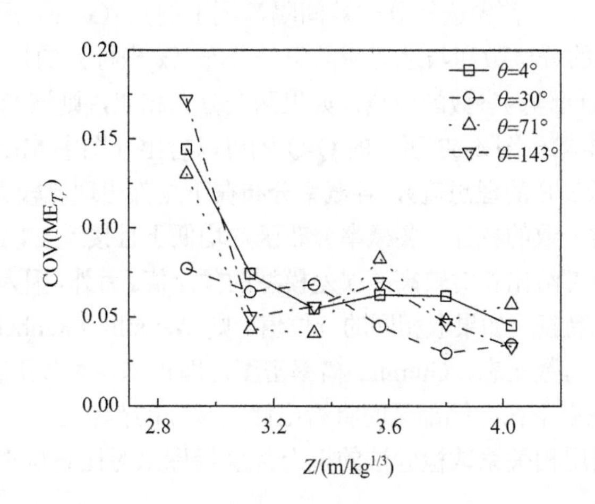

图 4-55　正相持时模型误差变异系数在不同比例距离下的分布

4.5.2　外爆荷载概率分布

对于爆炸荷载各种统计量，可以选择不同的概率分布模型进行描述，如正态分布、对数正态分布、Weibull 分布、Gumbel 分布、Gumma 分布、Rayleigh 分布等。本节主要通过 Kolmogorov-Smirnov（K-S）检验法和相关系数法检验试验数据与所选分布是否一致。K-S 检验基于累计分布函数，用于检验两个经验分布是否不同或一个经验分布与另一个理想分布是否不同，其原理是寻找最大距离，即计算样本观测值的累积频率与假设的理论概率分布之间的偏差的绝对值中的最大值 D，通过查表以确

定 D 值是否落在所要求对应的置信区间内，若 D 值落在了对应的置信区间内，说明被检测的数据满足要求。相关系数检验是确定概率分布模型拟合优度的一种直观方法，其基本思路是对各种待选分布分别进行参数估计，比较拟合概率曲线与经验概率分布的相关系数，相关系数越大，拟合优度越高，则相对应的概率分布模型越适合。

在 5%显著性水平下，通过最大似然估计法获得的检验结果显示各爆炸荷载参数均拒绝 Rayleigh 分布模型。各爆炸荷载参数在几个典型工况中的柱状图及相对应的正态、对数正态、Weibull、Gumbel、Gumma 概率密度分布图如图 4-56～图 4-61 所示（图中 W66 表示 $W=66$g）。各概率密度函数均可以很好地描述各爆炸参数的概率分布，但各概率密度曲线在尾部出现较大的差异，且 Weibull、Gumbel 分布表现出右偏态特征。考虑到在可靠度设计中，荷载不确定性描述的最佳概率函数主要看上尾部与经验分布的吻合程度，在此采用分位数图示法（Q-Q 图）去检验数据分布的相似性，即根据变量数据分布的分位值与所指定分布的分位值间的关系图来检验比较两个概率分布。首先选好分位数间隔，图上的点（x, y）反映出其中一个第二分布（y 坐标）的分位数和与之对应的第一分布（x 坐标）的相同分位数。因此，这条线是以分位数间隔为参数的曲线，如果两个分布相似，则该 Q-Q 图趋近于落在 $y=x$ 线上。从图 4-62～图 4-67 所示的 Q-Q 图可以看出（图中 ME_e 表示 ME 的试验统计值，ME_P 表示 ME 的理想值），各概率分布在下尾部出现比较大的差异，但是在上尾部表现出相对一致的特征，各概率分布函数均低于且接近 1∶1 渐近线，即各概率模型均能在上尾部给出相对较高的误差模型的预测值。另外，因为 Weibull、Gumbel 分布表现出右偏态特征，如果取相同的分位值，则 Weibull、Gumbel 分布给出的模型误差将低于正态、对数正态、Gumma 概率密度，即正态、对数正态、Gumma 分布模型在相同的保证率下在上尾部区间将给出比较保守的荷载取值。为了进一步选取最优概率模型，采用相关系数检验法的拟合优度指标来对比各概率分布模型的吻合

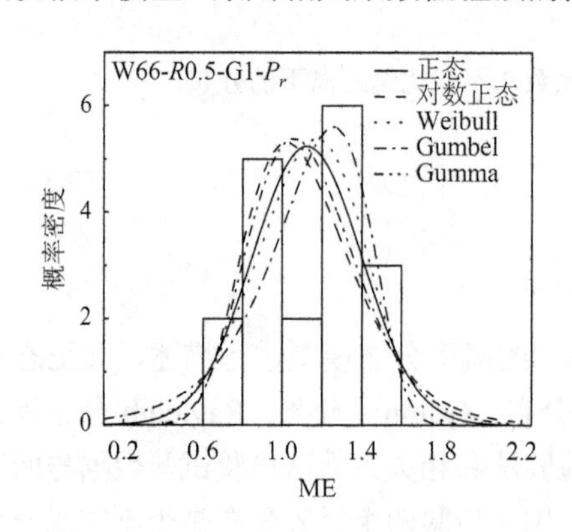

图 4-56　工况 1 中 G1 点超压概率分布图

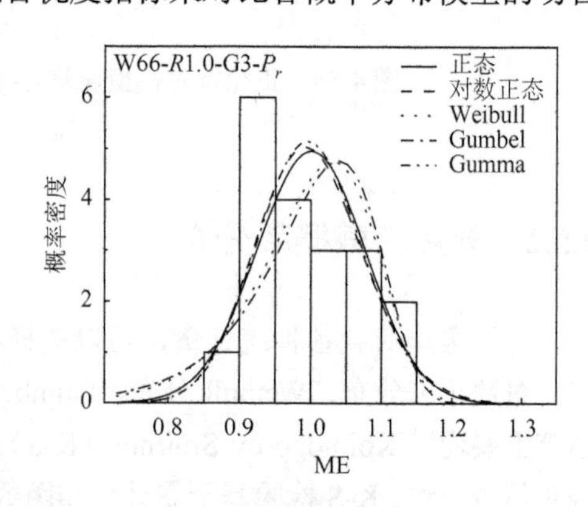

图 4-57　工况 6 中 G3 点超压概率分布图

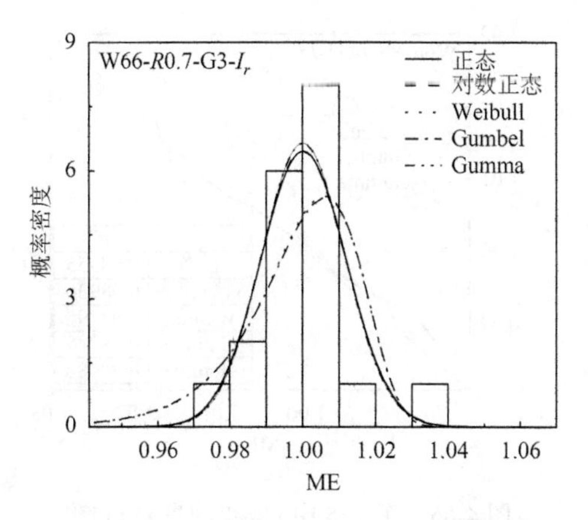

图 4-58　工况 3 中 G3 点冲量概率分布图

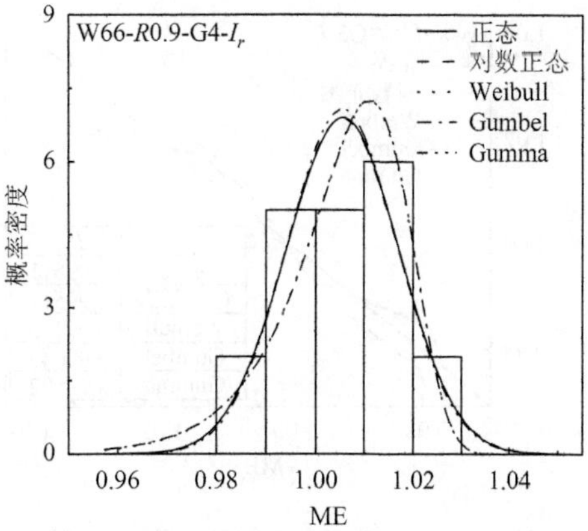

图 4-59　工况 5 中 G4 点冲量概率分布图

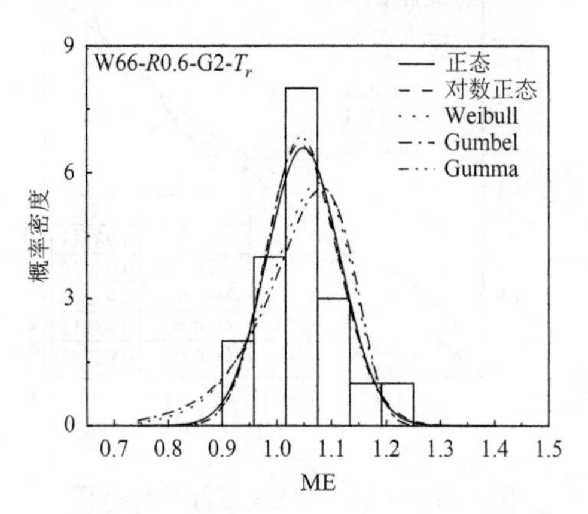

图 4-60　工况 2 中 G2 点持时概率分布图

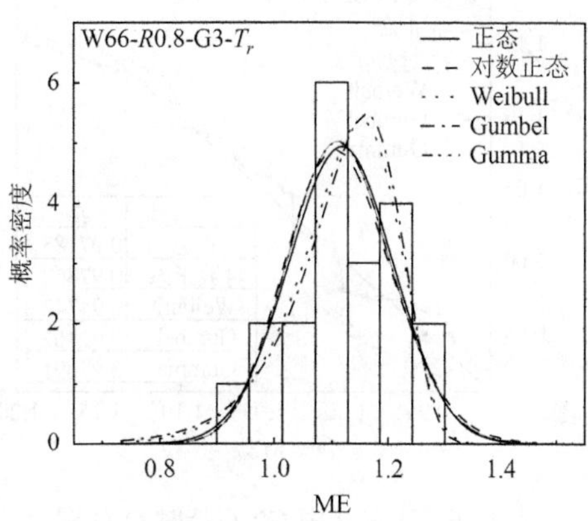

图 4-61　工况 4 中 G3 点持时概率分布图

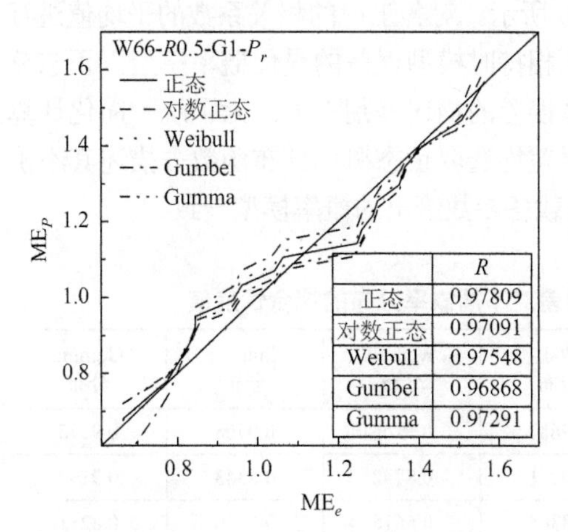

图 4-62　工况 1 中 G1 点超压 Q-Q 图

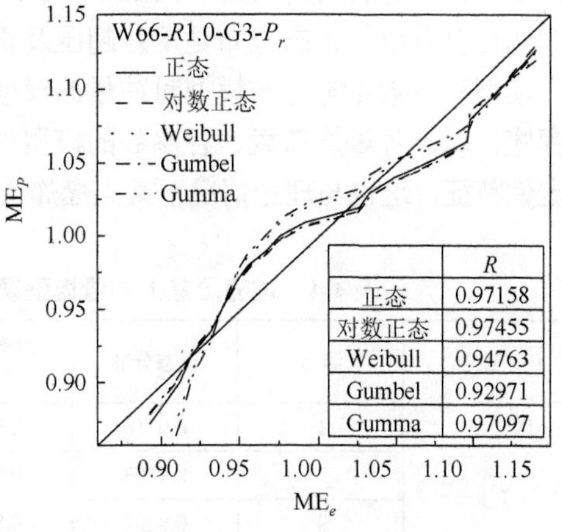

图 4-63　工况 6 中 G3 点超压 Q-Q 图

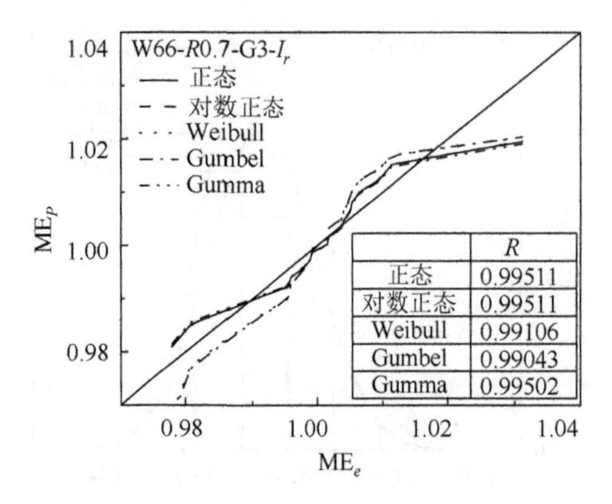

图 4-64　工况 3 中 G3 点冲量 Q-Q 图

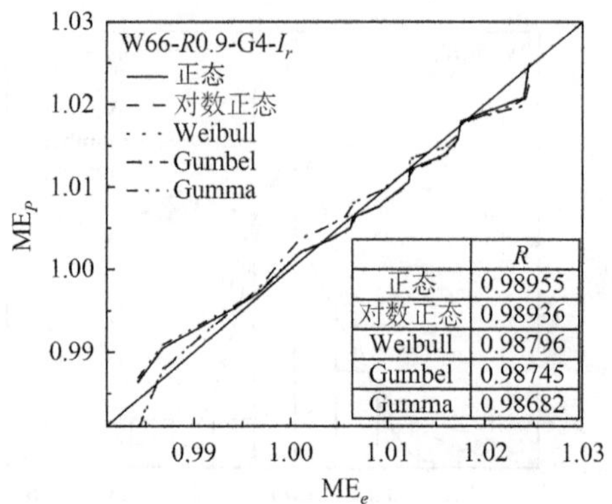

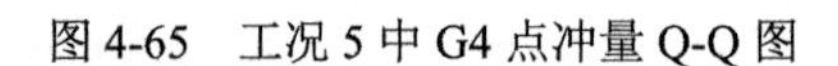
图 4-65　工况 5 中 G4 点冲量 Q-Q 图

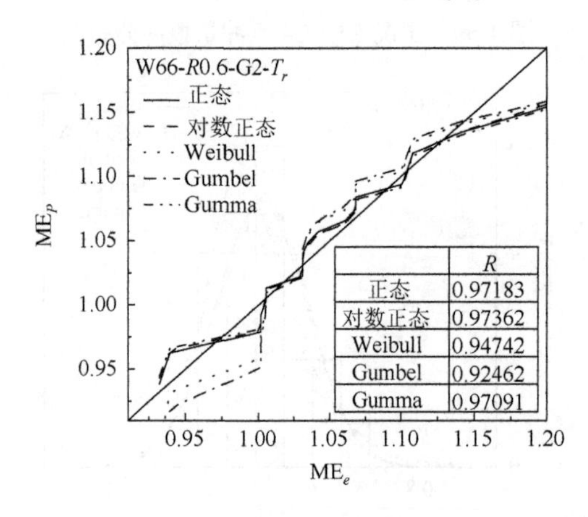

图 4-66　工况 2 中 G2 点持时 Q-Q 图

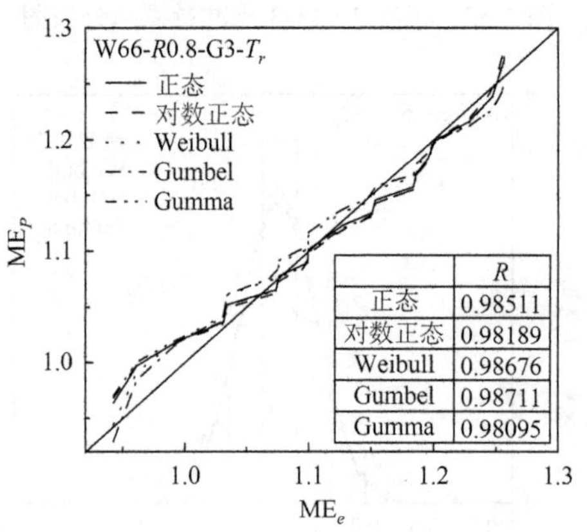

图 4-67　工况 4 中 G3 点持时 Q-Q 图

程度，各工况的相关系数如表 4-4～表 4-6 所示。对各工况的相关系数的平均值进行对比可以看出，正态分布是反射超压及正相持时模型误差的最优概率模型，正态分布模型和对数正态分布模型对冲量的模型误差的描述差别不大。为了统一简化计算程序，对于各爆炸荷载、各参数的模型误差均选取正态概率分布函数去描述其不确定性特征，这也与理想情况下某点爆炸荷载各参数给出的概率模型一致。

表 4-4　球壳屋盖上冲量模型误差对不同概率分布的拟合优度值

工况	测点	正态分布	对数正态分布	Weibull 分布	Gumbel 分布	Gumma 分布
1	1	0.9716	0.9687	0.9706	0.9708	0.9675
	2	0.9203	0.9211	0.8742	0.8343	0.9192
	3	0.8202	0.8364	0.6616	0.5530	0.8251
	4	0.9679	0.9645	0.9759	0.9798	0.9637

续表

工况	测点	正态分布	对数正态分布	Weibull 分布	Gumbel 分布	Gumma 分布
2	1	0.9636	0.9584	0.9671	0.9647	0.9571
	2	0.9044	0.9096	0.8365	0.7856	0.9045
	3	0.9449	0.9406	0.9489	0.9496	0.9416
	4	0.9401	0.9435	0.9159	0.8863	0.9381
3	1	0.9653	0.9660	0.9277	0.9104	0.9657
	2	0.9786	0.9775	0.9801	0.9803	0.9780
	3	0.9951	0.9951	0.9911	0.9904	0.9950
	4	0.9592	0.9622	0.9165	0.8958	0.9608
4	1	0.8950	0.9011	0.7000	0.5826	0.8982
	2	0.9756	0.9753	0.9796	0.9792	0.9731
	3	0.9836	0.9835	0.9779	0.9770	0.9811
	4	0.9636	0.9644	0.9016	0.8889	0.9620
5	1	0.9712	0.9704	0.9816	0.9824	0.9686
	2	0.7934	0.7885	0.8124	0.8129	0.7930
	3	0.9653	0.9661	0.8877	0.8793	0.9637
	4	0.9896	0.9894	0.9880	0.9875	0.9868
6	1	0.9865	0.9862	0.9822	0.9816	0.9835
	2	0.9675	0.9669	0.9820	0.9827	0.9649
	3	0.9764	0.9770	0.9340	0.9272	0.9742
	4	0.9845	0.9843	0.9783	0.9772	0.9817
均值		0.9493	0.9499	0.9196	0.9025	0.9478

表 4-5　球壳屋盖上反射超压模型误差对不同概率分布的拟合优度值

工况	测点	正态分布	对数正态分布	Weibull 分布	Gumbel 分布	Gumma 分布
1	1	0.9781	0.9709	0.9755	0.9687	0.9729
	2	0.9606	0.9389	0.9586	0.9639	0.9486
	3	0.9349	0.9195	0.9378	0.9406	0.9274
	4	0.9628	0.9602	0.9739	0.9773	0.9591
2	1	0.9269	0.8393	0.9190	0.9380	0.8872
	2	0.9876	0.9865	0.9858	0.9815	0.9862
	3	0.9726	0.9657	0.9758	0.9816	0.9680
	4	0.9535	0.9510	0.9611	0.9609	0.9481

续表

工况	测点	正态分布	对数正态分布	Weibull 分布	Gumbel 分布	Gumma 分布
3	1	0.9902	0.9867	0.9907	0.9921	0.9881
	2	0.9700	0.9640	0.9730	0.9757	0.9671
	3	0.9978	0.9979	0.9965	0.9951	0.9975
	4	0.9872	0.9863	0.9880	0.9875	0.9851
4	1	0.9285	0.9050	0.9327	0.9406	0.9157
	2	0.9765	0.9730	0.9825	0.9849	0.9723
	3	0.9856	0.9859	0.9743	0.9689	0.9833
	4	0.9851	0.9859	0.9867	0.9845	0.9823
5	1	0.9778	0.9753	0.9818	0.9830	0.9741
	2	0.8286	0.8056	0.8537	0.8626	0.8188
	3	0.9635	0.9610	0.9712	0.9729	0.9601
	4	0.9034	0.8973	0.9216	0.9259	0.8996
6	1	0.9871	0.9610	0.9658	0.9652	0.9594
	2	0.9736	0.9745	0.9624	0.9510	0.9716
	3	0.9716	0.9745	0.9476	0.9297	0.9710
	4	0.9533	0.9554	0.8908	0.8502	0.9524
均值		0.9607	0.9509	0.9586	0.9576	0.9540

表 4-6　球壳屋盖上正相持时模型误差对不同概率分布的拟合优度值

工况	测点	正态分布	对数正态分布	Weibull 分布	Gumbel 分布	Gumma 分布
1	1	0.9541	0.9602	0.9309	0.8497	0.9552
	2	0.9063	0.8961	0.9201	0.9283	0.9008
	3	0.9482	0.9547	0.9255	0.8877	0.9506
	4	0.8766	0.8258	0.8806	0.8805	0.8516
2	1	0.9823	0.9868	0.9830	0.9776	0.9848
	2	0.9718	0.9736	0.9474	0.9246	0.9709
	3	0.9924	0.9930	0.9809	0.9755	0.9922
	4	0.9920	0.9912	0.9930	0.9933	0.9914
3	1	0.9811	0.9800	0.9856	0.9856	0.9785
	2	0.9442	0.9353	0.9596	0.9670	0.9334
	3	0.9352	0.9373	0.8347	0.7788	0.9341
	4	0.9590	0.9564	0.9621	0.9620	0.9543

续表

工况	测点	正态分布	对数正态分布	Weibull 分布	Gumbel 分布	Gumma 分布
4	1	0.9497	0.9470	0.9620	0.9623	0.9467
	2	0.7672	0.7410	0.7834	0.7823	0.7559
	3	0.9851	0.9819	0.9868	0.9871	0.9810
	4	0.9438	0.9339	0.9511	0.9557	0.9371
5	1	0.8803	0.8655	0.8846	0.8855	0.8722
	2	0.9764	0.9769	0.9582	0.9526	0.9743
	3	0.9554	0.9530	0.9666	0.9696	0.9524
	4	0.9764	0.9765	0.9674	0.9603	0.9741
6	1	0.9848	0.9831	0.9754	0.9709	0.9804
	2	0.8984	0.8988	0.8420	0.8155	0.8980
	3	0.9803	0.9782	0.9855	0.9872	0.9766
	4	0.9571	0.9578	0.9355	0.9305	0.9555
均值		0.9458	0.9410	0.9376	0.9279	0.9418

如图 4-68 所示，球壳上各点的冲量模型误差均值受比例距离的影响很小，可以假设其只受结构形状的影响，它们之间的关系通过多段线性函数进行描述。同样，在各工况中冲量模型误差变异系数和正相持时模型误差变异系数在球壳屋盖上的分布趋于一致，可以假设其只受到比例距离的影响，它们之间的关系同样通过多段线性函数进行描述，分别如图 4-69 和图 4-70 所示（图中 $R/W^{1/3}$ 的单位为 $\mathrm{m/kg^{1/3}}$）。通过非线性拟合方法考察其他各爆炸参数的均值和变异系数与结构角度和比例距离的关系，描述模型误差概率分布函数的相关统计参数如式（4-10）～式（4-15）所示（式中，θ 的单位为°，Z 的单位为 $\mathrm{m/kg^{1/3}}$）。

$$\mathrm{Mean}(\mathrm{ME}_{I_r})=\begin{cases}0.918-0.0026\theta, & 0\leqslant\theta\leqslant 30\\ 0.722+0.00391\theta, & 30<\theta\leqslant 71\\ 1, & 71<\theta\leqslant 180\end{cases},\ 2.90\leqslant Z\leqslant 4.03 \tag{4-10}$$

$$\mathrm{Mean}(\mathrm{ME}_{P_r})=(11.764+0.050\theta)(0.166-0.0258Z),\ 0\leqslant\theta\leqslant 180,\ 2.90\leqslant Z\leqslant 4.03 \tag{4-11}$$

$$\mathrm{Mean}(\mathrm{ME}_{T_r})=(18.686-0.0821\theta)(-0.0869+0.0494Z),\ 0\leqslant\theta\leqslant 180,\ 2.90\leqslant Z\leqslant 4.03 \tag{4-12}$$

$$\mathrm{COV}(\mathrm{ME}_{I_r})=\begin{cases}0.0667, & 2.80\leqslant Z\leqslant 3.12\\ 0.312-0.0788Z, & 3.12<Z\leqslant 3.80\\ 0.0131, & 3.80<Z\leqslant 4.03\end{cases},\ 0\leqslant\theta\leqslant 180 \tag{4-13}$$

$$\mathrm{COV}(\mathrm{ME}_{P_r})=(14.935-0.0743\theta)(0.0441-0.0101Z),\ 0\leqslant\theta\leqslant 180,\ 2.90\leqslant Z\leqslant 4.03 \tag{4-14}$$

$$\mathrm{COV}(\mathrm{ME}_{T_r})=\begin{cases}-0.353Z+1.153, & 2.90\leqslant Z\leqslant 3.12\\ 0.0534, & 3.12<Z\leqslant 4.03\end{cases},0\leqslant\theta\leqslant 180 \tag{4-15}$$

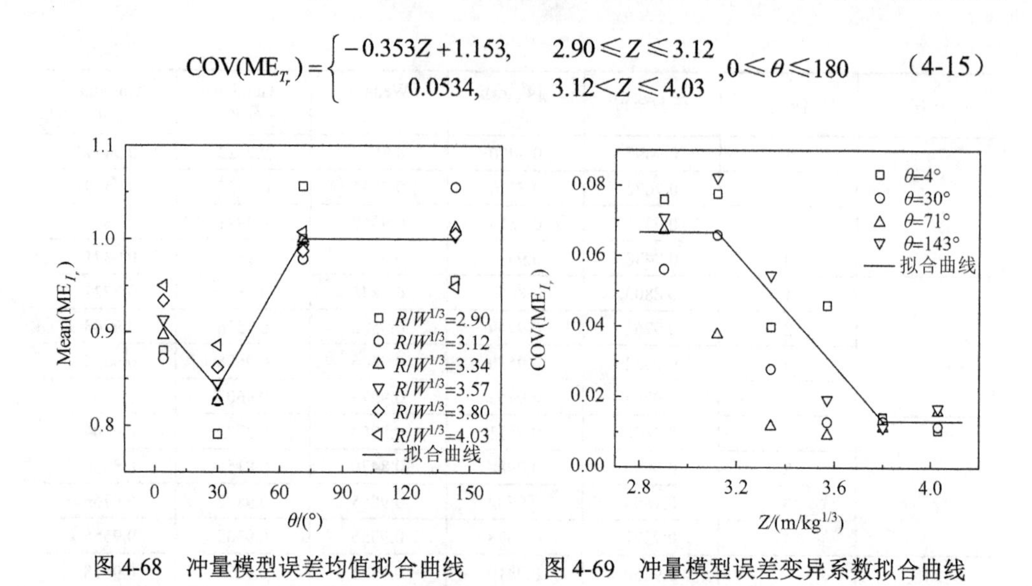

图 4-68　冲量模型误差均值拟合曲线　　图 4-69　冲量模型误差变异系数拟合曲线

图 4-70　正相持时模型误差变异系数拟合曲线

4.5.3　基于分位值的球壳外爆荷载因子

利用获得的概率模型特征参数可以确定具有任意保证率的爆炸荷载参数，现行的 ConWep（Hyde，1991）设计程序及美国军方发行的 UFC 3-340-02 手册（2008）在对结构进行抗爆设计时将爆炸荷载作为确定量对待，并且通常采取加大炸药量的办法来保守评估结构的抗爆能力，并没有将荷载的不确定性实质性地考虑到结构设计中。现评价该质量增长因子法对球壳上爆炸荷载各参数估计的保证率情况，图 4-71 和图 4-72 分别为工况 4 中利用质量增长因子法对冲量和反射超压估计时相应的保证率在结构上的分布图。可以看出质量增长因子法无法给出具有一致保证率的爆炸反射超压时空分布，特别是迎爆面上的反射超压的保证率在 20%以下，而背爆面上的反射超压保证率均在 100%左右，即对迎爆面荷载低估而对背爆面的荷载过于高估。工况 4 中，迎爆面的 G2 和背爆面的 G4 反射超压概率密度曲线及各预测结果如图 4-73 和图 4-74 所示。ConWep（1991）给出的结果在迎爆面的 G2 保证率只达到 0.3%，而 95%保证率的荷载取值为 195.8kPa，同样背爆面的 G4 保证率达到 100%，而 95%保证率的荷载取值为 29.4kPa。可以看出 ConWep（1991）低估了迎爆面上的荷载，而过高地预测了背爆面上的荷载。球壳上的爆炸荷载分布表明，迎爆面上的荷载要比背爆面上的荷载大很多，所以荷载在迎爆面上的分布在整个球面上占有绝对优势，其对于结构设计的安全性更为关键和重要，所以 ConWep 方法显然不利于抗爆防护设计工作，其使结构设计偏于不安全。

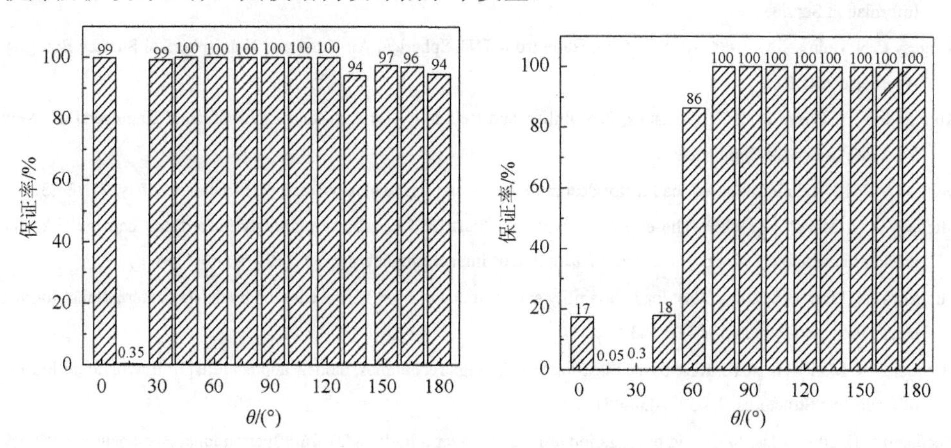

图 4-71 工况 4 中质量增长因子法对冲量的保证率

图 4-72 工况 4 中质量增长因子法对反射超压的保证率

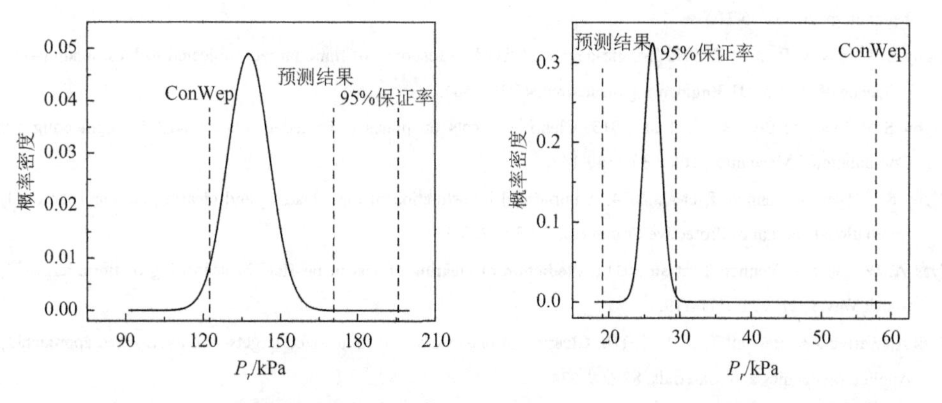

图 4-73 工况 4 中 G2 反射超压概率密度曲线及各预测结果

图 4-74 工况 4 中 G4 反射超压概率密度曲线及各预测结果

参 考 文 献

Baker W E. 1973. Explosions in Air[M]. Austin: University of Texas Press: 3-26.

Brode H L. 1959. Blast wave from a spherical charge[J]. Physics of Fluids, 2（2）: 217-229.

Bryson A E, Gross R W F. 1961. Diffraction of strong shocks by cones, cylinders, and spheres[J]. Journal of Fluid Mechanics, 10（1）: 1-16.

Century Dynamics. 2005. AUTODYN Theory Manual, Revision 4.3[M]. Houston: Century Dynamics: 1-235.

Geng J H, Mander T, Baker Q. 2015. Blast wave clearing behavior for positive and negative phases[J]. Journal of Loss Prevention in the Process Industries, 37:143-151.

Henrych J. 1979. The Dynamics of Explosion and its Use[M]. NewYork: Elsevier Scientific Publishing Company: 558.

Hyde D W. 1991. Conventional Weapons Program （ConWep）[M].Vicksburg: Available from National Technical Information Service.

Kingery C N, Bulmash G. 1984. Airblast Parameters from TNT Spherical Air Burst and Hemispherical Surface Burs[M]. Aberdeen: ARBRL.

Kottegoda N T, Rosso R. 1977. Statistics, Probability, and Reliability for Civil and Environmental Engineers[M]. New York: McGraw-Hill Companies.

Mark G S. 2018. Reliability-based load factor design model for explosive blast loading[J]. Structural Safety, 71:13-23.

Michael D N, Mark G S. 2009. The effects of explosive blast load variability on safety hazard and damage risks for monolithic window glazing[J]. International Journal of Impact Engineering, 36（12）:1346-1354.

Michael D N, Mark G S. 2010. Blast load variability and accuracy of blast load prediction models[J]. International Journal of Protective Structures, 1（4）: 543-570.

Michael D N, Mark G S. 2016. Risk-based blast-load modelling: Techniques, models and benefits[J]. International Journal of Protective Structures, 7（3）: 430-451.

Needham C E. 2009. Blast loads and propagation around and over a building[J]. 26th International Symposium on Shock Waves, 2:1359-1364.

Remennikov A M. 2013. Review of methods for predicting bomb blast effects on buildings[J]. Journal of Battlefield Technology, 6（3）:5-10.

Rigby S E, Tyas A, Bennett T. 2012. Single-degree-of-freedom response of finite targets subjected to blast loading—the influence of clearing[J]. Engineering Structures, 45:396-404.

Rigby S E, Tyas A, Bennett T, et al. 2013. Clearing effects on plates subjected to blast loads[J]. Engineering and Computational Mechanics, 166（3）:140-148.

Rigby S E, Tyas A, Bennett T, et al. 2014. A numerical investigation of blast loading and clearing on small targets[J]. International Journal of Protective Structures, 5（3）:253-274.

Tyas A, Warren J A, Bennett T, et al. 2011a. Prediction of clearing effects in far-field blast loading of finite targets[J]. Shock Waves, 21（2）:111-119.

Tyas A, Warren J A, Bennett T, et al . 2011b. Clearing of blast waves on finite-sized targets—an overlooked approach[J]. Applied Mechanics and Materials, 82:669-674.

UFC 3-340-02. 2008. Structures to Resist the Effects of Accidental Explosions[M].Washington: Departments of the Army the Navy and the Air Force: 1-1867.

Zhi X D, Qi S B, Fan F. 2019. Temporal and spatial pressure distribution characteristics of hemispherical shell structure subjected to external explosion[J]. Thin-Walled Structures, 137: 472-486.

Zhou X Q, Hao H. 2008. Prediction of airblast loads on structures behind a protective barrier[J]. International Journal of Impact Engineering, 35（5）: 363-375.

第5章　单层球面网壳结构的内爆破坏机理

大跨空间结构因其开阔的内部空间，被广泛地应用于各种综合性公共场所。此类建筑一旦发生塌陷或者严重破坏，必定会造成严重的人员伤亡及巨大的经济损失。因此，在偶然爆炸荷载下如何避免结构整体塌陷的发生是值得关注的问题。本章针对单层球面网壳结构的内爆作用开展了响应分析及失效机理研究的相关工作：首先，采用合理的研究方法，建立考虑重力影响的网壳爆炸响应仿真方法；其次，定义中心内爆作用下网壳结构的典型失效模式，并探讨其失效机理；最后，针对中心内爆及非中心内爆两种情况的内爆作用下网壳失效模式的分布规律开展大量参数分析，并获得相应的规律。

5.1　内爆分析方法

图5-1为跨度为40m的凯威特型（Kiewitt 8型，简称K8型）单层球面网壳，图中f表示网壳结构矢高，L表示结构跨度。该网壳由456根圆钢管构成，由169个刚性节点连接。在ANSYS/LS-DYNA中进行建模，网壳的杆件使用Beam单元进行模拟，每根杆件被划分为3个单元以模拟杆件的弯曲变形，每个Beam单元的横截面上有4个积分点。在计算过程中，暂不考虑下部支承结构变形对于网壳结构动力响应的影响，网壳结构底部定义了48个三向固定铰支座。

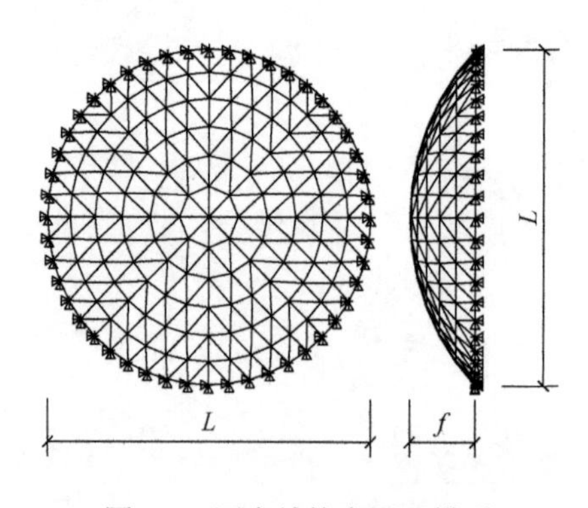

图5-1　网壳结构有限元模型

如图5-2所示，计算中爆炸作用的施加方向沿网壳结构的法向，并将爆炸荷载以压强的形式按照其所对应节点的附属面积转化为等效的节点集中力作用到网壳结构的各个节点上，节点力大小可通过式（5-1）计算：

$$F(t) = P(t) \cdot S_j \tag{5-1}$$

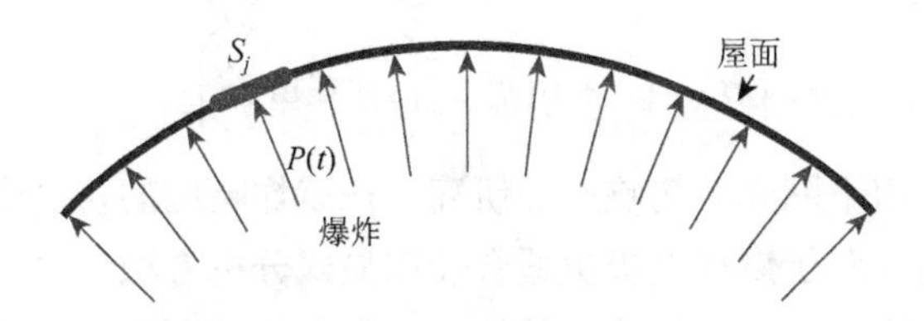

图 5-2　网壳内爆荷载施加方式示意图

不同于传统的问题，爆炸作用下结构具有高速和瞬时大变形等特点。材料的瞬时应变率通常能够达到 10～100s^{-1}，对于核爆应变率甚至可能超过 1000s^{-1} 达到更大的范围。Malvar 和 Crawford（1998）综述的大量的试验数据都表明，在高应变率作用下，材料的动力增长因子（dynamic increase factor，DIF）可能会有非常显著的增长，因此，在对网壳结构的爆炸问题进行研究时，必须考虑材料应变率效应对于动力响应的影响。

Johnson-Cook 本构关系（Johnson and Cook，1983）被广泛地应用于大应变、高应变率和高温作用下的金属材料。其本构方程如式（5-2）和式（5-3）所示：

$$\sigma_e = [A + B(\varepsilon_e^p)^n]\left(1 + C\ln\dot{\varepsilon}^*\right)(1 - T^{*m}) \tag{5-2}$$

$$\varepsilon^f = [D_1 + D_2\exp(D_3\sigma^*)]\left(1 + D_4\ln\dot{\varepsilon}^*\right)(1 + D_5T^*) \tag{5-3}$$

式中，$\varepsilon_e{}^p$ 是等效塑性应变；$\dot{\varepsilon}^*$ 是同源应变率；T^* 是同源温度；A、B、C、m、n 和 D_1～D_5 是待定系数，对于不同的材料，需要通过大量的试验拟合其数值。

对于网壳结构中常用的 Q235 钢材，Lin 等（2013）开展了一系列试验研究，通过试验确定了 Q235 钢材的 Johnson-Cook 本构模型中的各项参数的取值，其具体数据如表 5-1 所示。本章在网壳结构爆炸作用动力响应仿真中的钢材材料参数也均采用表 5-1 中的试验结果。

表 5-1　Q235 钢材 Johnson-Cook 参数（Lin et al.，2013）

ρ/(kg/m^3)	E/GPa	ν	A/MPa	B/MPa	n	C
7850	207	0.3	244.80	899.7	0.94	0.039

由于网壳结构自身尺寸较大，发生爆炸时结构与爆炸源的距离通常较远，爆炸作用引起的温度升高效应并不明显。因此，本章对拟采用的 Johnson-Cook 本构关系进行了简化，忽略了温升软化效应，提升了模型的计算效率。采用的本构方程如式（5-4）所示：

$$\sigma_e = [A + B(\varepsilon_e^p)^n]\left(1 + C\ln\dot{\varepsilon}^*\right) \tag{5-4}$$

类似于地震作用下网壳结构响应的研究，在爆炸响应的仿真中同样也需要考虑重力的影响。然而，对于爆炸这类更适合使用显式分析方法计算的问题，在模型上直接施加重力加速度相当于对结构突然施加一个大小等同于其自重的阶跃荷载，会造成结构的突然破坏，显然是不合理的。本章通过 ANSYS/LS-DYNA 的重启动分析功能考虑了重力的影响。首先通过使用关键字*Load_Body_Z 对网壳结构施加重力加速度，为了避免显式计算环境中由于突加荷载而形成的振荡作用，将重力作用缓慢地（0～4s）施加于网壳结构上。然后通过重启动分析对上一平衡状态下的网壳结构施加瞬时的爆炸作用，以计算结构在爆炸作用下的动力响应。基于对网壳结构爆炸荷载特性的研究，此阶段所施加的爆炸荷载为持时 10ms 的三角形脉冲荷载。

5.2 内爆失效模式

由第 2 章可知，不同的球面网壳几何构型以及炸药质量都会导致爆炸荷载分布发生改变，也必定会导致结构的响应改变。本章的研究遵循由浅入深、循序渐进的原则，先对单层球面网壳结构中心内爆（结构受到均匀分布的脉冲荷载作用）的问题进行研究，然后过渡到爆炸荷载的不均匀分布的影响研究。

通过大量的参数分析发现，单层球面网壳在中心内爆作用下的响应特点及其失效模式具有一定的规律，在归纳后可得到 5 种典型失效模式，分别定义为小幅振动、局部凹陷、冲胀变形、整体塌陷、冲破破坏。

为了清晰地描述以上 5 种失效模式，以下以跨度为 40m、矢跨比为 1/7、屋面质量为 180kg/m^2、杆件截面为 Φ114mm×4.0mm 的单层球面网壳的一组分析算例为例，对每一种典型的失效模式进行介绍，对各种失效模式的动力响应特点进行阐述。

5.2.1 失效模式 1：小幅振动

当施加的爆炸荷载比较小时，网壳结构就会在初始平衡位置附近做振幅较小的振动。此时，网壳的大部分杆件仍然处于弹性范围，并且网壳结构最终基本还会恢复到受爆炸作用之前的初始状态，如图 5-3 所示。

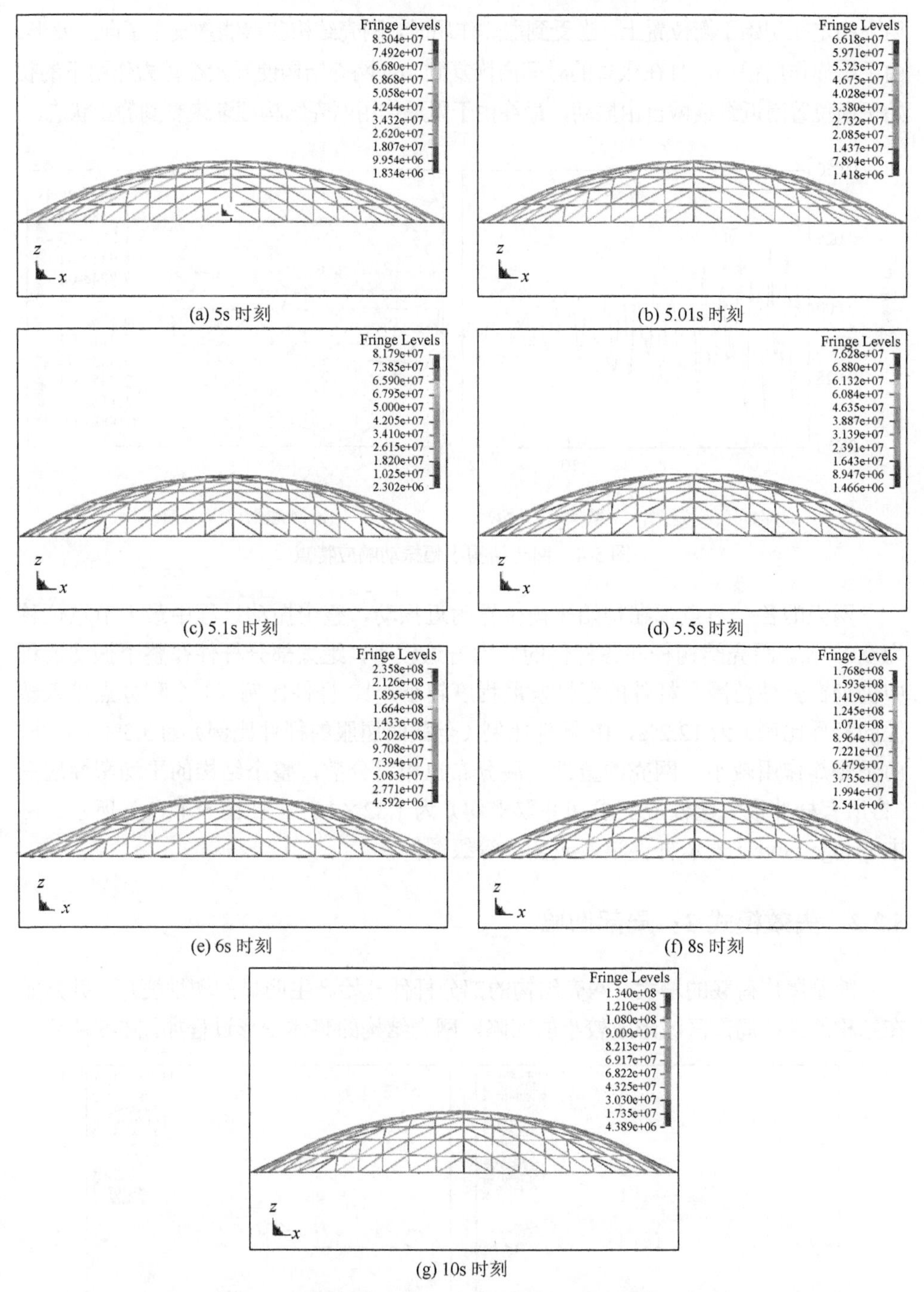

(a) 5s 时刻　(b) 5.01s 时刻

(c) 5.1s 时刻　(d) 5.5s 时刻

(e) 6s 时刻　(f) 8s 时刻

(g) 10s 时刻

图 5-3　网壳结构小幅振动响应过程（放大系数 10）

如图 5-4（a）所示，以网壳结构顶点的位移时程曲线为例，网壳结构在重力的作用下稳定在初始平衡位置上。当受到爆炸作用时，网壳结构获得能量发生了向上变形。由于爆炸作用很小，且在极短的时间内恢复到 0，网壳结构便开始在重力作用下的初始平衡位置附近继续做自由振动，最终由于阻尼作用网壳结构逐渐恢复到静止状态。

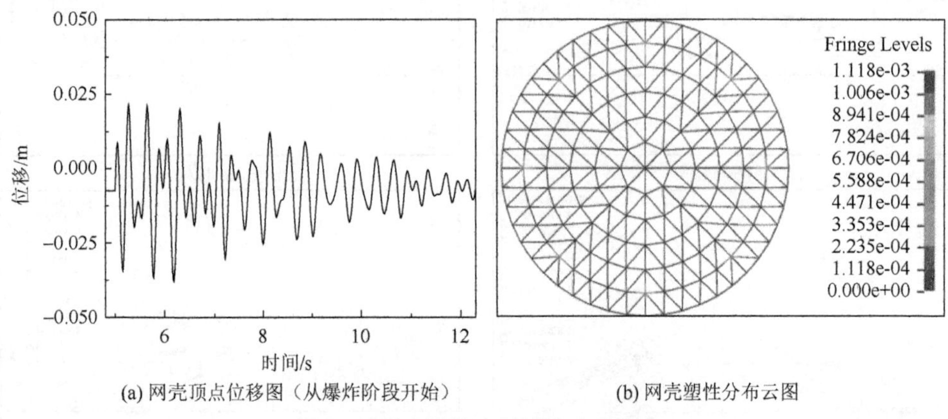

(a) 网壳顶点位移图（从爆炸阶段开始）　　(b) 网壳塑性分布云图

图 5-4　网壳结构小幅振动响应特点

网壳的各个节点都在初始平衡位置附近振动，整个振动过程中最大节点位移为 0.054m。网壳结构径向各杆件的内力普遍较小，绝大部分杆件在整个振动过程中仍处在弹性范围，杆件的塑性发展程度较小，1P 杆件比例（1 个积分点进入塑性的杆件比例）为 12.2%，4P 杆件比例（全截面屈服的杆件比例）为 3.5%。另外，由于爆炸作用较小，网壳的塑性发展分布也相对分散，整个结构的平均塑性应变（将所有杆件最大塑性应变求和并取平均）为 1.82×10^{-5}，如图 5-4（b）所示，图中 Fringe Levels 表示杆件塑性应变各等级图例。

5.2.2　失效模式 2：局部凹陷

随着爆炸荷载的增大，网壳结构的部分杆件开始产生明显的塑性变形，并开始在结构的某些局部区域形成较小的凹陷，网壳结构的整体变形过程如图 5-5 所示。

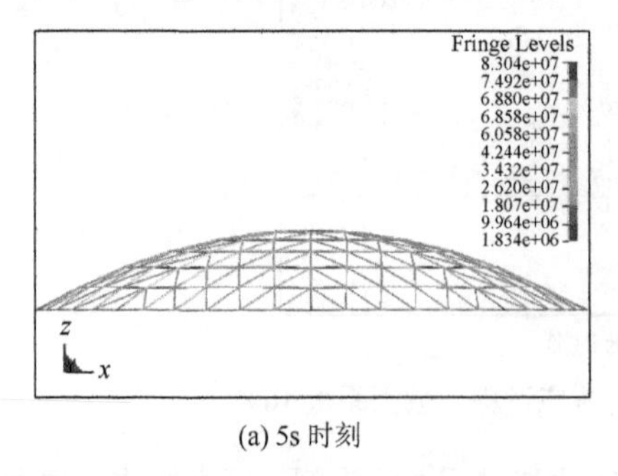

(a) 5s 时刻

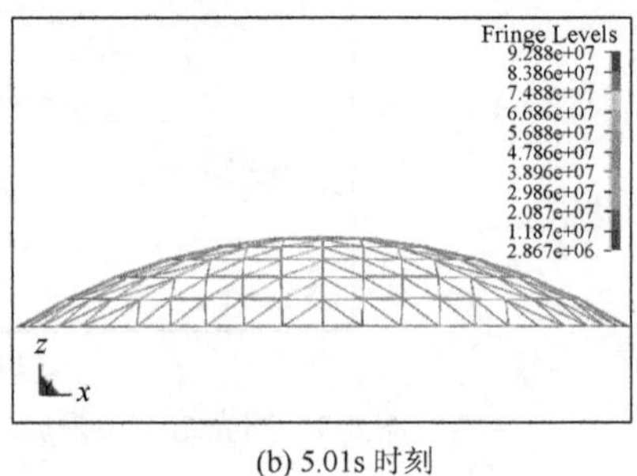

(b) 5.01s 时刻

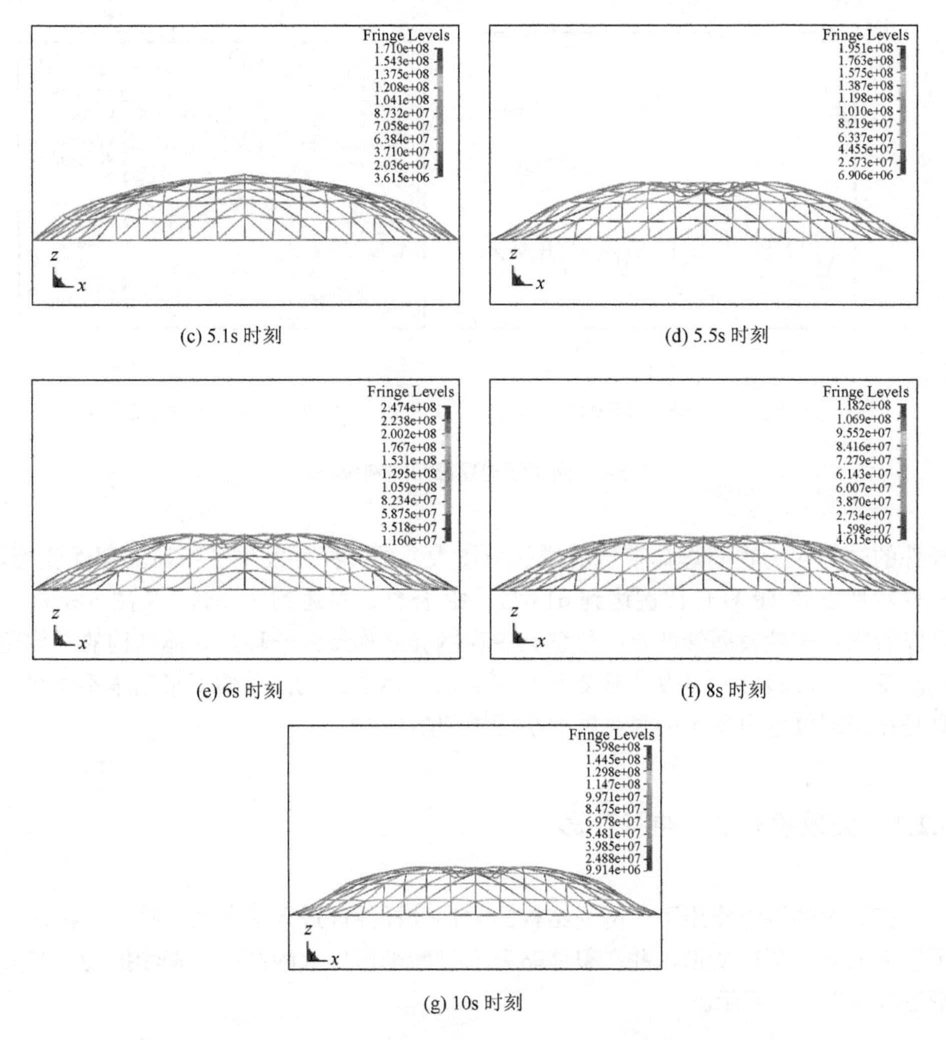

(c) 5.1s 时刻　　(d) 5.5s 时刻

(e) 6s 时刻　　(f) 8s 时刻

(g) 10s 时刻

图 5-5　网壳结构局部凹陷响应过程（放大系数 10）

如图 5-6（a）所示，仍以网壳结构顶点的位移时程曲线为例，爆炸作用下网壳结构开始向上运动，当其达到结构变形最大位置后网壳经历了短暂的振动。由于顶点周围的杆件发展了一定的塑性，所以其局部刚度下降。此时，顶点的位移开始明显减小，在网壳结构的局部位置形成了一个小凹陷。由于周围杆件的支承能力仍然较强，局部凹陷无法继续扩展，就在当前的状态达到一种稳定平衡。

局部凹陷失效模式的网壳结构节点动力响应时程曲线表明，网壳结构的部分节点由于塑性发展使得其振动平衡位置发生下移，在网壳结构的局部位置形成凹坑，整个过程中网壳结构的最大节点位移为 0.197m。与此同时，网壳结构

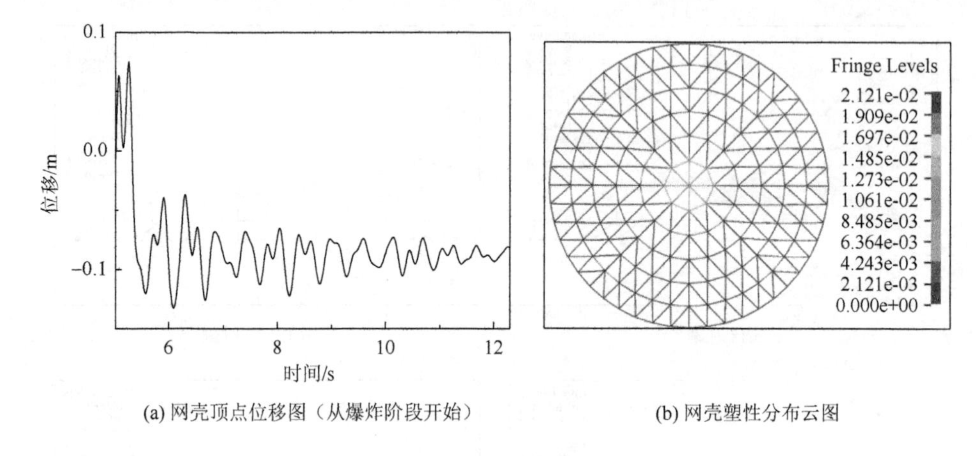

(a) 网壳顶点位移图（从爆炸阶段开始）　　(b) 网壳塑性分布云图

图 5-6　网壳结构局部凹陷响应特点

杆件的轴向应力也随爆炸荷载的增强而增大，部分杆件发生了明显的塑性变形。杆件塑性发展 1P 杆件比例达到 61.4%，4P 杆件比例达到 33.3%。从图 5-6（b）可以看出，塑性发展最严重的位置集中在网壳结构最内一环，整体结构的平均塑性应变为 1.116×10^{-3}。从上述数据也可看出，网壳结构的整体变形基本不明显，只是在局部位置出现了肉眼可见的小范围凹陷。

5.2.3　失效模式 3：冲胀变形

在更大的爆炸作用下，网壳结构的大部分杆件都进入了塑性，整个结构出现了较大的向上塑性变形，并在整体略高于初始平衡位置的高度上持续振动，其变形过程如图 5-7 所示。

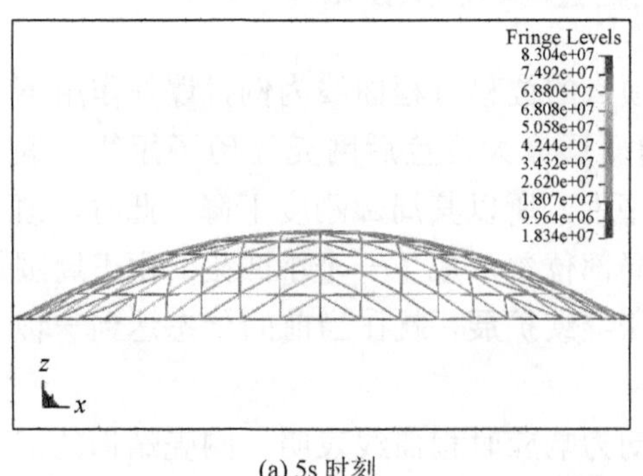

(a) 5s 时刻

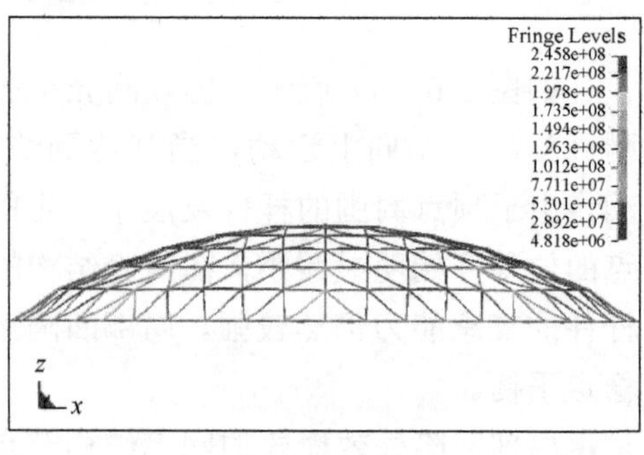

(b) 5.01s 时刻

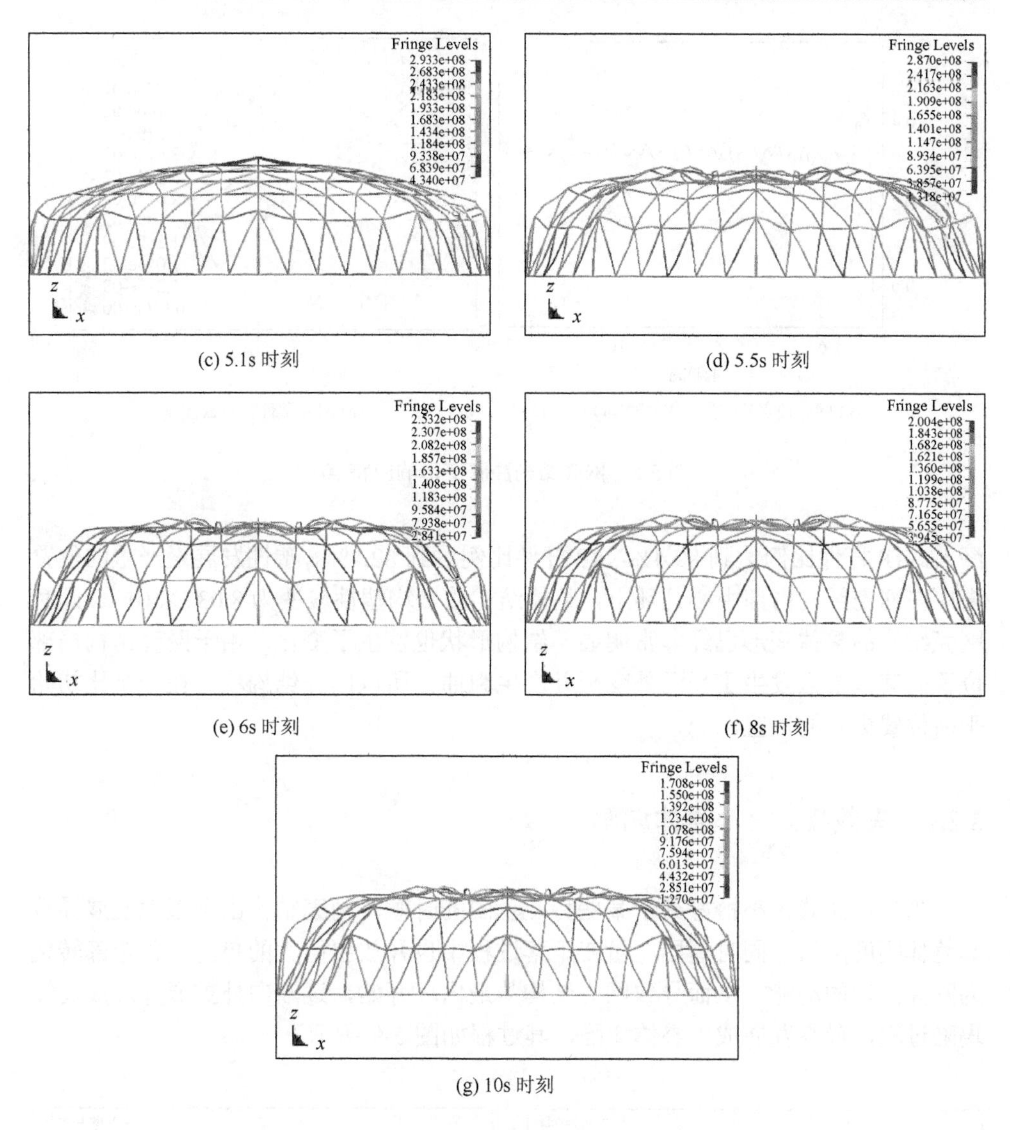

(c) 5.1s 时刻　　(d) 5.5s 时刻

(e) 6s 时刻　　(f) 8s 时刻

(g) 10s 时刻

图 5-7　网壳结构冲胀变形响应过程（放大系数 10）

如图 5-8（a）所示，以网壳结构顶点的竖向位移的时程曲线为例，在爆炸作用下，网壳结构被提升到一个较大的翘曲程度。当爆炸作用结束之后，网壳在重力作用下发生了向下的位移，并在一个较高的位置继续保持稳定振动，直到最终振动停止。另外，网壳结构顶点此时的振动平衡位置明显高于初始重力作用下的平衡位置。

网壳结构几乎所有节点的平衡位置都发生了向上移动，在整个响应的过程中其最大节点位移为 0.576m。网壳径向杆件轴向的应力明显增大，塑性发展比例也比较

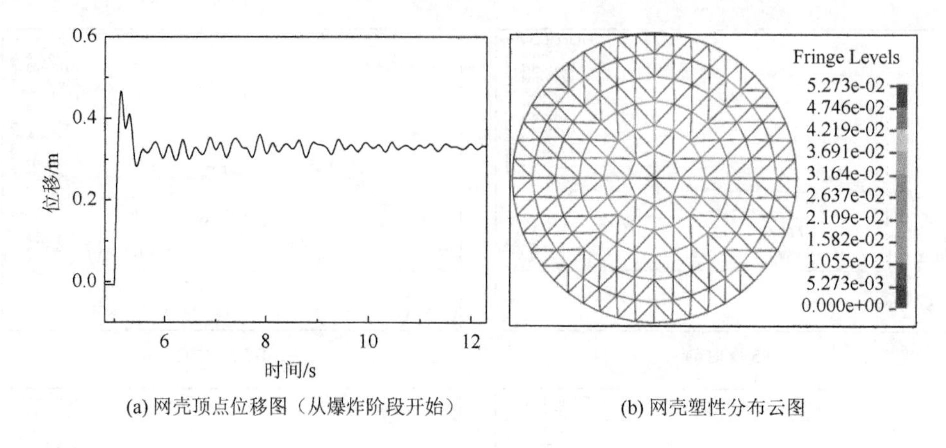

(a) 网壳顶点位移图（从爆炸阶段开始）　　(b) 网壳塑性分布云图

图 5-8　网壳结构冲胀变形响应特点

深入。1P 杆件比例达到 89.4%，4P 杆件比例达到 82.4%。塑性发展最严重的位置出现在网壳结构内部中心几环上，整体结构的平均塑性应变为 8.037×10^{-3}。此时网壳结构的整体变形已经非常明显，结构形状也发生了变化。由于网壳结构局部位置的某些节点发生了平面外变形并产生翘曲，所以网壳结构稳定在一个比初始平衡位置更高的位置。

5.2.4　失效模式 4：整体塌陷

当爆炸荷载大小恰好处于某些特定范围的时候，网壳结构由于塑性发展导致其整体刚度降低，同时屋面质量在下落过程中也释放出巨大的势能，并全部转化为网壳结构的动能，从而导致网壳结构从最内环开始，逐渐向外扩展并形成连续塌陷过程，最终发展成为整体塌陷，其过程如图 5-9 所示。

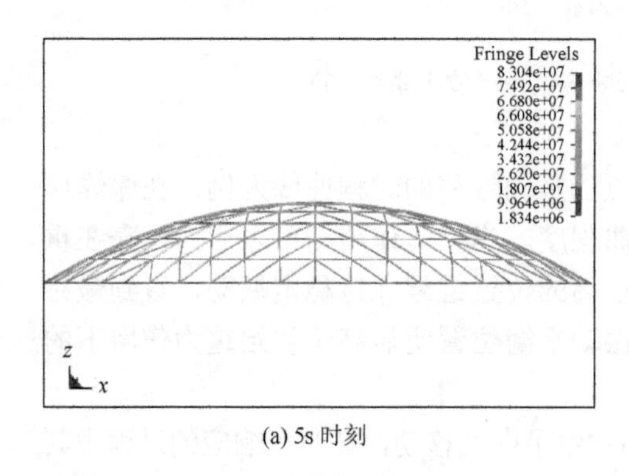

(a) 5s 时刻

(b) 5.01s 时刻

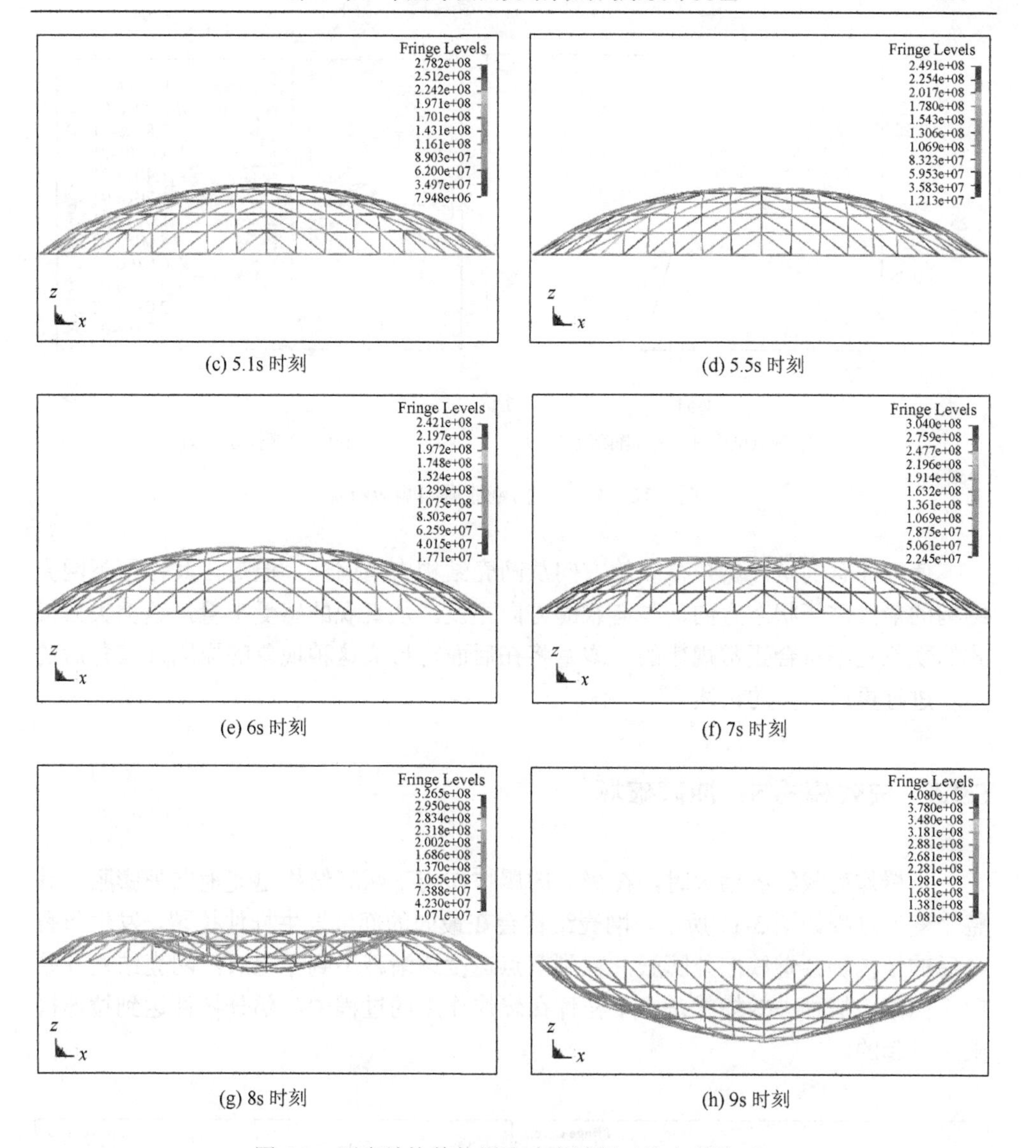

(c) 5.1s 时刻　(d) 5.5s 时刻

(e) 6s 时刻　(f) 7s 时刻

(g) 8s 时刻　(h) 9s 时刻

图 5-9　网壳结构整体塌陷响应过程（放大系数 1）

从图 5-10（a）网壳结构顶点的位移时程曲线可知，网壳结构在爆炸作用下向上运动之后，突然发生了向下的急剧塌陷。

对比网壳各个节点的位移过程可知，在此时的爆炸作用下，塌陷首先形成于网壳结构的最内环，由于屋面势能的不断释放，塌陷的范围逐环向网壳的外环发展，并最终形成整体塌陷。在整个塌陷过程中，由于网壳结构的受力方式改变，杆件轴力也由受压突变为受拉。由于发生了整体塌陷，杆件塑性发展比例 1P 和 4P 均达到 100%；整体塌陷后的网壳结构杆件平均塑性应变为 3.442×10^{-2}，如图 5-10（b）所示。

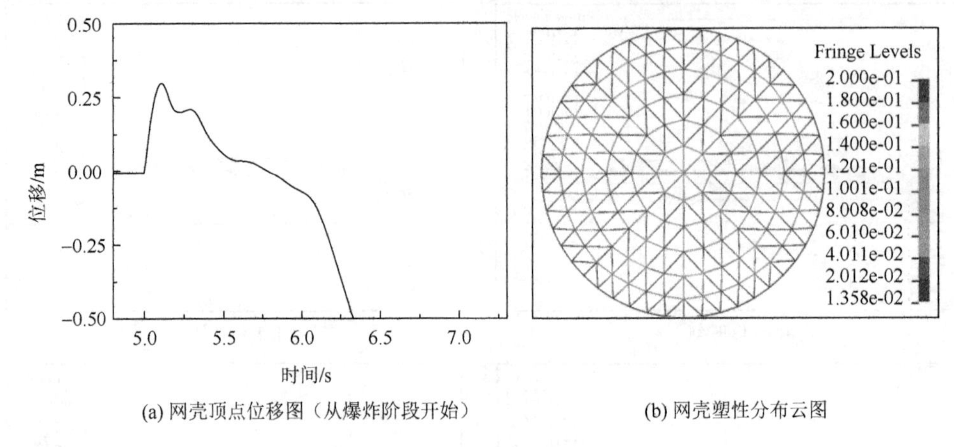

(a) 网壳顶点位移图（从爆炸阶段开始）　　(b) 网壳塑性分布云图

图 5-10　网壳结构整体塌陷响应特点

值得注意的是，爆炸荷载的方向从网壳结构内指向外，但是在其作用下网壳结构的最终破坏状态方向却与荷载的方向相反。从直观的感受来看，这类失效模式的现象是不符合正常规律的，本章将在后面对形成这种现象的原因及其背后的实质进行更进一步的论述。

5.2.5　失效模式 5：冲破破坏

当爆炸荷载继续增大时，在极大的爆炸作用下网壳结构迅速地向外膨胀。其整个变形过程如图 5-11 所示，网壳结构会在最弱的部位发生杆件拉裂，发生断裂之后的结构仍会继续向外膨胀，直到节点速度逐渐减小到零之后，网壳结构开始向下回落。这种失效模式是由于杆件在爆炸作用的过程中，部分杆件达到拉伸极限所引起的。

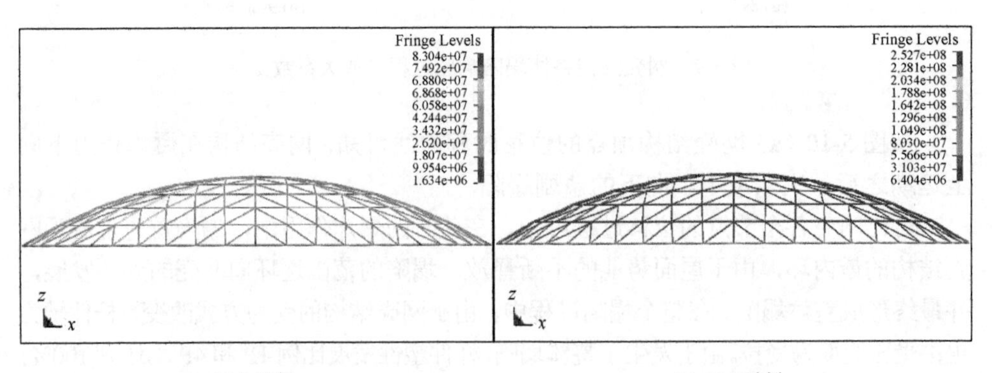

(a) 5s时刻　　(b) 5.01s时刻

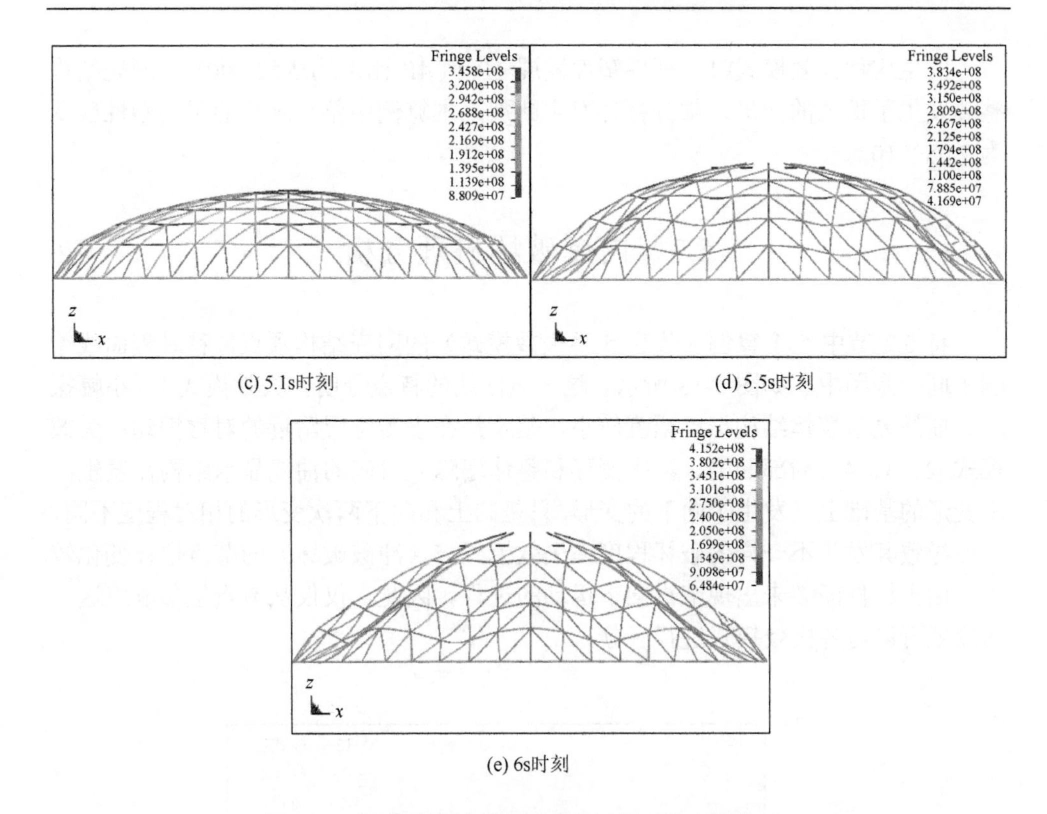

(c) 5.1s时刻　(d) 5.5s时刻

(e) 6s时刻

图 5-11　网壳结构冲破破坏响应过程（放大系数 1）

如图 5-12（a）所示，观察网壳结构的顶点发现，顶点周围杆件达到了拉伸极限，发生了断裂，因此顶点位移在不断上升的过程中与网壳结构脱开，出现被抛出的情况。

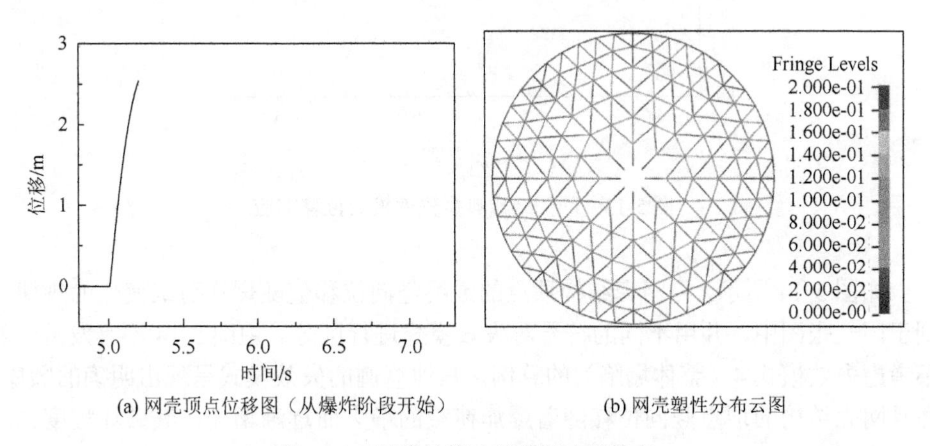

(a) 网壳顶点位移图（从爆炸阶段开始）　(b) 网壳塑性分布云图

图 5-12　网壳结构冲破破坏响应特点

发生这种失效模式时，杆件塑性发展 1P 和 4P 比例均达到 100%；网壳结构整体发生了很大的变形，部分杆件发生断裂，本算例中整个结构的平均塑性应变为 7.08×10^{-2}。

5.3　内爆破坏机理分析

将 5.2 节中 5 个算例（代表 5 种失效模式）的网壳结构顶点位移时程曲线绘制于同一张图中，如图 5-13 所示。这 5 条曲线的特点分明，失效模式 1（小幅振动）曲线显示整体结构振动幅度较小，基本是在平衡位置附近的对称振动；失效模式 2、3、4（局部凹陷、冲胀变形和整体塌陷）对应的曲线显示结构在发生向上变形的基础上又发生了向下的变形，只是向上和向下两次变形的相对程度不同，从而导致其发生不一样的破坏程度；失效模式 5（冲破破坏）的节点位移变化较大，由于杆件断裂未出现节点向下运动的过程。因此，仅仅从节点位移响应这一角度就可以对各失效模式进行区分。

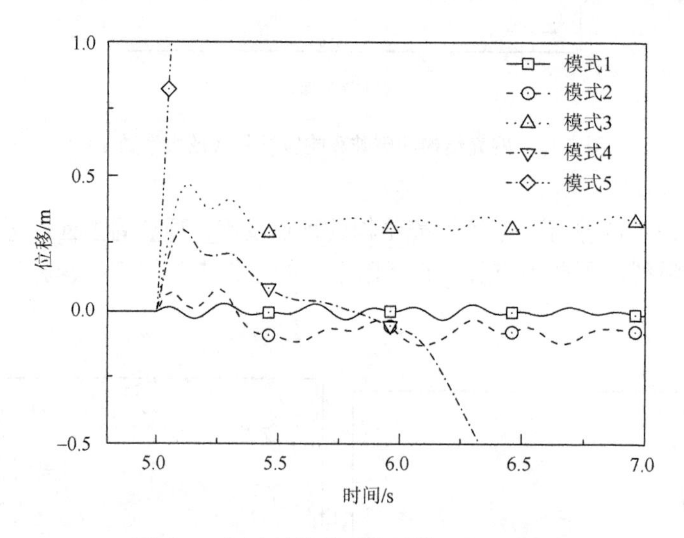

图 5-13　网壳结构典型失效模式位移响应

如图 5-14 所示，将网壳结构顶点的最终竖向位移值随爆炸荷载变化的规律绘制于同一张图中，并用不同的符号对失效模式进行区分。由图 5-14 不难发现，若不考虑失效模式 4（整体塌陷）的算例，其他算例的失效模式呈现出明确的顺序，并且网壳结构的顶点竖向位移随着爆炸荷载的增大而逐渐增加，其破坏程度也逐渐趋于严重。

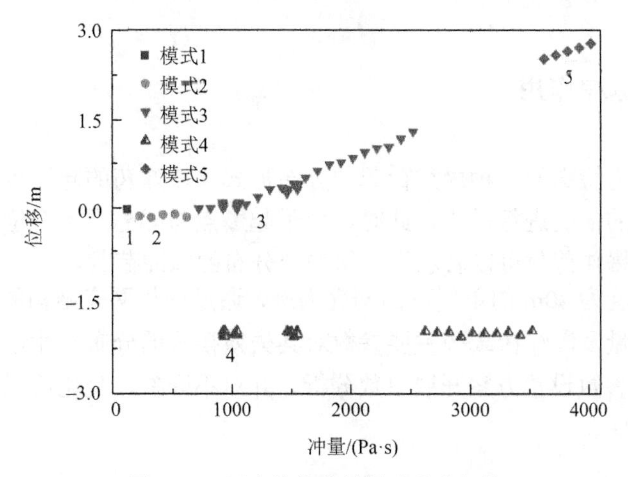

图 5-14　网壳结构失效模式分布规律

按照上述网壳结构破坏的规律，将网壳结构受到爆炸作用时爆炸荷载大小与其各种失效模式之间的关系表示为如图 5-15 所示的失效机理分区图。当网壳受到的爆炸作用较小时，大部分杆件都处于弹性阶段，此时球壳发生小幅振动；对于爆炸荷载极大的情况，整个网壳在瞬间发生了巨大的拉伸变形，部分杆件由于达到断裂极限而发生冲破破坏；当爆炸作用恰好介于两者之间时，网壳结构由于塑性变形的发展而在其表面形成较小的凹坑，当凹坑超过塌陷临界状态时，网壳结构的塌陷由中心向外继续扩展，最终形成整体塌陷；当凹坑尺寸小于临界状态时，塌陷的范围将最终停止，并根据最终各个节点的相对位置判定其发生局部凹陷还是冲胀变形。以上也就清晰地表述了网壳结构在内爆作用下发生各种失效模式的破坏机理。

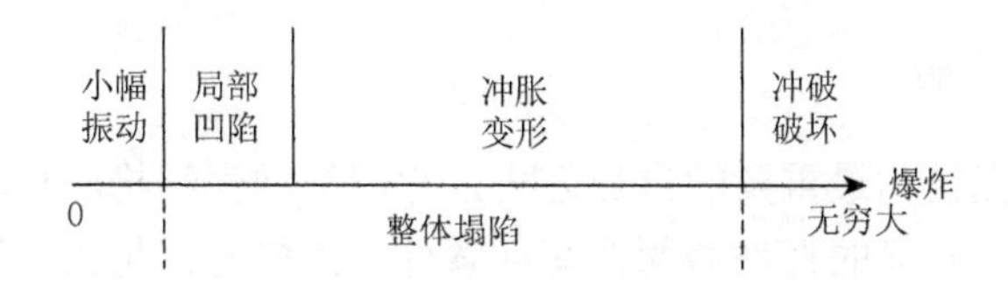

图 5-15　网壳结构失效机理分区图

5.4　中心内爆作用参数分析

根据上面所定义的单层球面网壳在中心爆炸作用下的 5 种失效模式，本节通过参数分析的方式，对各算例的失效模式进行整理并绘制失效模式分布图，对失效模式与参数（如网壳矢跨比、杆件截面、结构下部支承高度、屋面质量及爆炸荷载等）的关系进行讨论。

5.4.1 均布脉冲作用

本节对最为特殊的一种爆炸荷载的分布形式（取炸药的起爆点恰好位于球面网壳的球心）的情况进行讨论。此时，由于起爆点与球壳上各个位置的距离都相等，球壳上的爆炸荷载可以表示为一组均匀分布的脉冲荷载。

本节以跨度为 40m 的单层球面网壳为例，通过变化网壳结构的矢跨比、杆件截面、屋面质量及爆炸荷载等主要参数对其失效模式的分布规律进行研究。按照表 5-2 所示的参数设置方案开展参数分析，并对不同参数变化情况下的失效模式的结果进行整理。

表 5-2 均布脉冲荷载下网壳结构响应参数分析方案

参数	数值
矢跨比 f/L	1/3、1/5、1/7
杆件截面 S/mm	Φ102×3.5、Φ114×4.0、Φ133×4.0
屋面质量 q/(kg/m^2)	60、120、180
均布爆炸荷载冲量 I/(Pa·s)	100～3000

将屋面质量的变化作为横轴变量，球壳受到的爆炸作用作为纵轴变量，分别将各个算例计算结果所对应的失效模式绘制于同一张图中，以对爆炸作用下球面网壳的失效模式分布规律进行研究。

1. 矢跨比的影响

矢跨比是网壳结构最重要的参数之一，它表征网壳结构的形状，也决定了其整体的受力性能。同样的杆件截面及荷载条件下，矢跨比越大，网壳结构的空间受力性能越强。图 5-16 以第一组杆件截面为例，对爆炸作用下网壳结构在矢跨比不同时的失效模式分布的规律进行讨论。

图 5-16 是 270 个算例计算结果的汇总，由图可见，在均布脉冲荷载作用下，当网壳结构的矢跨比发生变化时，小矢跨比网壳的空间受力性能较差，因此在受到相同的均布脉冲荷载作用时，其失效模式中整体塌陷算例所占的比例较大。相应地，在矢跨比大的算例中，出现局部凹陷和冲胀变形两种失效模式的算例也更多，矢跨比大的网壳内力分布更加均匀，抵御内爆作用的性能更好。

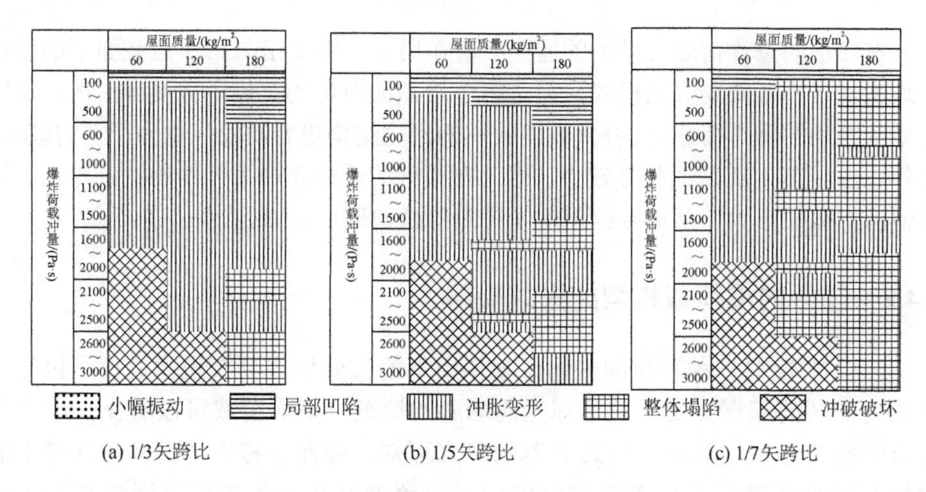

图 5-16　矢跨比对失效模式分布的影响

2. 杆件截面的影响

采用了满足网壳结构常规设计要求的 3 组杆件截面尺寸进行分析（表 5-2），对比 3 组截面大小对爆炸作用下网壳结构失效模式分布的影响。

观察图 5-17 可知，由杆件截面变化引起网壳结构失效模式的改变时，第 1 组截面 Φ102mm×3.5mm 出现整体塌陷的算例最多，其原因是第 1 组截面的尺寸最小，网壳的整体刚度相对较弱，从而导致爆炸作用之后有更大的概率发生整体塌陷。另外，此种杆件截面下整体塌陷的失效算例不仅在屋面质量较大（180kg/m^2）的算例中出现，在屋面质量为 120kg/m^2 的算例中也同样出现。

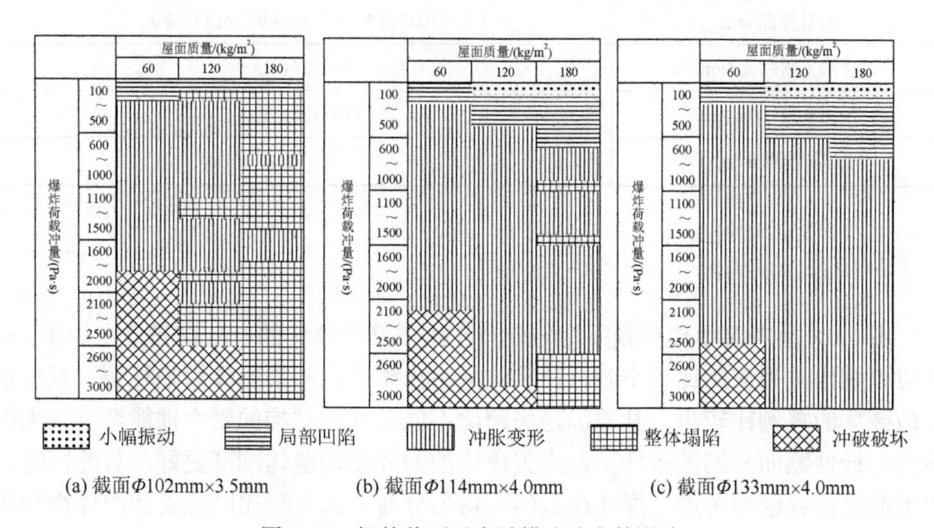

图 5-17　杆件截面对失效模式分布的影响

在较小的爆炸荷载与较大的屋面质量作用下，第 2 组与第 3 组截面下的算例中均出现了小幅振动失效模式，但是第 1 组截面对应的算例中却没有出现，说明在受到相同的爆炸荷载时，杆件截面较小的网壳结构更容易发生较为严重的破坏。另外，由于第 1 组截面尺寸较小，因此在相同的爆炸作用下杆件的拉应力也会比其他两组截面更大，从而导致出现了更多的拉伸破坏。

5.4.2 基于内爆荷载模型的失效规律

5.4.1 节仅对一种特殊的内爆荷载作用下的失效模式分布规律进行了讨论，即认为炸药的起爆点恰好位于球壳的球心的情况，爆炸荷载可以看作一组均匀分布的脉冲作用。然而，由第 2 章的研究可知，除此种特殊情况外，球壳上的爆炸荷载分布都是受到爆炸发生的相对位置及结构内部构型等因素共同影响的。因此，本节通过 MATLAB 编程，将第 2 章中提出的球壳中心内爆简化荷载模型集成到 ANSYS/LS-DYNA 计算文件中，开展了考虑爆炸荷载真实分布的简化爆炸荷载作用下单层球面网壳失效模式分布规律的研究。按照表 5-3 所示的参数分析方案，同样对跨度为 40m 的单层球面网壳中心内爆作用下的失效模式分布规律进行讨论。

表 5-3 内爆简化荷载下网壳结构响应参数分析方案

参数	数值
矢跨比 f/L	1/3、1/5、1/7
杆件截面/mm	Φ102×3.5、Φ114×4.0、Φ133×4.0
下部支承高度 H/m	15、20、25
屋面质量 q/(kg/m^2)	60、120、180
炸药质量 W/kg	10～500

1. 矢跨比的影响

图 5-18 是考虑爆炸荷载不均匀分布作用下网壳结构的失效模式分布规律。从中可以看出，当矢跨比较小时，计算结果中出现了较多的整体塌陷算例，且出现冲破破坏的算例比较少。其原因是矢跨比不同的网壳结构的受力性能会有很大的差别，杆件截面相同的条件下，大矢跨比的网壳结构整体刚度更好；与此同时，由于简化荷载模型考虑了爆炸荷载的不均匀分布，大矢跨比网壳受到的爆炸作用分布更均匀，所以大矢跨比算例中出现整体塌陷算例的概率更小。

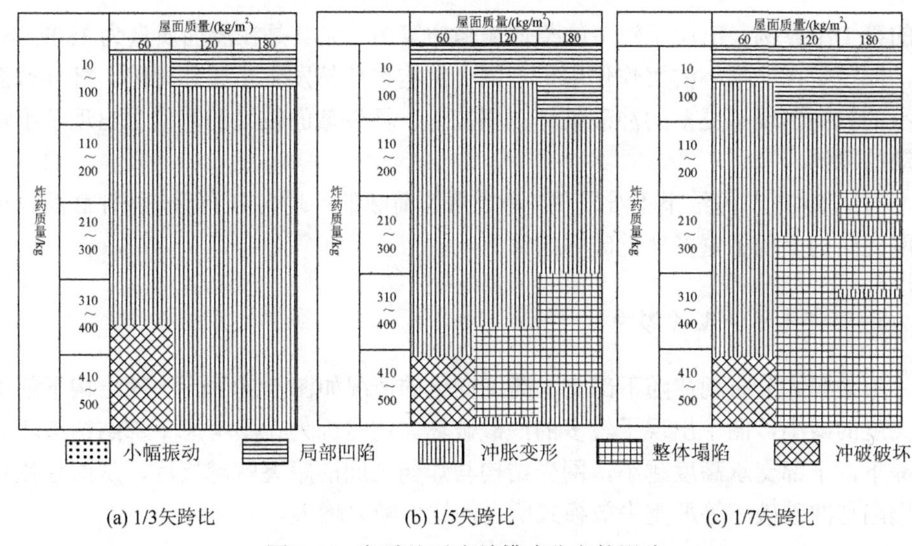

(a) 1/3矢跨比　(b) 1/5矢跨比　(c) 1/7矢跨比

图 5-18　矢跨比对失效模式分布的影响

对比上述均布脉冲荷载作用下的结果可知，各种失效模式分布随矢跨比变化的整体规律基本相似。不同的是，考虑不均匀分布爆炸作用的算例计算结果中，出现失效模式 4（整体塌陷）算例的比例比均匀分布情况有所增多；尤其是 1/5 矢跨比的算例中，使用简化荷载模型出现了更多整体塌陷的算例。

2. 杆件截面的影响

杆件截面的变化对网壳结构失效模式分布的影响如图 5-19 所示。对于截面较

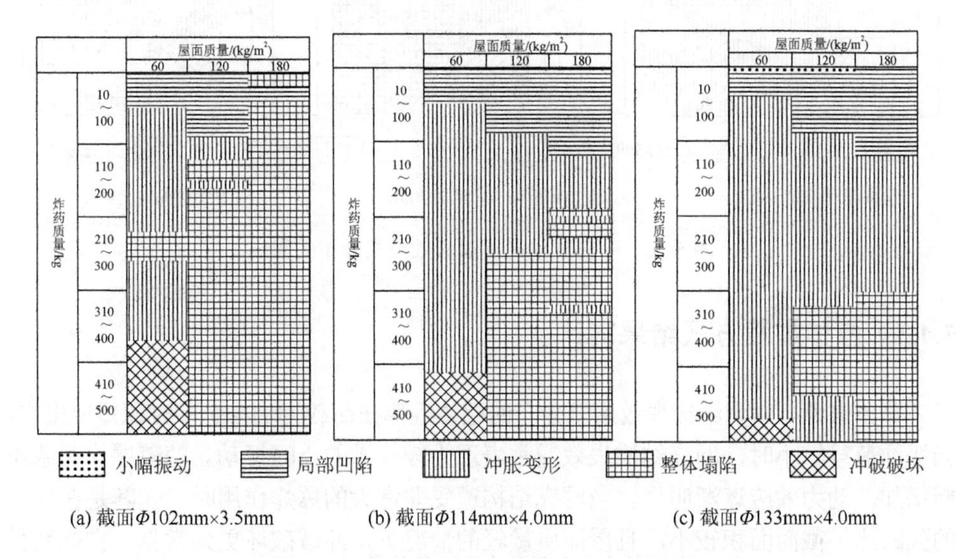

(a) 截面Φ102mm×3.5mm　(b) 截面Φ114mm×4.0mm　(c) 截面Φ133mm×4.0mm

图 5-19　杆件截面对失效模式分布的影响

小的第 1 组算例，出现了较多的整体塌陷的算例。尤其是在屋面质量为 180kg/m^2 时，即使是在非常小的爆炸作用下，网壳结构也依然发生了整体塌陷。杆件截面较小的算例出现了更多的冲破破坏；相应地，杆件截面较大的算例也出现了小幅振动的算例。

对比 5.4.1 节的结果不难发现，考虑爆炸荷载的不均匀分布后，杆件截面较小的网壳结构出现了更多严重破坏的算例。

3. 下部支承高度的影响

失效模式分布规律随下部支承高度变化的情况如图 5-20 所示，随结构下部支承高度的减小，图中出现了较多的冲破破坏。这是因为在不考虑下部结构破坏的前提下，下部支承高度越小，网壳结构与炸药之间的距离就越接近，从而导致整体塌陷与冲破破坏等严重失效模式所占的比例随之增大。

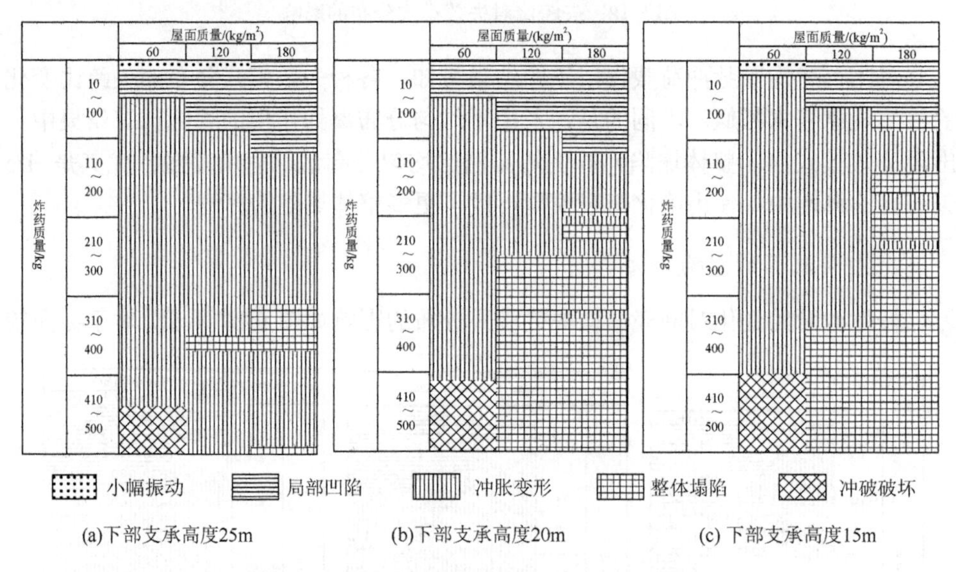

(a)下部支承高度25m　(b)下部支承高度20m　(c) 下部支承高度15m

图 5-20　下部支承高度对失效模式分布的影响

5.4.3　两种加载方式结果对比

总体来说，网壳结构失效模式分布的整体规律在荷载为均布脉冲时即体现出来。当爆炸荷载较小时，网壳结构失效通常表现为较轻微的小幅振动。随着爆炸荷载不断增加，动力效应逐渐明显。当网壳结构遭受非常大的爆炸作用时，尤其是在杆件的矢跨比、截面面积较小，且屋面质量轻的情况下，冲破破坏更为常见。在此两种情况下，能否最终出现局部凹陷或冲胀变形两种破坏模式，还主要取决于网壳结构最终变形是高于还是低于初始平衡位置。仅当爆炸荷载在一个较小的特定范围内时，网壳结构才会最终发生整体塌陷，此时还受到屋面质量的影响。

为了量化两种荷载模型下网壳结构失效模式分布规律的影响，对所有算例中 5 种失效模式所占百分比进行统计，并在表 5-4 和表 5-5 中列出统计结果。从统计结果看，两种荷载模型下，整体上冲胀变形所占的百分比均较大，整体塌陷是占比第二的失效模式，其他失效模式则相对较少。

表 5-4　基于均布脉冲荷载的网壳结构失效模式分布

		小幅振动	局部凹陷	冲胀变形	整体塌陷	冲破破坏
矢跨比	1/3	0.00%	8.89%	63.33%	8.89%	18.89%
	1/5	0.00%	11.11%	57.78%	12.22%	18.89%
	1/7	0.00%	4.44%	40.00%	36.67%	18.89%
杆件截面/mm	Φ133×4.0	2.22%	13.33%	77.78%	0.00%	6.67%
	Φ114×4.0	2.22%	12.22%	65.56%	7.78%	12.22%
	Φ102×3.5	0.00%	4.44%	40.00%	36.67%	18.89%

表 5-5　基于内爆荷载模型的网壳结构失效模式分布

		小幅振动	局部凹陷	冲胀变形	整体塌陷	冲破破坏
矢跨比	1/3	0.00%	6.00%	84.67%	0.00%	9.33%
	1/5	0.00%	12.00%	64.00%	18.00%	6.00%
	1/7	0.00%	17.33%	42.00%	34.67%	6.00%
杆件截面/mm	Φ133×4.0	1.33%	15.33%	60.00%	21.33%	2.01%
	Φ114×4.0	0.00%	17.33%	42.00%	34.67%	6.00%
	Φ102×3.5	0.00%	10.67%	14.67%	66.00%	8.66%
下部支承高度/mm	25	1.33%	15.33%	74.01%	5.33%	4.00%
	20	0.00%	17.33%	42.00%	34.67%	6.00%
	15	0.67%	9.33%	48.67%	34.67%	6.66%

针对表 5-4 和表 5-5 中的统计结果，将其相应的数值进行横向比较。表 5-6 对比了杆件截面影响下网壳结构失效模式在两种荷载模型作用下的变化情况。随着杆件截面的减小，对于相同矢跨比的网壳结构，冲胀变形比例减少，整体塌陷比例增加。另外，随着杆件截面的减小，考虑荷载不均匀分布特性的内爆荷载模型对网壳结构失效模式的影响也逐渐增大。

表 5-6　两种荷载模型下网壳结构失效模式对比（杆件截面的影响）

$f/L = 1/7$		小幅振动	局部凹陷	冲胀变形	整体塌陷	冲破破坏
杆件截面/mm	Φ 133×4.0	−0.89%	2.00%	−17.78%	21.33%	−4.67%
	Φ 114×4.0	−2.22%	5.11%	−23.56%	26.89%	−6.22%
	Φ 102×3.5	0.00%	6.23%	−25.33%	29.33%	−10.22%

表 5-7 是矢跨比对于两种荷载模型下网壳结构失效模式的影响。此组对比中，虽然受均布脉冲作用的网壳结构采用了相对较小的杆件截面（$S_u = \Phi$102mm×3.5mm），考虑荷载不均匀分布的算例均为中等杆件截面（$S_{rw} = \Phi$114mm×4.0mm），但从对比结果来看，即便设计中有意识地增大杆件截面，在改善结构失效模式的分布百分比上却并未带来明显的改善。从而说明，使用内爆荷载模型进行分析时，爆炸荷载实际不均匀分布情况对网壳结构破坏模式的影响是明显存在的，在结构设计和分析中应予以重视。

表 5-7　两种荷载模型下网壳结构失效模式对比（矢跨比的影响）

$S_u = \Phi$102mm×3.5mm $S_{rw} = \Phi$114mm×4.0mm		小幅振动	局部凹陷	冲胀变形	整体塌陷	冲破破坏
矢跨比	1/3	0.00%	−2.89%	21.34%	−8.89%	−9.56%
	1/5	0.00%	0.89%	6.22%	5.78%	−12.89%
	1/7	0.00%	12.89%	2.00%	−2.00%	−12.89%

参 考 文 献

Johnson G R, Cook W H. 1983. A Constitutive Model and Data for Metals Subjected to Large Strains, High Strain Rates and High Temperatures[C]. Proceedings of the 7th International Symposium on Ballistics,Hague: 541-547.

Lin L, Fan F, Zhi X D. 2013. Dynamic constitutive relation and fracture model of Q235A steel[J]. Applied Mechanics and Materials, 274: 463-466.

Malvar L J, Crawford J E. 1998. Dynamic Increase Factors for Concrete[C]. Twenty-Eighth DDESB Seminar, Orlando: 1-17.

第 6 章　单层球面网壳结构的外爆破坏响应

外部爆炸作用同样是建筑结构可能面临的一种偶然荷载场景，如恐怖汽车炸弹袭击或化工厂爆炸对相邻建筑的作用等。基于此研究背景，本章对单层球面网壳的外爆动力响应进行研究，具体从分析方法、响应模式及试验验证等方面开展系统的工作。

6.1　外爆响应数值分析方法

6.1.1　数值分析模型建立

本章首先对比两种分析方法，分别是基于 ANSYS/AUTODYN 的考虑流固耦合（FSI）的方法及基于 ANSYS/LS-DYNA 中 ConWep（Hyde，1991）方法的完全解耦方法。这两种方法在前述章节均有介绍，本节从略。在应用 AUTODYN 时仍采用 REMAP（Century Dynamics，2005）技术生成荷载。

研究的结构对象仍取典型的 K8 型单层球面网壳，6 分频，矢跨比取为 1/5，支座为三向固定铰支。本章在有限元软件中建立了详细的屋面系统，自上而下依次为屋面板、连接螺栓、檩条、檩托、网壳杆件，其中屋面板简化为 2mm 厚连续板，连接螺栓按照抗拉能力相同等效为直径为 12mm 的圆钢。跨度 20m 的单层球面网壳的主杆、纬杆和斜杆皆为 Φ45mm×2.0mm 圆钢管，跨度 40m 的结构主杆、纬杆和斜杆皆为 Φ114mm×4.0mm 圆钢管，杆件截面满足常规静力设计要求。有限元模型中，网壳杆件、檩托、连接螺栓划分为 3 段，檩条划分为 6 段。有限元模型如图 6-1 和图 6-2 所示（图中 20m 表示跨度，50kg 表示炸药量，45 表示杆件外径为 45mm，10m 表示爆炸距离），结构模型细部如图 6-3 所示。

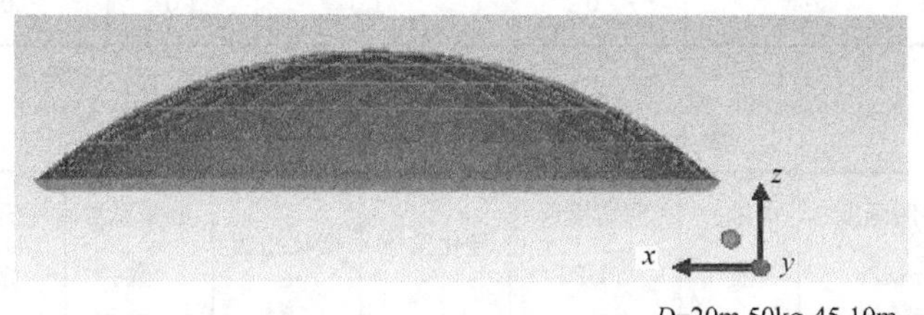

D=20m 50kg-45 10m

图 6-1　AUTODYN 中网壳结构模型

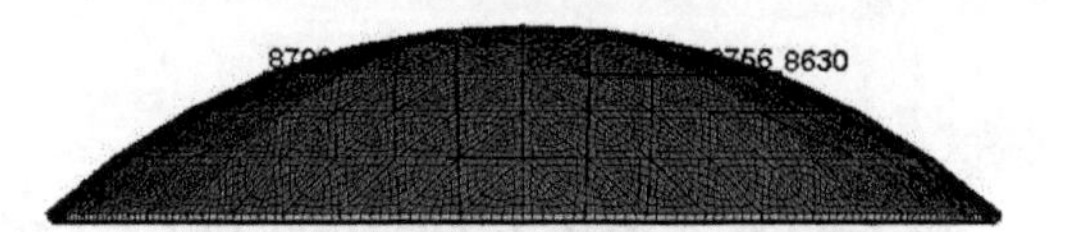

图 6-2　ConWep 中网壳结构模型

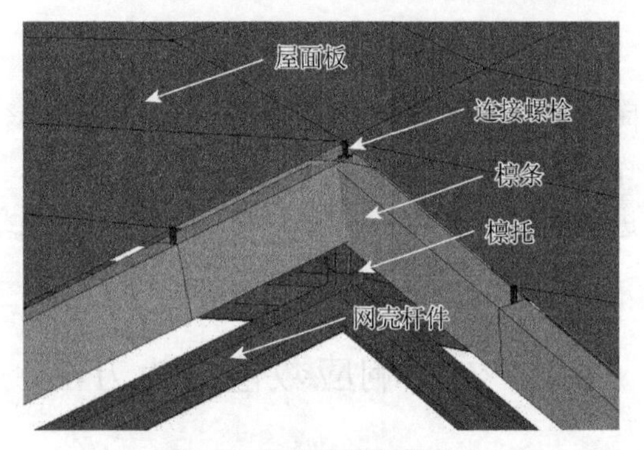

图 6-3　结构模型细部放大

爆炸物统一采用 TNT 炸药，TNT 材料模型采用 JWL 状态方程来描述炸药爆轰区压力与体积的关系，具体参数见表 6-1。钢材多段线性塑性模型参数取值见表 6-2，钢材 Johnson-Cook 模型参数取值见表 6-3。

表 6-1　TNT 炸药材料参数

炸药密度 ρ/(kg/m^3)	炸药起爆速度 D/(m/s)	爆轰压力 P_{CJ}/ GPa	爆轰初始内能 E_0/(10^{9}J/m^3)	JWL 状态方程参数				
				A/GPa	B/GPa	R_1	R_2	ω
1630	6930	21	6	373.8	3.74	4.15	0.9	0.35

表 6-2　钢材多段线性塑性模型参数

弹性模量 E/GPa	屈服强度 σ/MPa	失效应变	多段线性塑性模型参数			
			B/GPa	n	D	q
206	235	0.2	1.0	1.0	40.0	5

表 6-3　钢材 Johnson-Cook 模型参数

弹性模量 E/GPa	屈服强度 σ/MPa	失效应变	剪切模量 S/GPa	硬化常数	硬化指数	应变率常数	温升软化指数	熔化温度 T/K
206	235	0.2	8200	5.6×10^8	0.26	0.014	1.0	1793

多段线性塑性模型是成熟且应用非常广泛的、适用于金属材料的本构模型，但不能考虑高温高压下钢材的温升软化效应；在爆炸领域的仿真中，由于爆炸荷载作用具有瞬时性、高爆发、高温、高热的特点，材料很多时候都处在大变形、塑性乃至失效的状态下，高温、高压会对结构的响应产生一定的影响，因此采用能同时考虑应变率强化效应和温升软化效应的钢材模型对于模拟计算的准确性更有意义。Johnson-Cook 材料模型能够考虑应变率强化效应和温升软化效应，在钢结构抗冲击、抗爆炸仿真中的应用已经很多，但是该模型在 ANSYS/LS-DYNA 和 AUTODYN 中都只能应用于实体单元，无法应用于大跨空间结构常用的 Beam 单元。本节在建模中对网壳结构屋面板采用 Johnson-Cook 模型，对于杆件（Beam 单元）采用多段线性塑性模型。

6.1.2　ConWep 方法的适用性

为了研究 ConWep 方法对于大跨空间结构远场外爆作用计算的适用性，本节采用 AUTODYN 数值模拟的结果与其对比。

1. 超压特性

本节计算了跨度为 20m 和 40m 两个单层球面网壳结构的外爆响应，TNT 当量取为 50kg，炸点距离分别为 2m、4m、6m、8m、10m，跨度为 20m 时网壳结构炸点高度为 1.2m，跨度为 40m 时炸点高度为 0.0m。在有限元模型上共设置 8 个超压测点，在 AUTODYN 数值模型中，在炸点附近也设置一个超压测点，如图 6-4 所示。

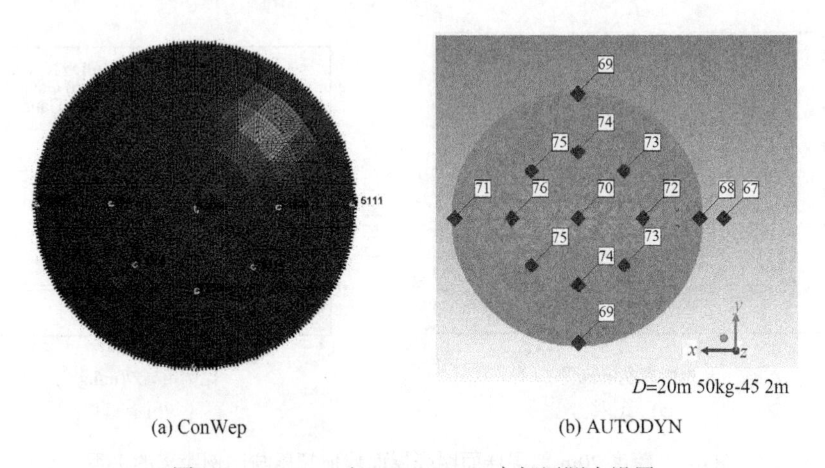

(a) ConWep　　(b) AUTODYN

图 6-4　ConWep 和 AUTODYN 中超压测点设置

对 TNT 当量为 50kg、炸点高度为 1.2m、炸点距离为 10m 的 AUTODYN 和 ConWep 计算结果进行对比，说明两者超压时程的基本特点。ConWep 的测点超压时程如图 6-5（a）所示（图中 Gauge#表示测点号），形状比较简单，直接以三角脉冲荷载曲线的形式施加，并且逐步衰减至平滑，没有波动性；AUTODYN 的测点超压时程如图 6-5（b）所示，由于采用流固耦合方法，并且考虑冲击波的传播、反射、折射等，因此荷载曲线较复杂，有多个波峰波谷，大部分测点在第一个波峰即达到最大峰值超压，这一点与 ConWep 类似。

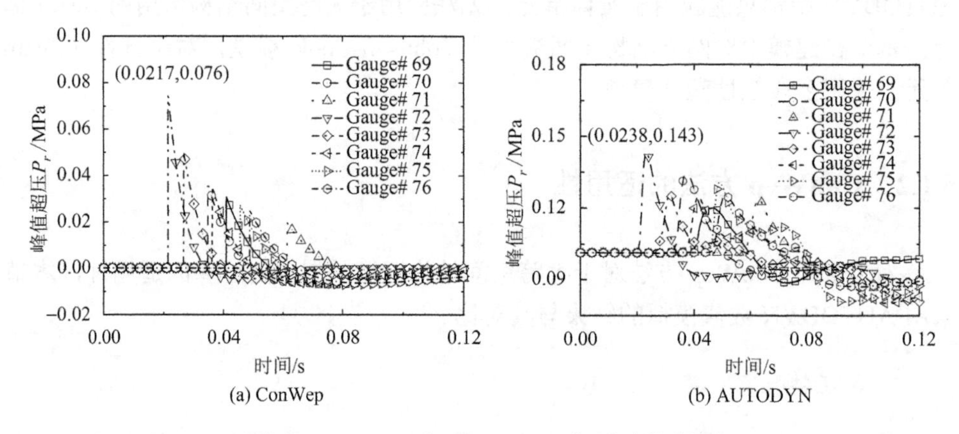

图 6-5　ConWep 和 AUTODYN 超压时程对比

将 AUTODYN、ConWep 数值计算结果以及 Henrych 公式和国防规范公式的计算结果进行对比，图 6-6 和图 6-7 中分别对比了两种跨度单层球面网壳屋面上峰值超压与比例距离之间的关系，仅列出 3 个测点 68、72、76（图 6-4）的数据。

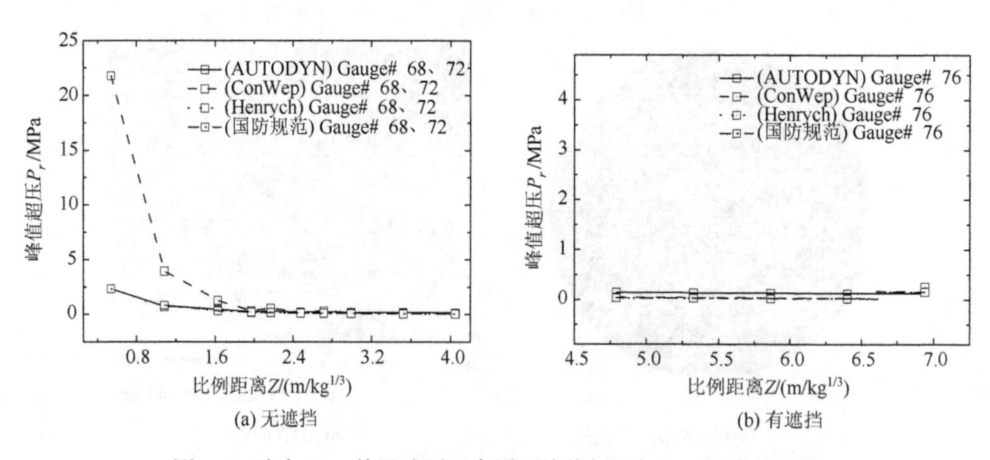

图 6-6　跨度 20m 单层球面网壳屋面峰值超压与比例距离的关系

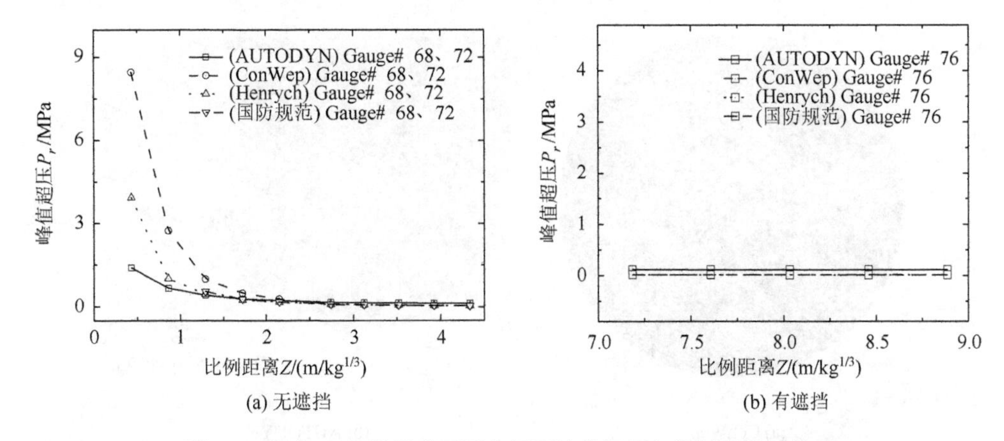

图 6-7 跨度 40m 单层球面网壳屋面峰值超压与比例距离的关系

由图 6-6 和图 6-7 可以看出，在屋面无遮挡部分，ConWep 计算的峰值超压在比例距离小于 2 时明显偏大，在比例距离大于 2 后与采用 AUTODYN、Henrych 公式和国防规范公式计算的结果相同，而采用 AUTODYN、Henrych 公式和国防规范公式计算的结果在所研究的比例距离范围内相对接近；对于有遮挡的结构部分，通过 ConWep 计算的峰值超压在所有比例距离的范围内与采用 Henrych 公式、国防规范公式的计算结果相同，略小于 AUTODYN 的计算结果，但是考虑到此时荷载的绝对值本身非常小，可以认为三者的总体差别不大。

通过对比发现，无论是近地面起爆还是地面起爆，对于结构无遮挡的部分，在比例距离大于 2 的范围内两种数值模拟方法和两种经验公式计算的荷载值基本相同，而对于有遮挡的部分，在所有比例距离上两种数值模拟方法和两种经验公式计算的荷载值都基本相同。

2. 结构峰值位移

除荷载特性外，我们更关注结构的响应区别。仍以上述算例进行对比分析。采用 AUTODYN 和 ConWep 分析时设置 5 个相同位置结构响应测点，如图 6-8 所示。

对 TNT 当量为 50kg、炸点高度为 1.2m、炸点距离为 10m 的 AUTODYN 和 ConWep 模拟结果进行对比。图 6-9 为结构屋面板塑性发展俯视图，图 6-10 为结构整体变形侧视图，由图可以看出在相同爆炸荷载下，两种软件得到的破坏模式基本相同，ConWep 模拟的响应比 AUTODYN 偏大。图 6-11 对应的位移时程曲线显示：ConWep 得到的测点位移时程曲线比较简单，波峰个数较少，在第一个波峰即达到位移峰值；AUTODYN 得到的位移时程曲线较复杂，有多个波峰，且峰值位移不一定出现在第一个波峰。

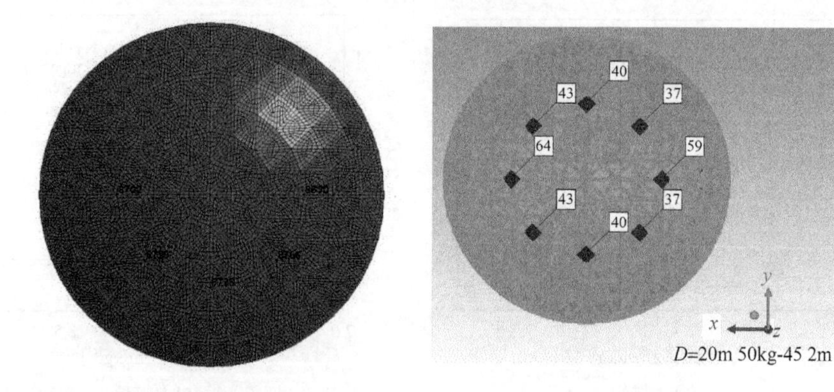

(a) ConWep　　　　(b) AUTODYN

图 6-8　ConWep 和 AUTODYN 中结构响应测点设置

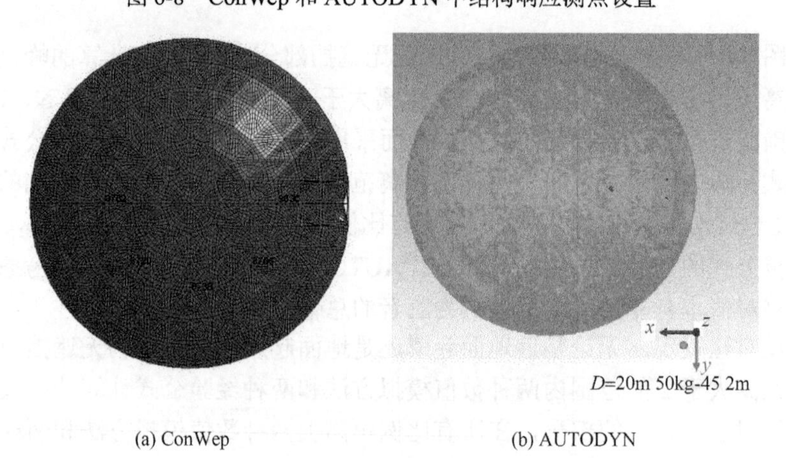

(a) ConWep　　　　(b) AUTODYN

图 6-9　ConWep 和 AUTODYN 屋面板塑性发展对比

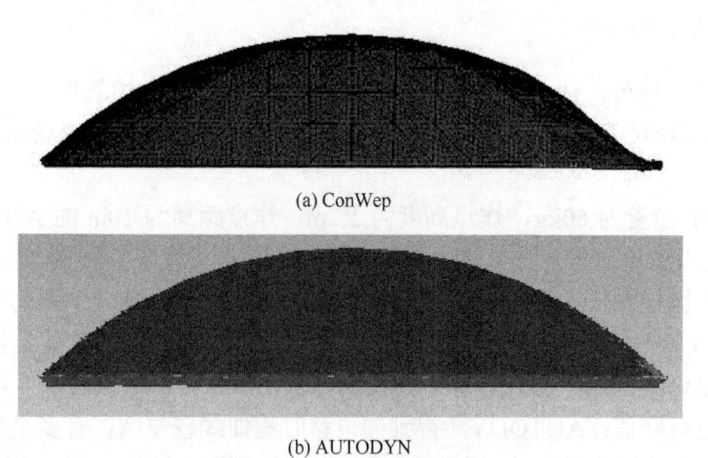

(a) ConWep

(b) AUTODYN

图 6-10　结构整体变形

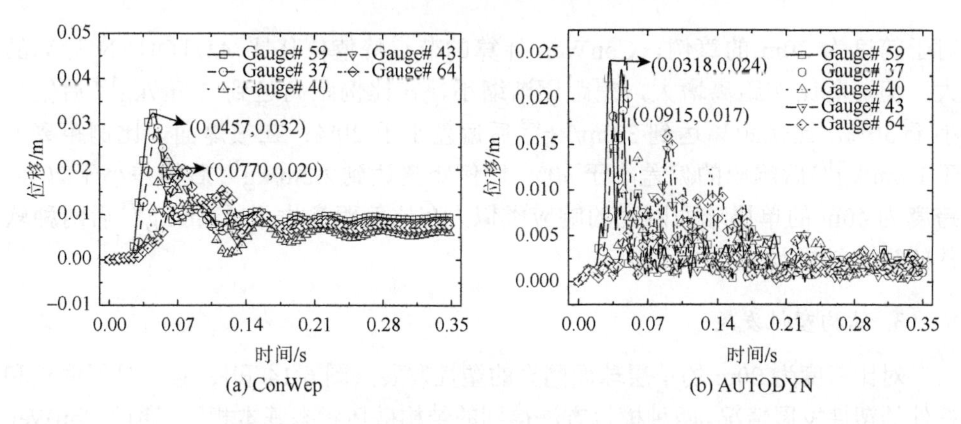

图 6-11　ConWep 和 AUTODYN 节点位移时程对比

改变不同的炸点距离 2m、4m、6m、8m、10m，对比节点峰值位移与比例距离之间的关系，峰值位移数据取自两个典型位移测点 59、64，59 测点主要代表结构无遮挡部分、迎爆面的响应，64 测点代表结构有遮挡部分、被爆面的响应，如图 6-12 和图 6-13 所示（比例距离通过炸点与网壳外边缘的距离 R 计算）。

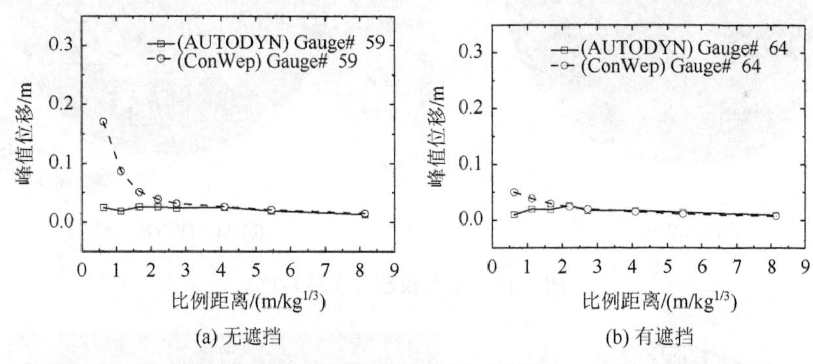

图 6-12　节点峰值位移与比例距离的关系（跨度 20m、炸点高度 1.2m）

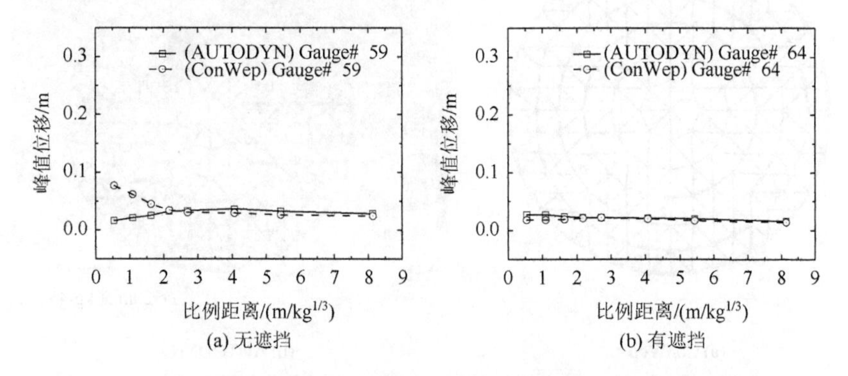

图 6-13　节点峰值位移与比例距离的关系（跨度 40m、炸点高度 0.0m）

对于跨度为 20m 的算例，ConWep 计算的节点峰值位移比 AUTODYN 计算的大，但随着比例距离增大，差距逐渐缩小，在比例距离达到 2.5m/kg$^{1/3}$ 后偏差小于 30%，比例距离达到 3.0m/kg$^{1/3}$ 后偏差小于 20%；在被爆面，比例距离大于 1.8m/kg$^{1/3}$ 后响应的偏差小于 30%，比例距离达到 2.2m/kg$^{1/3}$ 后偏差小于 20%。跨度为 40m 的单层球面网壳的响应类似，在比例距离大于 2.0m/kg$^{1/3}$ 后两种软件的计算结果均小于 20%。

3. 结构塑性发展

对比跨度为 20m 的单层球面网壳的塑性发展，图 6-14 和图 6-15 是屋面板和杆件的塑性发展情况。两种模拟方法得到的结构破坏状态基本相同，通过 ConWep

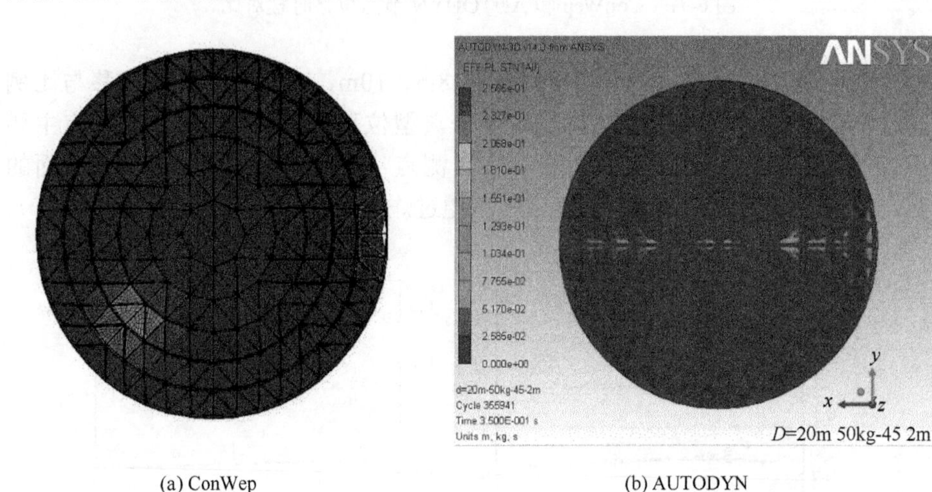

(a) ConWep　　(b) AUTODYN

图 6-14　屋面板塑性发展对比

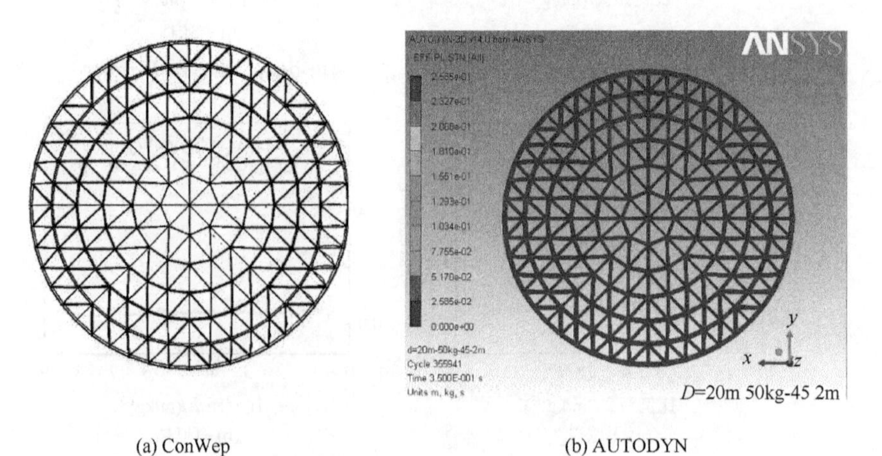

(a) ConWep　　(b) AUTODYN

图 6-15　杆件塑性发展对比

获得的屋面板和杆件塑性发展程度略大。跨度为 40m 的单层球面网壳以及不同爆炸距离时的结果均与以上结论相似，不再赘述。

以上分析结果表明，如果对计算结果的精细度要求不高，在远场爆炸的情况下，采用 ConWep 方法是完全可行的，可以节省较多的计算消耗。

6.2　单层球面网壳外爆响应参数分析

本节开展参数分析，参数取值如表 6-4 所示。炸药质量直接关系到爆炸的威力，因为爆炸物产生的能量几乎都转为爆炸冲击波的能量，选用的炸药 TNT 等效当量范围为 100～1500kg，1500kg 也几乎是恐怖分子能够在汽车炸弹袭击中使用的最大质量；炸药的水平偏离距离考虑范围为 1～150m，前 20m 每间隔 1m 选取一个参数，20～150m 每间隔 10m 进行一次分析。此外，由于装载炸药的汽车中炸药质心高度可能不完全相同，分析中也研究了不同炸药高度的影响，选用的炸药高度分别为 0.0m、0.5m、1.0m、1.5m、2.0m。

表 6-4　单层球形网壳结构参数分析

	参数名称		参数分析取值
结构参数	矢跨比	矢跨比 f/L	1/2、1/3、1/5、1/7、1/8
	构件尺寸	杆件截面/mm	Φ83×3.5、Φ89×3.5、Φ95×3.5、Φ102×3.5、Φ114×4.0、Φ121×4.0、Φ127×4.0、Φ140×4.5
		屋面板厚度/mm	1.0、1.5、2.0、2.5、3.0
		屋面质量 q/(kg/m^2)	30、50、70、100、150
	材料属性	弹性模量/GPa	186.3　196.7　207.0　217.4　227.7
		泊松比	0.27、0.285、0.30、0.315、0.33
炸药参数	当量	炸药质量 W/kg	100～1500
	位置	炸药水平偏移距离/m	1～150
		炸药高度/m	0.0、0.5、1.0、1.5、2.0

6.2.1　炸药质量

以炸药水平偏离距离为 50m、炸药高度为 0.0m 为例，计算时间均取为 1s。网壳结构在不同炸药质量时的动力响应如图 6-16 所示。可看出，随着炸药质量的增加，网壳结构的最大节点位移明显增大。当炸药质量小于 1000kg 时，最大节点位移增长幅度比较缓慢；当炸药质量大于 1000kg 后，最大节点位移增长幅度逐渐变大。一个杆件的截面有 4 个积分点，杆件上的数字代表杆件上进入塑性的积分点的个数，通过观察网壳杆件进入塑性的百分率可知 1P 和 2P 曲线比较接近（定义与第 5 章相同），3P 和全截面进入塑性的 4P 比较接近。从总体趋势来看，随着炸药质量的增加，网壳屈服杆件百分率（包括 1P～4P）在逐渐增加；当炸药质量大于 1000kg 之后，屈服杆件百分率变化不大，略有增加或减少，说明在炸药质量达到 1000kg 后，基本所有的网壳杆件都已进入塑性，结构只是在变形大小上有区别。

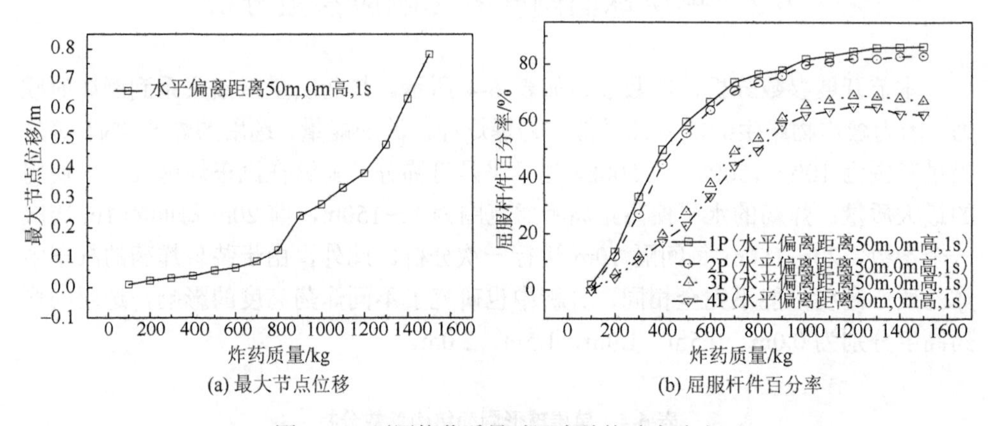

(a) 最大节点位移　　(b) 屈服杆件百分率

图 6-16　不同炸药质量时网壳结构动力响应

6.2.2　炸药高度

以炸药水平偏离距离为 30m、炸药质量为 1000kg 为例，不同炸药高度时网壳结构响应如图 6-17 所示。随着炸药高度的增加，最大节点位移是渐增的，曲线几乎呈线性变化，但变化幅度很小，从 1.84m 到 1.99m 大约增加了 8%，可见炸药高度对位移响应的影响较小，基本可以忽略。从网壳杆件塑性发展可以看出，屈服杆件的百分率几乎没变化。

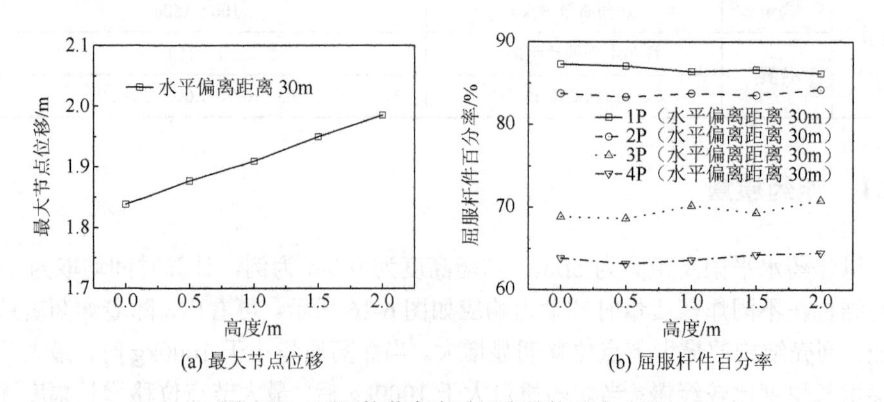

(a) 最大节点位移　　(b) 屈服杆件百分率

图 6-17　不同炸药高度时网壳结构动力响应

6.2.3　炸药水平偏离距离

炸药的水平偏离距离取 1～150m 进行分析，炸药高度为 0m，炸药质量为 1000kg。从图 6-18 可以看出，随着炸药水平偏离距离的增加，最大节点位移逐渐减小，当炸药水平偏离距离小于 30m 时，曲线很陡峭；当炸药水平偏离距离为 30～50m 时，最大节点位移很小；当炸药水平偏离距离大于 50m 后，最大节点位移值特别小并且变化甚微。由此可知，如果对跨度为 40m 的该网壳结构设置防御抗爆设施，如防撞柱、防爆墙等，可以设置在离网壳结构 50m 远处，即可基本保证结构在恐怖袭击时的安全。屈服杆件百分率随炸药水平偏离距离的增加逐渐减小，并且可观察到屈服杆件百分率 1P 和 2P、3P 和 4P 曲线的值两两接近，这说明杆件以受弯矩为主。

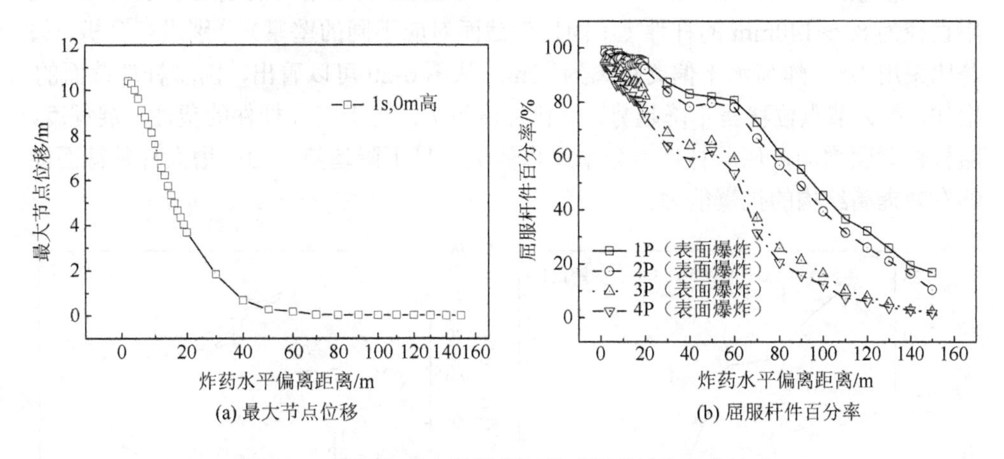

(a) 最大节点位移　(b) 屈服杆件百分率

图 6-18　不同炸药水平偏离距离时网壳结构动力响应

6.2.4　矢跨比

矢跨比取 1/2、1/3、1/5、1/7 和 1/8，炸药质量为 1000kg，炸药水平偏离距离为 50m。从图 6-19 可以看出，随着矢跨比的减小，网壳结构的最大节点位移先减小后增加，而不是单调地变化，矢跨比对网壳位移响应具有较大影响。对于网壳杆件的塑性发展程度，矢跨比的影响稍小，随着矢跨比的减小，总体上屈服杆件百分率缓慢增加。需要指出的是，不同矢跨比网壳具有不同的满足设计需求的杆件截面，因此横向比较其抗爆能力不是特别重要。

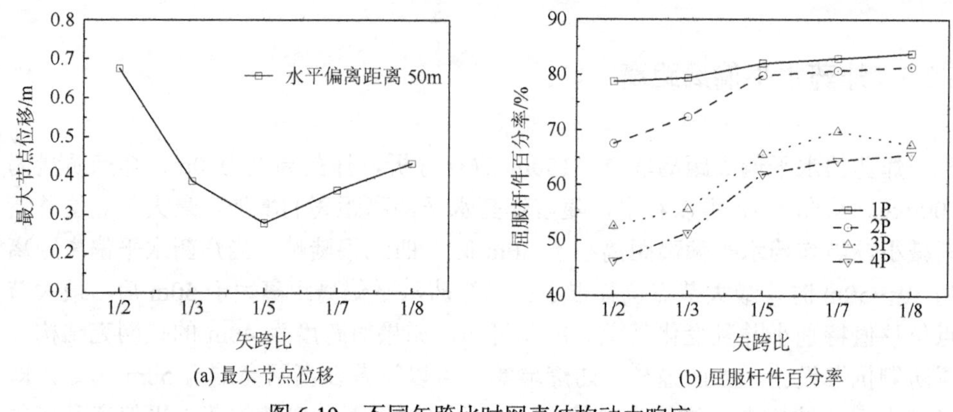

(a) 最大节点位移　(b) 屈服杆件百分率

图 6-19　不同矢跨比时网壳结构动力响应

6.2.5　杆件截面

杆件截面是网壳结构的一个重要参数，直接影响着结构的刚度水平，本节采用直径为 83～140mm 的杆件（不同杆件截面对应不同的壁厚）分别进行分析，矢跨比采用 1/5，炸药水平偏离距离为 50m。从图 6-20 可以看出，随着杆件截面的增加，最大节点位移呈下降趋势，变化幅度较大。对于网壳杆件的塑性发展程度，随杆件截面增加，屈服杆件百分率在总体上也呈下降趋势。由此增大杆件截面能够有效提高结构的抗爆能力。

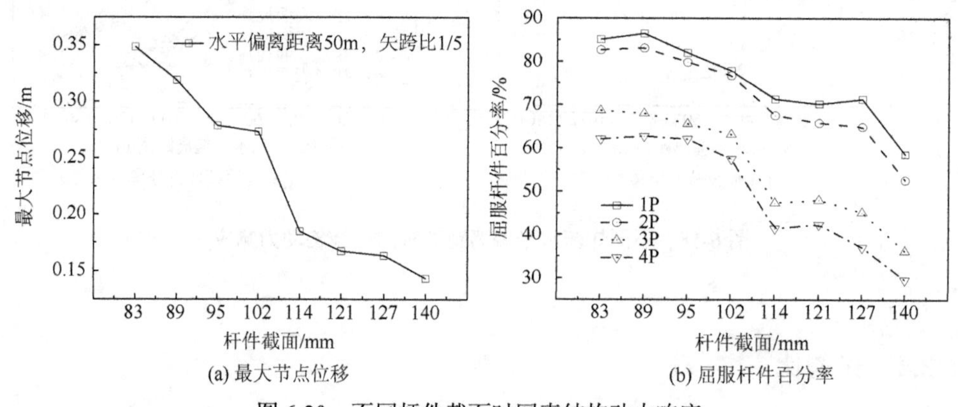

(a) 最大节点位移　(b) 屈服杆件百分率

图 6-20　不同杆件截面时网壳结构动力响应

6.2.6　屋面板厚度

实际工程中的屋面板有金属屋面、膜材屋面或采光玻璃屋面等，其中金属屋面最为常用。为保证金属屋面板的刚度及一定的保温隔热能力，屋面板往往是复合夹层的，并具有一定的厚度，本节在计算中根据工程中的金属屋面进行了简化，假设屋面板在爆炸作用下的受力以薄膜拉力为主，将屋面板等效为等厚度钢板，分别取厚度为 1.0mm、1.5mm、2.0mm、2.5mm、3.0mm。炸药水平偏离距离是 50m，炸药高度为 0m。从图 6-21 可以看出，随着屋面板厚度的增加，最大节点位移逐渐降低；网壳杆件的塑性发展比例也随着屋面板厚度的增加而呈减小的趋势，1P～4P 的变化趋势基本相同。这是由于：首先，在产生同样塑性变形的情况下，屋面板厚度大时消耗掉的能量更多，所以传递到网壳杆件上的能量大为减少；其次，屋面板厚度的增加使其刚度变大，增加了抵抗变形的能力，所以网壳动力响应变小。但也需指出的是，本节中屋面板的简化方法与实际情况是有出入的，实际金属屋面板材料的吸能能力、节点破断问题均未在分析中体现，本节还仅是理论上的讨论。

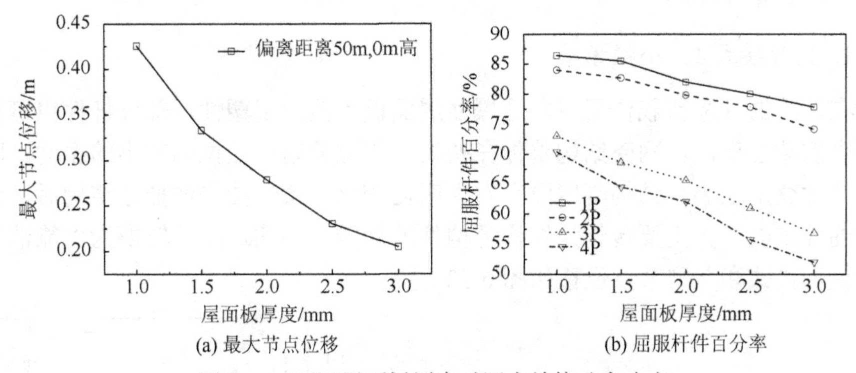

(a) 最大节点位移　　(b) 屈服杆件百分率

图 6-21　不同屋面板厚度时网壳结构动力响应

6.2.7　屋面质量

取炸药质量为 1000kg，炸药水平偏离距离为 50m，炸药高度为 0m。如图 6-22 所示，随着屋面质量的增加，最大节点位移逐渐减小，曲线几乎呈线性；随着炸药

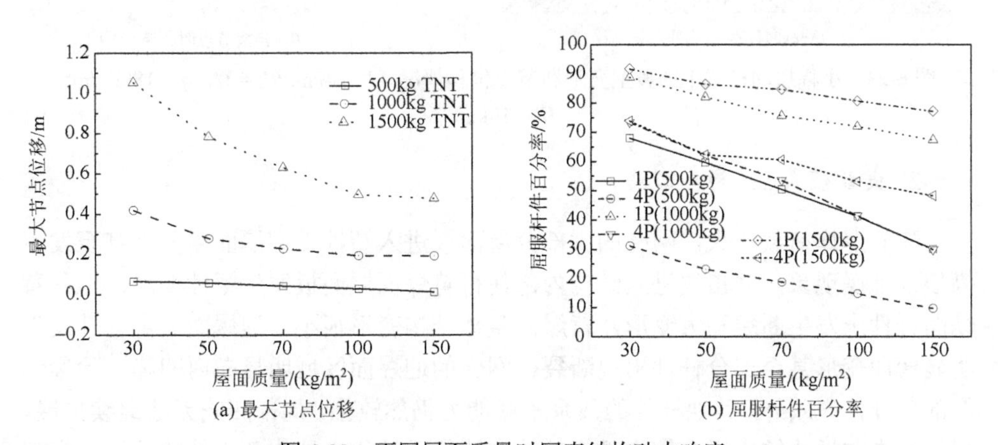

(a) 最大节点位移　　(b) 屈服杆件百分率

图 6-22　不同屋面质量时网壳结构动力响应

质量的增加，位移响应变化幅度增加。网壳杆件的塑性发展程度也随屋面质量增加几乎呈线性下降趋势。这主要是因为当屋面质量处在一定范围内时，在相同的爆炸荷载作用下，屋面质量大则加速度小，根据惯性效应，变形小。

6.3　单层球面网壳外爆失效模式

在对单层球面网壳进行大量的参数分析后发现，随着炸药质量、炸药水平偏离距离、结构矢跨比等参数的变化，结构会呈现出不同的响应状态。对这些响应状态进行归类，可以定义外爆炸荷载下网壳结构的 3 种典型失效模式：小幅振动、局部凹陷、整体塌陷。

1. 失效模式 1：小幅振动

在较小的外爆荷载作用下，迎爆面屋面板可能出现塑性，部分杆件也可能发生轻微的塑性变形。网壳结构整体在初始平衡位置附近做振幅较小的振动，网壳整体塑性变形很小，结构刚度没有发生明显变化。爆炸冲击波抵达结构后，结构吸收的冲击波能量主要转化为结构各构件的动能，并通过阻尼转换为内能消耗，典型变形模式和典型节点位移如图 6-23 所示。

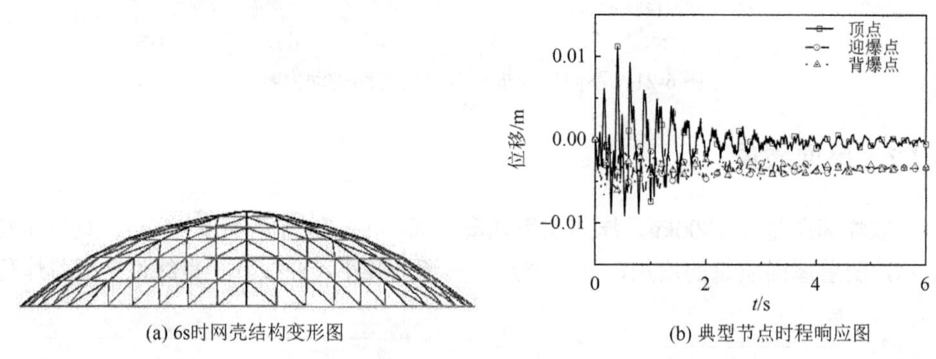

(a) 6s时网壳结构变形图　　(b) 典型节点时程响应图

图 6-23　小幅振动模式下的典型变形和节点位移情况（$L = 40\text{m}, f/L = 1/7, q = 180\text{kg/m}^2, W = 10\text{kg}$）

2. 失效模式 2：局部凹陷

随着爆炸荷载增大，网壳的大部分屋面板进入塑性，迎爆面屋面板甚至发生撕裂及泄爆现象，冲击波进入结构内部使得背爆面屋面板发生塑性变形，但是背爆面杆件未发生断裂和大变形，背爆面整体结构变形很小。迎爆面大量杆件发生明显弯曲变形甚至部分杆件出现断裂，网壳的迎爆面区域明显向内凹陷。除迎爆面部分杆件失效外，其他杆件的残余承载能力仍然较强，局部凹陷无法继续扩展。爆炸冲击波抵达结构后，结构吸收的冲击波能量转化为结构各构件的动能，大部分动能通过屋面板和杆件的塑性功消耗，小部分的动能由结构振动通过阻尼转换为内能消耗，典型变形模式和典型节点位移如图 6-24 所示。

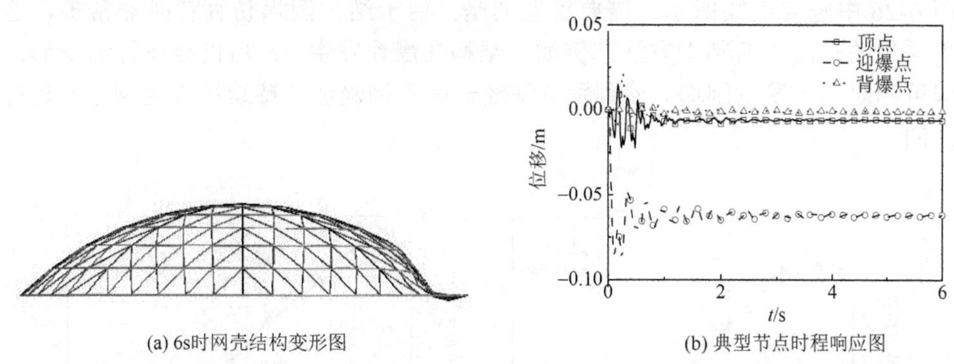

(a) 6s时网壳结构变形图　　(b) 典型节点时程响应图

图 6-24　局部凹陷模式下的典型变形和节点位移情况（$L = 40\text{m}, f/L = 1/7, q = 180\text{kg/m}^2, W = 85\text{kg}$）

3. 失效模式 3：整体塌陷

当爆炸冲击波强度增大到一定程度时，屋面板全部进入塑性甚至大部分区域出现失效破坏，基本所有的杆件进入塑性状态且大部分杆件出现失效及断裂破坏。网壳结构整体出现较大的变形，结构空间性能丧失而发生坍塌。爆炸冲击波抵达结构后，结构吸收的冲击波能量转化为结构各构件的动能，部分动能通过屋面板和杆件做塑性功消耗，部分动能通过杆件和屋面板的飞散消耗，典型变形模式和典型节点位移如图 6-25 所示。

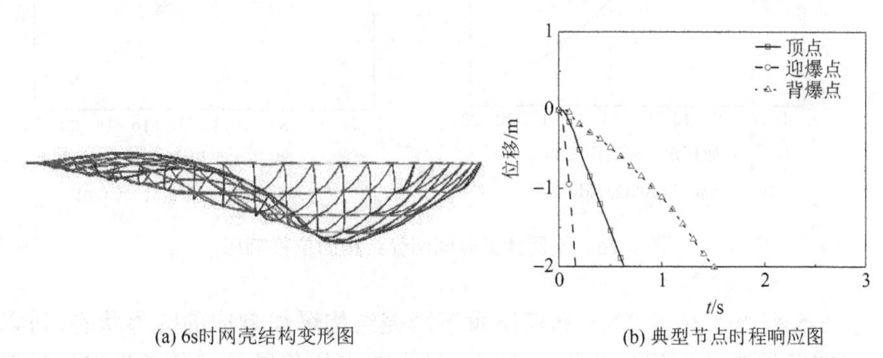

(a) 6s时网壳结构变形图　　(b) 典型节点时程响应图

图 6-25　整体塌陷模式下的典型变形和节点位移情况（$L = 40\text{m}$，$f/L = 1/7$，$q = 180\text{kg/m}^2$，$W = 460\text{kg}$）

6.4　单层球面网壳结构损伤模型

对于跨度为 40m 的单层球面网壳，屋面质量取为 150kg/m^2，选择四种不同 TNT 炸药质量（900kg、1000kg、1100kg、1200kg）进行分析。通过对比爆炸分析时间 1s 与 1.5s 网壳结构的位移，可以得到网壳结构的临界时刻，如图 6-26 中竖向虚线所示。需要说明的是，由于结构倒塌仿真耗时非常多，这里采用的是简化的判别方法，例如，结构在爆炸发生 1s 后仍存在持续变形，即可判断结构发生倒塌。该判别方法经一些算例验证（持续计算至倒塌）是有效的。

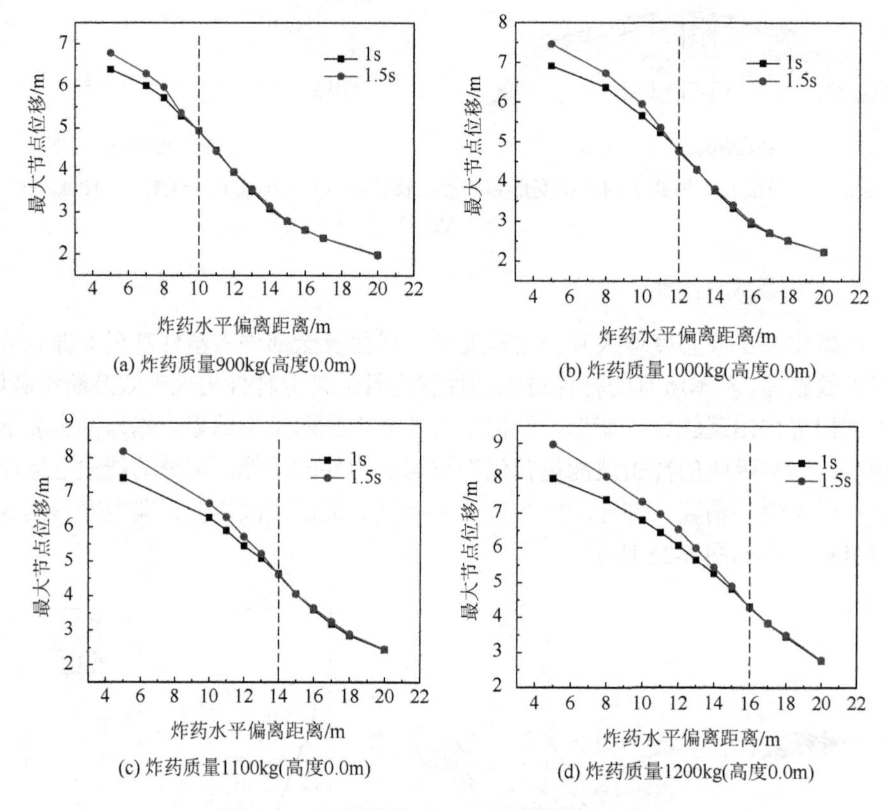

图 6-26　不同计算时间网壳结构的位移响应

表 6-5 列出了在各 TNT 炸药质量下网壳结构爆炸响应的临界状态，可以发现结构在发生连续倒塌的临界状态时，最大节点位移以及杆件塑性发展程度近似是相同的。因此，可以建立一个损伤模型用以表示网壳结构的损伤程度以及它的极限状态。本节基于结构损伤理论建立损伤因子 D_S，用损伤因子来表征网壳结构在外爆荷载下的损伤程度。D_S 在 0.0～1.0 变化（大于 1.0 时取等于 1.0），当损伤因子等于 0.0 时代表结构无损伤，损伤因子等于 1.0 时代表结构发生整体倒塌。

表 6-5　不同炸药质量时网壳结构爆炸响应的临界状态

炸药质量/kg	临界炸药水平偏移距离/m	炸药高度/m	位移 d/m	1P 百分率 r_1/%	2P 百分率 r_2/%	3P 百分率 r_3/%	4P 百分率 r_4/%
900	10	0.0	4.93	93.4	91.2	81.6	77.8
1000	12	0.0	4.79	95.8	92.9	81.5	75.8
1100	14	0.0	4.63	96.0	94.5	82.0	76.5
1200	16	0.0	4.31	95.6	94.7	82.0	75.8

根据表 6-5 所列出的结构响应数据，通过结构最大节点位移，屈服杆件 1P 和 4P 的百分率来拟合结构损伤因子 D_S 的经验公式，见式（6-1）。为结构的安全起见，选择每一种响应的较小值。

$$D_S = \frac{1}{3}\left(\frac{d}{4.6} + \frac{r_1}{0.95} + \frac{r_4}{0.75}\right) \tag{6-1}$$

式中，d 为网壳结构最大节点位移（m）；r_1 为屈服杆件 1P 百分率；r_4 为屈服杆件 4P 百分率。

采用同样的方法，可以获得 80m 跨度单层球面网壳结构损伤因子 D_S 的经验公式为

$$D_S = \frac{1}{3}\left(\frac{d}{5.2} + \frac{r_1}{0.70} + \frac{r_4}{0.42}\right) \tag{6-2}$$

6.5　单层球面网壳外爆损伤程度分级

在对强震下建筑结构的响应进行了一系列仔细的研究后，美国应用技术协会（Applied Technology Council，ATC，1985）提出了建筑结构的 5 个破坏程度等级，如表 6-6 所示；除此之外，ATC-13 也对建筑物的损伤程度进行了分类（表 6-7）。由于 ATC-38 分级标准被广泛接受，且与我国住房和城乡建设部的《建（构）筑物地震破坏等级划分》（GB/T 24335—2009）相适应，因此本节定义的外爆荷载下单层球面网壳结构的损伤状态及相应的损伤因子范围如表 6-8 所示。

表 6-6　土木工程地震破坏的分级标准

损伤状态	描述
无损伤	没有结构或非结构的可见破坏
轻微	损坏仅需要外观上的修复，无须进行结构性修复。对于非结构构件将包括抹泥修墙、隔离裂缝、拾起散落构件、放回掉落的天花板、扶正设备
中度	发生可修复结构性损伤，已存在的构件可以修复到位，无须进行大量的拆除或者更换构件。对于非结构构件将包括轻微更换损坏的分区、天花板或设备

续表

损伤状态	描述
严重	损伤范围广泛以至于修理构件是不可行的，需要大量拆除或者更换。对于非结构构件将包括更换主要或者全部损坏的分区、天花板或者设备
倒塌	结构部分或者整体发生倒塌

表 6-7　损伤状态与相应损伤因子范围

损伤状态	损伤因子范围/%
无	0
微小	0～1
轻度	1～10
中度	10～30
重度	30～60
极其严重	60～100
整体倒塌	100

表 6-8　单层球面网壳结构在外爆荷载下的破坏模式和损伤状态的划分标准及相应损伤因子范围

破坏模式	损伤状态	描述	损伤因子范围
小幅振动	无损伤	结构或非结构无可见破坏	0.0
	轻微	没有结构破坏，仅非结构构件有一定破坏	0.0～0.1
局部凹陷	中等	结构受到可修复的损伤，无须进行大量的拆除或更换构件	0.1～0.6
	严重	结构构件受到广泛破坏，需要大量拆除和更换构件	0.6～1.0
整体塌陷	倒塌	结构部分或者整体发生倒塌	1.0

以 6.4 节重屋面网壳结构算例为例，当炸药质量分别为 900kg、1000kg、1100kg 和 1200kg 时，图 6-27 展示了损伤因子与炸药水平偏离距离的关系。应用表 6-8 并以炸药质量为 1000kg 为例，可以看出在临界炸药水平偏离距离 12m 之内该网壳结构将会发生倒塌破坏，在 12～25m 范围内结构发生严重破坏。严重破坏与中等破坏的分界点是 25m，此时比例距离为 2.5m/kg$^{1/3}$；而炸药质量为 1200kg 时此分界点为 30m，比例距离为 2.8m/kg$^{1/3}$，由此可见，要想防止结构发生严重破坏，就要想办法阻止爆炸袭击发生在比例距离小于 3.0m/kg$^{1/3}$ 的范围内。随着炸药水平偏离距离增加，结构损伤程度迅速降低，而当炸药距离网壳结构大于 160m 后结构无损伤。

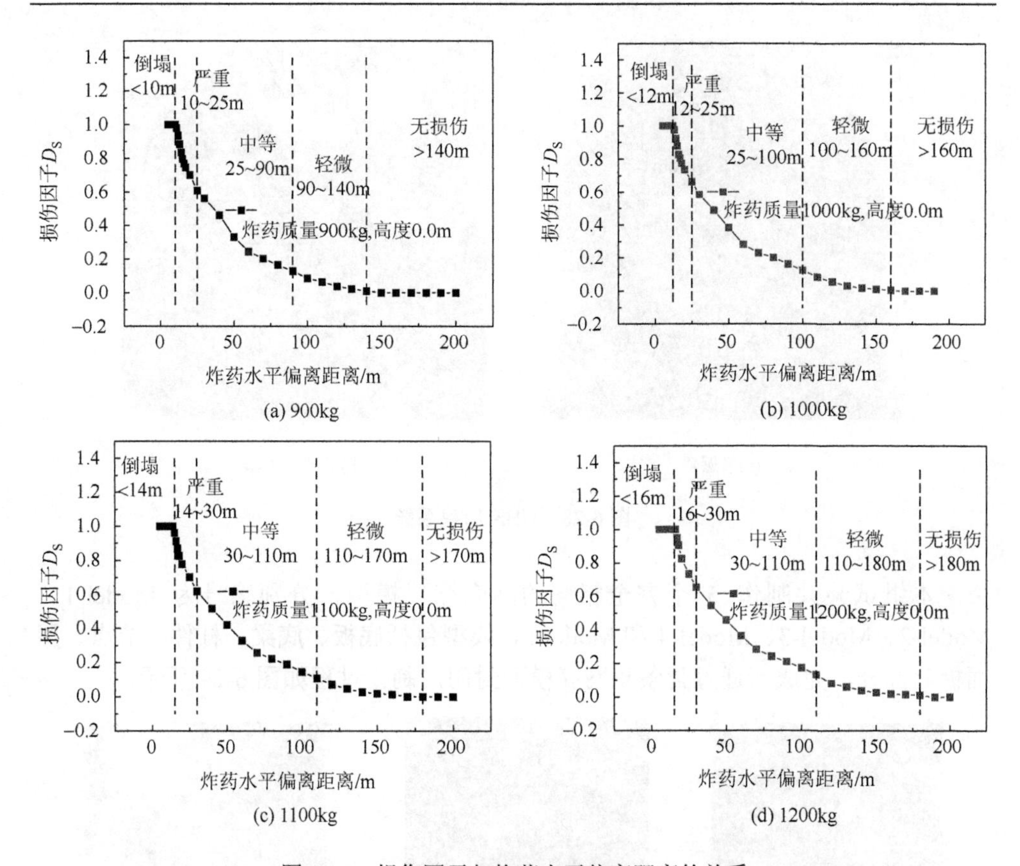

图 6-27　损伤因子与炸药水平偏离距离的关系

6.6　单层球面网壳缩尺模型外爆试验

为验证数值仿真结果的准确性，直观考察单层球面网壳结构的破坏模式及破坏响应，本节设计并制作了两组单层球面网壳缩尺模型，分别进行了可燃气体和固体 TNT 炸药加载，获得了结构的一些典型破坏模式及损伤程度。

6.6.1　可燃气体外爆试验

1. 试验概况与试件制作

试验使用哈尔滨工业大学国防抗爆与防护实验室的爆炸模拟试验装置——GBS 加载系统（gas blast shock loading system）进行，该系统的加载方式是使用乙炔与空气混合气体生成爆炸荷载，通过充气时间控制荷载大小，试验装置如图 6-28 所示。

(a)模爆器

(b)脉冲发生器

图 6-28　GBS 加载系统

本组试验共制作 5 个完全相同的网壳缩尺模型，分别编号为 Model-1、Model-2、Model-3、Model-4 和 Model-5，模型包括底板、底梁、杆件、节点、屋面板等部分，完成后通过封条将网壳模型封闭，制作过程如图 6-29 所示。

(a) 放置底梁与工件

(b)安装节点和杆件

(c)安装屋面板

(d)上密封条

(e)安装传感器工件

(f)上色美化

图 6-29　模型制作过程

试验中，在模型上设置节点位移、屋面板和杆件应变、节点附近超压 3 类测点。考虑到数据有效性和试验仪器限制，主要在模型的迎爆面设置，3 类测点的布置位置如图 6-30 所示。节点位移测点共 3 个，包括顶部节点 N1、前部节点 N2、侧部节点 N3，通过全站仪测量爆炸前后测点的坐标差算出节点位移；同时在测点上布置了恩德福克（Endevco）2225M5A 型电荷式加速度传感器，通过对加速度时程积分得到节点位移时程，作为全站仪测量的参考。应变测点包括杆件测点和屋面板测点，其中杆件测点包括迎爆面下部肋杆 M4、下部斜杆 M5、中部纬杆 M6、上部肋杆 M7 共 4 个，屋面板测点包括迎爆面下部屋面板 P8、中部屋面板 P9、上部屋面板 P10 共 3 个；所有应变测点均布置在构件背面中部位置，使用电阻应变片测量。节点超压测点共 3 个，包括顶部节点 G11、前部节点 G12、侧部节点 G13，与位移测点位置相同，使用 PCB 113B24 型压电式压力传感器测量。

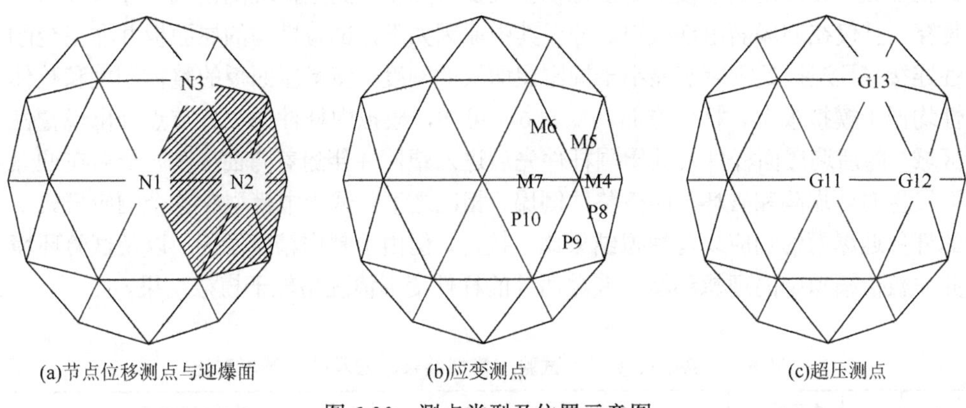

图 6-30　测点类型及位置示意图

2. 试验结果与讨论

通过逐渐递增充气量改变爆炸荷载大小，对 5 个模型进行了加载试验，得到如下试验现象。

（1）随着炸药量的增加，网壳的破坏模式由小幅振动到局部凹陷，最后出现整体塌陷，同时先后呈现出无损伤、轻微损伤、中等损伤、严重损伤及整体倒塌五种比较清晰的损伤状态。

（2）节点周围超压时程大致呈现“一次峰值—最大峰值—余波”三个阶段，随着炸药量的增加，爆炸环境更加复杂化，节点时程也呈现出更加剧烈和不规则的波动趋势，甚至可能影响到测量仪器而出现负压陡增等异常趋势。

（3）屋面板对杆件起到保护作用，且先于网壳杆件发生破坏；爆炸发生时，迎爆面下层屋面板率先进入塑性，随着炸药量增加，爆炸冲击波破坏屋面板连接处并进入模型内部，下层屋面板先于上层屋面板破坏失效。

（4）出现轻微损伤以上程度的响应模式时，网壳杆件随屋面板一同出现残余应变，且在屋面板破坏后应变突增；随着炸药量增加，迎爆面节点和杆件向内凹陷，带动其他部位杆件弯曲并随之凹陷，最终造成整个网壳倒塌。

同时，采用 AUTODYN 软件对试验过程进行了数值仿真，也得到了模型的宏观响应情况和测量参数（包括炸药量、节点超压时程及最大超压、节点位移、屈服构件百分率等），对比每种响应模式下的网壳试验结果与模拟结果，如表 6-9 所示。对比模拟与试验所得到的响应情况可知，屋面板方面，试验与模拟中均是迎爆面中下部响应最大，先是出现塑性区域，随后塑性区域向四周扩大并伴随着屋面板的变形，最终导致屋面板大面积失效甚至破坏。但相比之下，试验中屋面板破坏程度更大，从中等损伤模式开始已经出现破坏，到整体倒塌模式时几乎所有屋面板被炸开甚至炸毁；数值模拟中模型更多地以塑性变形为主，到整体塌陷模式下才被冲击波贯穿，且仅在迎爆面出现破口。分析其中原因如下，试验模型的屋面板并非完全刚性连接，且连接处刚度明显小于周围屋面板的刚度，使得屋面板的整体刚度和整体性均低于模拟模型。杆件方面，从表 6-9 可知，模拟中杆件先在各节点处出现塑性区域，随后迎爆面杆件及其周围杆件先后进入塑性并伴随着弯曲变形，最后在迎爆面发生向内塌陷和破坏，网壳整体倒塌。相比之下，试验中模型在各个响应模式下的杆件迎爆面的响应均与模拟结果比较接近，但由于制作精度原因，以及试验环境并非数值模拟中的理想环境，迎爆面外的杆件变形情况略轻于模拟结果。

表 6-9 各响应模式下试验与模拟结果的宏观响应情况对比

破坏模式	损伤等级	炸药量/m^3	屋面板响应情况		杆件响应情况	
		试验	模拟	试验	模拟	试验
小幅振动	无损伤	0.167				—
	轻微损伤	0.223	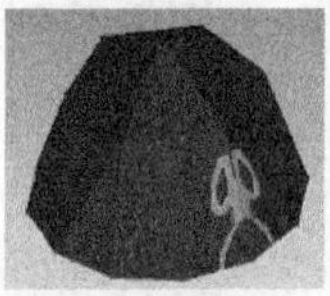	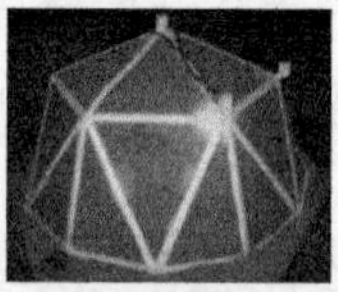	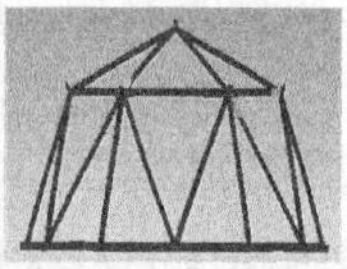	—
局部凹陷	中等损伤	0.291	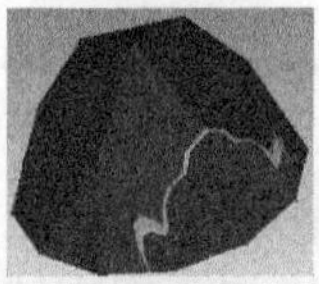	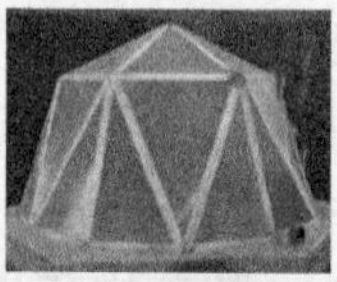	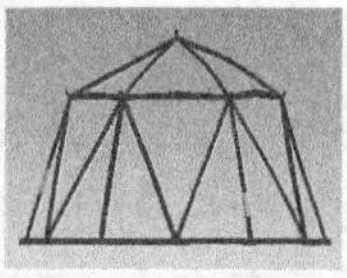	
	严重损伤	0.409				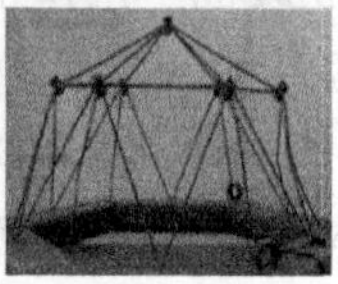

续表

破坏模式	损伤等级	炸药量/m³	屋面板响应情况		杆件响应情况	
		试验	模拟	试验	模拟	试验
整体塌陷	整体倒塌	0.733				
		>0.8				

6.6.2　固体 TNT 炸药外爆试验

在 6.6.1 节中，尽管通过可燃气体作为爆炸源的试验获得了单层球面网壳模型的不同破坏响应，但由于爆炸源的性质不同，模型上遭受的荷载还是与采用固体 TNT 炸药有明显区别的。采用固体 TNT 炸药的加载方式更为直接，也与建筑结构遭受的多数外爆场景吻合，但受试验条件所限，开展此类试验的难度也更大。为此，本节在中国人民解放军陆军工程大学爆炸冲击防灾减灾国家重点实验室开展了单层球面网壳遭受 TNT 炸药外爆的场地试验 （Zhi et al.，2018）。

1. 试验概况与试件制作

原型结构为跨度 $L = 40$m、矢跨比 $f/L = 1/3$、分频数为 6 的 Kiewitt 6 型（简称 K6 型）单层球面网壳。在原型结构中，杆件（圆钢管）共有 280 根，节点（焊接球节点）共有 121 个，其中主肋杆和环杆截面较大，采用 D102×3.5 钢管，斜杆截面较小，采用 D95×3.5 钢管；焊接球节点有两种，分别为 WS300×8 和 WS400×10。屋面板采用轻屋面，屋面质量为 30kg/m^2。图 6-31～图 6-33 是原型结构（不带屋面板）的俯视图、立面图及立体图。

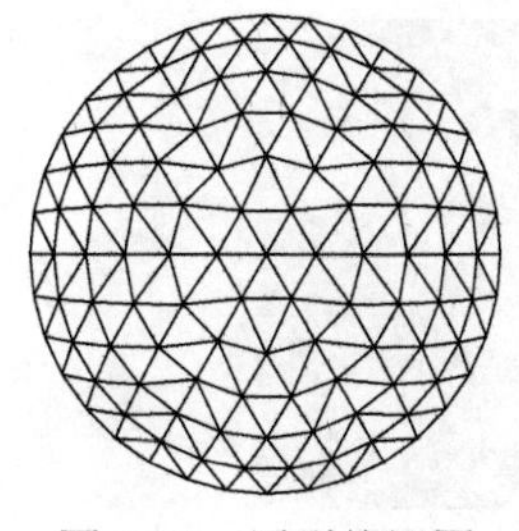

图 6-31　原型俯视图

图 6-32　原型立面图

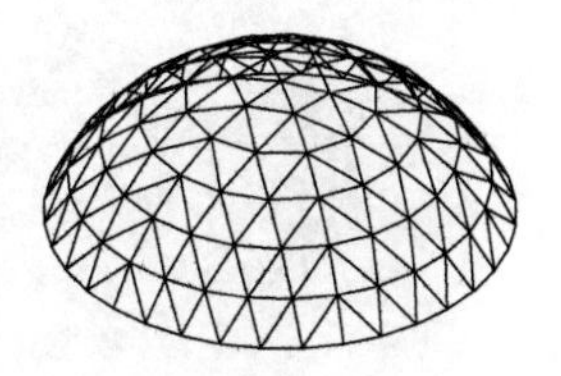

图 6-33　原型立体图

对原型结构的杆件和节点数目均进行了简化，设计并制作了 2 个完全相同的、跨度为 1.8m、矢跨比为 1/3、分频数为 3 的 K6 型单层球面网壳缩尺模型。统一选用截面为 D6×1 的钢管为模型杆件，屋面板选用厚度为 0.5mm 的钢板。同时，依据爆炸相似律的要求，采取在节点配重的方法，以反映原型结构的动力响应，除最外环的节点外，在其他每个节点配重 5kg。模型制作过程如图 6-34～图 6-40 所示。

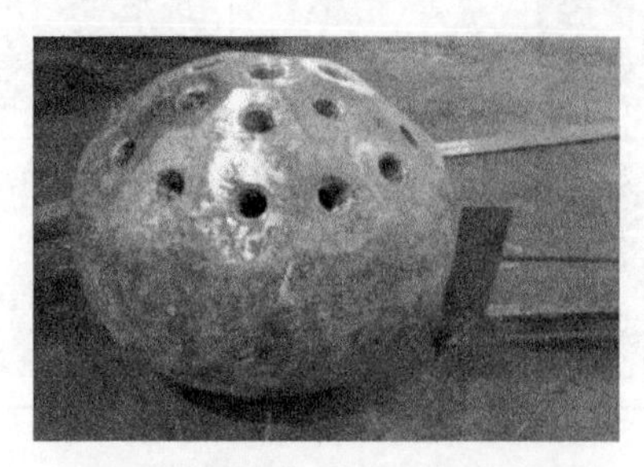

图 6-34 找平定点球形节点底座

图 6-35 安装节点

图 6-36 网壳成形

图 6-37 焊接屋面板

图 6-38 安装配重块

图 6-39 喷漆美化

图 6-40 模型定位

试验共进行 2 个工况，具体加载方案如表 6-10 所示。

表 6-10　试验方案

工况	模型	TNT 当量/kg	最近爆距/m	炸药高度/m	预想结果	测试内容
工况 1	Model-Ⅰ	1.0	2	0	局部凹陷	压力、杆件应变、加速度、节点位移
工况 2	Model-Ⅱ	3.145	2	0	整体塌陷	压力、杆件应变、节点位移

根据现场加载情况，在不影响网壳所受爆炸荷载流场外、距离炸点 2.2m 处安装正对爆源的压力测点；为了研究结构的动力特性，在结构顶部安放单向加速度传感器并垂直于地面；为了考察各杆件在爆炸荷载作用下的微观响应情况，在结构模型的关键部位均设置了应变测点，特别是模型迎爆面敏感区的杆件，共布置了 11 个测点，应变测点 S1～S11 布置见图 6-41，应变测点均设置在杆件上表面；对于结构的宏观变形，在模型每个节点上均设置测点，以考察整体结构的最终变形，位移测点 D1～D19 布置图如图 6-42 所示。试验中两个压力传感器分别为 PCB 的 102B 系列的 04 型号和 06 型号高频对地绝缘压力传感器；模型初始坐标和节点位移获取选用徕卡 TS06 全站仪，动态加载过程的火球发展及结构响应过程使用高速摄像仪进行记录。

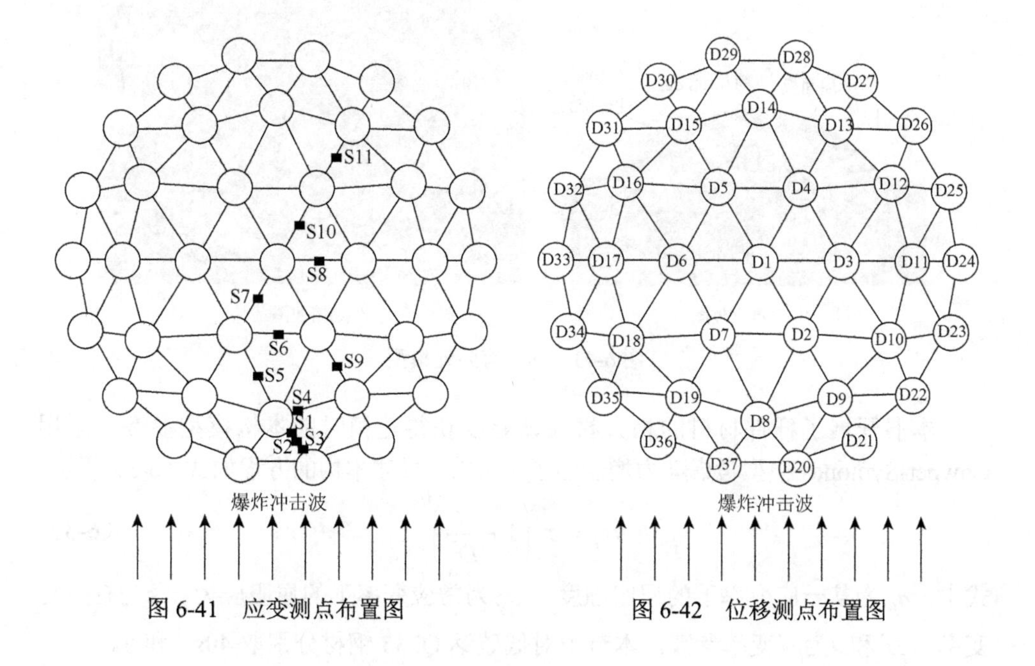

图 6-41　应变测点布置图　　图 6-42　位移测点布置图

2. 试验模型的有限元建模

由于在后续对试验现象进行描述时，一并与仿真结果进行对比，因此本节先简述试验模型的有限元建模过程。选用通用有限元软件 ANSYS/LS-DYNA，按照加工模型建立有限元模型，如图 6-43 所示。模型杆件采用考虑横向剪切应变的 Hughes-Liu Beam161 单元，为了简化计算，节点处网壳杆件直接相交，但将节点范围内梁单元的材料刚度放大，用以模拟节点刚域，网壳的节点荷载用质量单元 Mass21 施加。屋面板及地面采用 BCIZ 三角形 Shell163 单元，为了加快计算速度，网壳底座也采用 Shell163 单元。杆件和屋面板与下部支承之间的焊接连接，在数值模型中通过关键字 *BOUNDARY SPC SET 的设置简化为理想的固接边界。屋面板与节点之间同样通过焊接连接，根据 Calle 等（2017；2015）和 Zhang 等（2004）提出通过设置塑性失效应变来近似模拟焊脚和受焊接影响的敏感区的断裂的方法并得到拉伸试验结果，在数值仿真模型中将节点附近因受到焊接热塑性影响的屋面板局部区域的失效应变设置为 0.13。本节中结构各构件数值模型的网格尺寸取为 40mm。

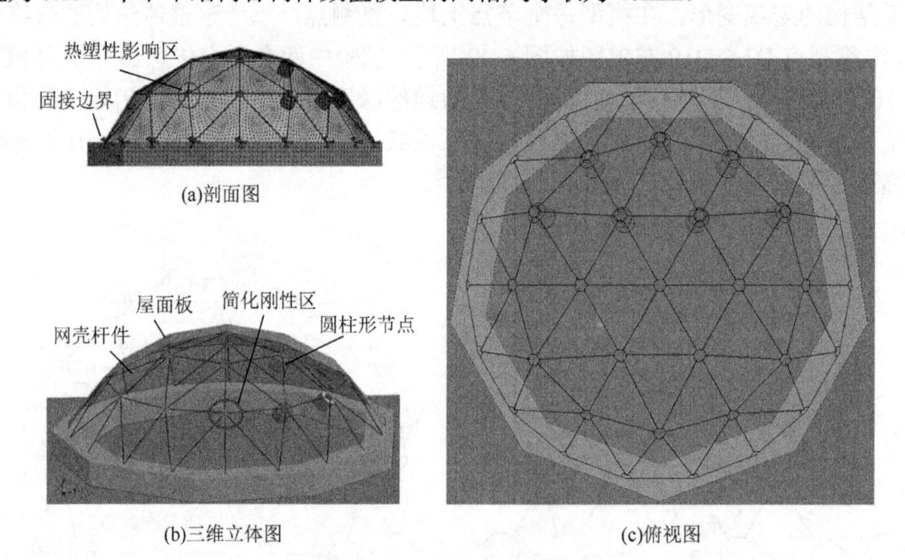

图 6-43　网壳有限元模型

本书开展了杆件材料的相关材性试验以获得建模时的本构模型参数，采用 Cowper-Symonds 模型考虑动力增长因子（DIF），描述本构的方程如式（6-3）所示：

$$\sigma_d = \sigma_y \left(1 + \frac{\dot{\varepsilon}}{D^*}\right)^{1/q} \tag{6-3}$$

式中，σ_d 为某一应变率下的屈服强度；σ_y 为常应变率下的屈服应力；$\dot{\varepsilon}$为有效应变率；D^* 和 q 为应变率参数，本节中对低碳钢 Q235 钢材分别取 40s^{-1} 和 5。

分别采用考虑流固耦合的 ALE 方法和 ConWep 方法进行试验仿真，这两种方法前述均已介绍，本节不再赘述。如图 6-44 所示，将试验各工况中参考点处的超压时程与 ConWep 预测结果进行对比，可以看出在两个工况中，ConWep 对超压峰值的预测误差均不超过 13%，这也表明本次试验中产生的爆炸冲击波场与以往学者在相同工况试验中产生的爆炸冲击波场具有一致性。为了避免在流固耦合的时候冲击波穿透屋面板发生渗漏现象，拉格朗日单元的尺寸应和欧拉单元的尺寸相当，同时考虑到计算机容量及计算能力的有限性，空气网格尺寸选用 0.05m，该网格尺寸下爆炸在相同测点处的超压时程曲线如图 6-44 所示，可以看出爆炸冲击波升压略慢且衰减也略慢，冲量误差均不超过 20%。

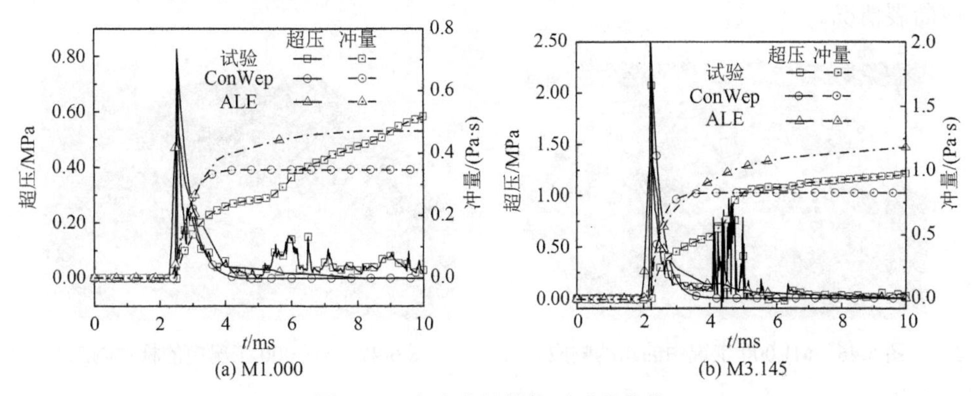

图 6-44　参考点处的超压时程曲线

3. 试验结果与讨论

1）自振频率测试与分析

通过锤击法对结构进行模态分析和参数识别，得到结构各阶自振频率。在试验中，加速度传感器被放置在结构顶部，利用橡皮锤锤击支承结构激发结构的振动。如图 6-45 所示，得到结构顶点竖向加速度时程，通过快速傅里叶变换

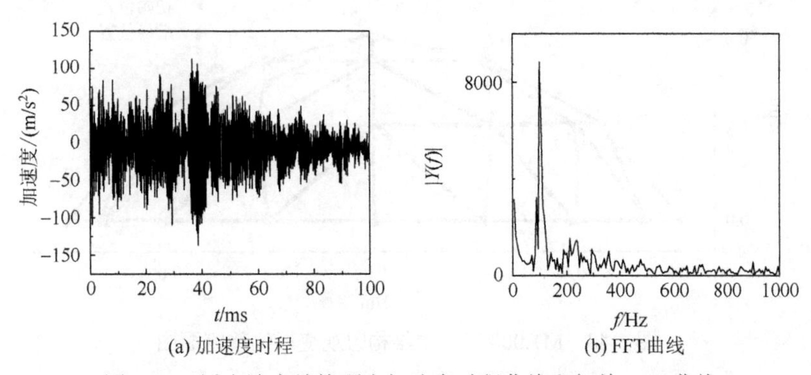

图 6-45　锤击法中结构顶点加速度时程曲线和相关 FFT 曲线

（fast Fourier transform，FFT），得到模型竖向一阶自振频率为99.72Hz。在ANSYS中对有限元模型进行模态分析得到的一阶自振频率为101.6Hz，与试验结果的相对误差仅为1.9%。

2）工况1：局部凹陷

工况1的炸药质量为1.0kg，结构响应模式表现出局部凹陷的变形特征，如图6-46和图6-47所示。从宏观响应来看，迎爆面屋面板全部进入塑性，屋面板脱离节点发生变形，特别是迎爆面底部的屋面板出现撕裂泄爆的情况。去除屋面板后可以看到杆件的变形情况，迎爆面杆件发生受弯破坏，其中第3频杆件中的较长杆件在根部由于受焊接热影响区影响，塑性和冲击韧性降低而出现过早的受剪断裂情况。

图6-46　M1.000工况中的结构响应

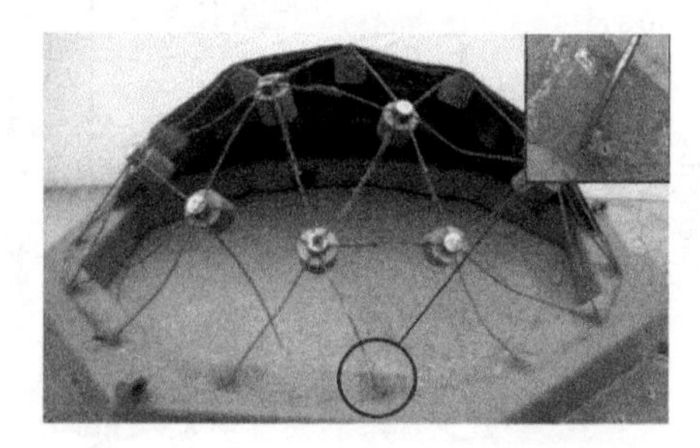

图6-47　M1.000工况中的杆件响应

在工况1中各节点的位移响应如图6-48所示，可以看出结构的变形主要出现在迎爆面，在结构的其余部分变形都不大；其中第3环节点的位移最明显，约为模型矢高的1/3.48；如图6-49（a）所示，在剥去迎爆面破坏严重的屋面板后，可以看到第3频杆件塑性发展严重，其他部分则相对较轻微，背爆面的屋面板和杆件仍处于弹性状态。结构位移响应表现出很大程度上的局部性特征，结构的破坏模式属于局部凹陷。

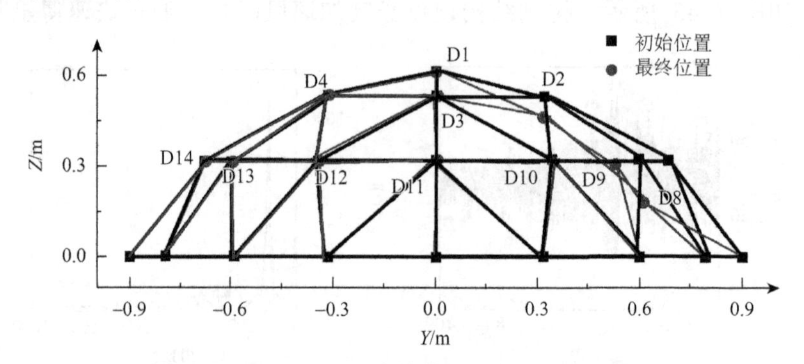

图6-48　M1.000工况中结构宏观变形位移侧面图

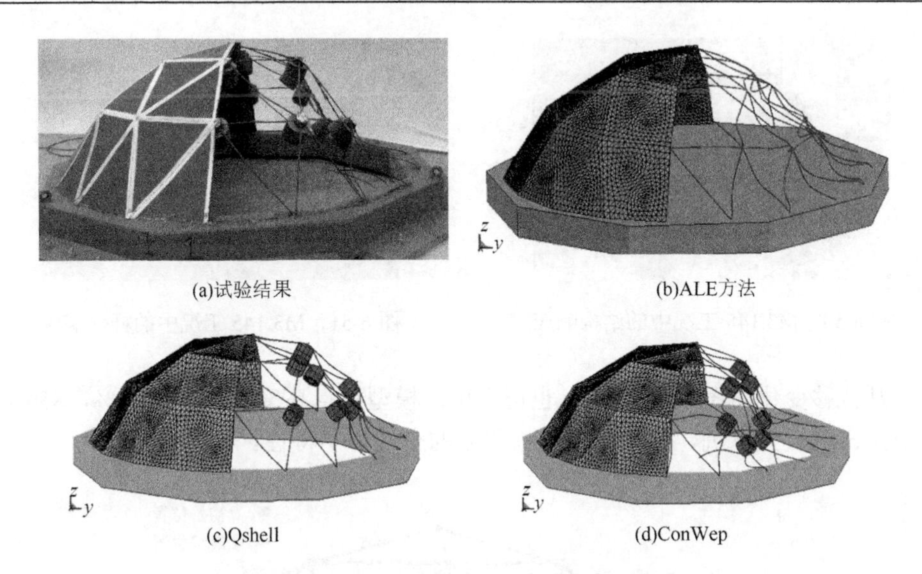

(a)试验结果　　(b)ALE方法

(c)Qshell　　(d)ConWep

图 6-49　M1.000 工况中结构整体变形响应

使用流固耦合方法、壳体（Qshell）荷载模型（式（4-6））和 ConWep 经验公式法对结构响应进行预测的结果分别如图 6-49（b）～（d）所示，为了方便对比，将迎爆面的屋面板隐藏，以观察迎爆面杆件的变形情况。通过对比发现，ConWep 方法在迎爆面和背爆面的响应都比较剧烈。为了评价各数值方法预测结构位移响应的准确度，采用拟合优度来定量分析各节点的试验观测值与各预测方法的预测值之间的吻合程度。假设一组有 n 个试验数据，分别为 y_1，y_2，…，y_n，对应的预测值分别为 f_1，f_2，…，f_n，则拟合优度定义为

$$R=\sqrt{1-\frac{\sum(y_i-f_i)^2}{\sum\left(y_i-\frac{1}{n}\sum y_i\right)^2}} \tag{6-4}$$

拟合优度的取值范围为 0～1，越接近 1 说明真实值与预测值吻合度越高。经计算，基于 ALE 方法和 Qshell 荷载模型求解流固耦合问题得到的拟合优度 R 分别为 0.84、0.86，高于 ConWep 法得到的 0.65。

3）工况 2：整体塌陷

工况 2 的炸药质量为 3.145kg，结构模型在爆炸后表现出整体塌陷的变形特征，如图 6-50 和图 6-51 所示。从整体来看，所有屋面板进入塑性，甚至出现了严重的撕裂、翻飞现象。所有杆件均出现严重的弯曲变形，迎爆面较多杆件出现断裂和失效。迎爆面的杆件在节点处、杆件中部以及根部出现断裂，迎爆面的节点基本触地；背爆面的杆件在超压和重力的双重作用下向面内产生弯曲变形；杆件上所有应变片均被摧毁，从应变数据上看所有被测杆件均产生塑性。

图 6-50 M3.145 工况中的结构响应

图 6-51 M3.145 工况中的杆件响应

从位移变化简图（图 6-52）也可看出，模型顶点高度下降了 61.8%，85%以上节点出现较大下沉，整个结构失去原来的空间力学特性。

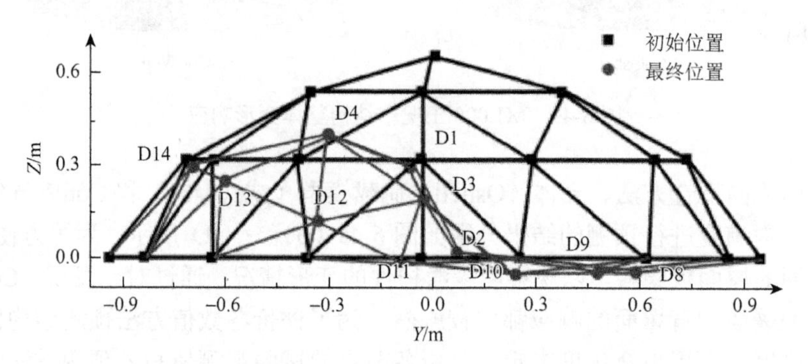

图 6-52 M3.145 工况中结构宏观变形位移侧面图

同样应用数值方法对试验工况进行了仿真，如图 6-53 所示。可以看出流固耦合方法和 Qshell 荷载模型很好地仿真了泄爆情况下结构的背爆面杆件向面外弯曲的响应情况，而运用 ConWep 经验公式的解耦方法对整体结构宏观响应的预测表现出更为剧烈的结果。Qshell 和 ConWep 作为典型的单向耦合方法是通过把经验爆炸荷载模型直接施加在结构上来达到简化目的的，在参数化分析中表现出极大的灵活性，相比于 ConWep 方法和双向流固耦合方法，基于第 4 章内容提出的具有实际物理意义的球面壳体上的半经验荷载模型 Qshell，无论在计算效率和预测的准确度上均表现最优，因此可将该半经验荷载模型程序嵌入 ANSYS/LS-DYNA 建立的有限元结构模型中，以研究外部地面爆炸情况下单层球面网壳结构在无遮挡工况中的动力响应行为。

总体上来说，通过本节开展的两组单层球面网壳结构缩尺模型的爆炸试验，验证了前述有限元仿真技术的可靠性，直观获得了网壳结构的各种失效模式，并积累了宝贵的试验数据。

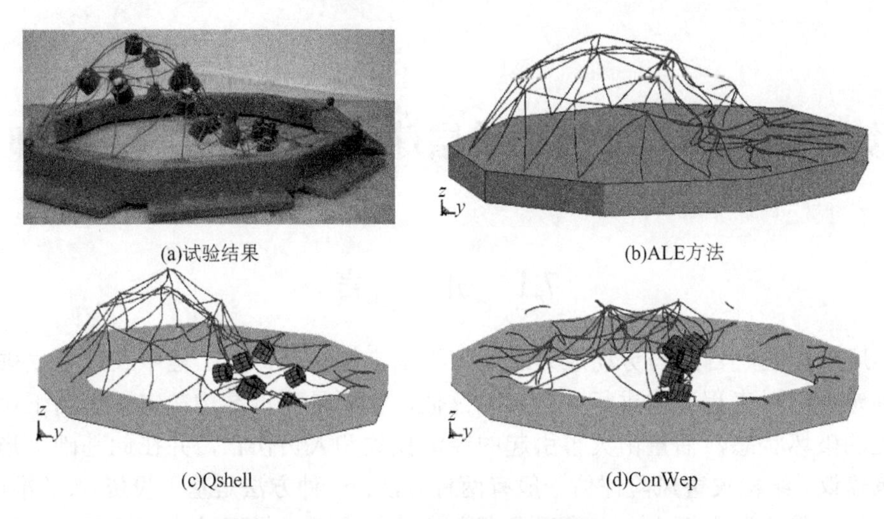

(a)试验结果　(b)ALE方法

(c)Qshell　(d)ConWep

图 6-53　M3.145 工况中结构整体变形响应

参 考 文 献

Applied Technology Council（ATC）. 1985. Earthquake damage evaluation data for California: Rep. No. ATC-13[S]. Northridge: Applied Technology Council.

Applied Technology Council（ATC）. 2000. Database on the performance of structures near strong motion recordings: 1994 Northridge, California, earthquake: Rep. No. ATC-38[S]. Northridge: Applied Technology Council.

Calle M A G, Alves M.2015. A review-analysis on material failure modelling in ship collision[J]. Ocean Engineering, 106:20-38.

Calle M A G, Oshiro R E, Alves M. 2017. Ship collision and grounding: Scaled experiments and numerical analysis[J]. International Journal of Impact Engineering, 103: 195-210.

Century Dynamics. 2005. AUTODYN Theory Manual, Revision 4.3[M]. Houston: Century Dynamics: 1-235.

Hyde D W. 1991. Conventional Weapons Program （ConWep）[M]. Vicksburg: Available from National Technical Information Service.

Zhang L, Egge E D, Bruhns H. 2004. Approval procedure concept for alternative arrangements//Proceedings of the International Conference on Collision and Grounding of Ships and Offshore Structures, ICCGS 2004[C].Tokyo.

Zhi X D, Qi S B, Fan F, et al. 2018. Experimental and numerical investigations of a single-layer reticulated dome subjected to external blast loading[J]. Engineering Structures, 176（1）: 103-114.

第7章　爆炸作用下单层球面网壳的风险及防御

7.1　引　　言

风险是生产目的与劳动成果之间的不确定性关系，在工程中表现为损失的不确定性。对工程结构进行灾害风险评估，主要是评价结构在灾害作用下可能发生的破坏状态，估量由灾害引起的经济损失和人员伤亡，并在此基础上形成决策建议。结构灾害风险评估一般有两种方法：一种方法是基于投资-效益准则，即在结构整个服役期内，在遭受预期灾害的作用下，保证结构破坏引起的经济社会等因素的总损失最小（李刚和程耿东，2005；Dowrick，1987）；另一种方法是对结构在不同性能水准下的预期损失进行概率风险评估（Bradley and Lee，2009；Liel et al.，2009；Piluso et al.，2009；Saikat and Manohar，2005），通过结构的预期风险损失进行规划决策。鉴于结构设计中目标性能水平的优化决策应该充分考虑结构与荷载的不确定性，国际结构安全性联合委员会（International Joint Committee on Structural Security，JCSS）于1997年发布了直接采用可靠度的全概率模式（Du and Chen，2004；Vrouwenvelder，2002）。

爆炸是一种严重的灾害作用，尽管发生概率不高，破坏性却非常大，对大跨空间结构在爆炸作用下的表现进行评估并通过采取必要的防护措施降低经济损失具有实际意义。本章以单层球面网壳为例，提出外爆作用下分析结构概率可靠度的方法；基于投资-效益准则，分析在工程全生命周期中结构设计加强、防护措施投入与收益的关系，据此可做出对防护措施投入及结构设计优化方案的决策。该方法具有通用性，除爆炸外，也可以在结构遭受其他灾害的情况下采用。由于考虑了结构、荷载等的不确定性，计算量非常大，因此本章对网壳结构的爆炸响应分析采用相对简单高效的ConWep加载方式。

7.2　单层球面网壳有限元模型

首先建立K8型单层球面网壳的数值计算模型。建模方式与前述章节类似，模型中包括网壳杆件（主肋、纬杆、斜杆）、檩条、檩托、连接螺钉（铆钉）和屋面板等细节。各项结构及建模参数选取如表7-1所示。

表 7-1　单层球面网壳建模参数

网壳组成部分	建模参数	尺寸	单元类型
频数	6、7、8		
跨度	40m、60m、80m		
矢跨比	1/5		
网壳杆件	划分段数 3		Beam161
檩条	划分段数 6	方管 140mm×58mm×2.45mm×8.1mm	Beam161
檩托	划分段数 3	Φ 76mm×4.0mm	Beam161
连接螺钉	划分段数 3	Φ 12mm	Beam161
屋面板		厚 2mm	Shell163
球节点		350mm×10mm 空心球	Mass166
支座	三向固定铰支		

为减小计算量，对结构取 1/2 对称部分建模，在对称面上采用对称边界条件。TNT 炸药的位置设置在距结构外部边界 5～100m 范围（定义为爆炸距离），将地面设置为刚性体。有限元模型细部如图 7-1 和图 7-2 所示。

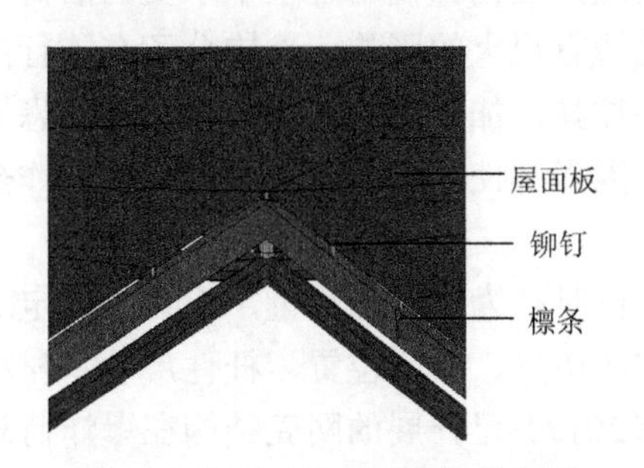

图 7-1　有限元模型的详细信息图

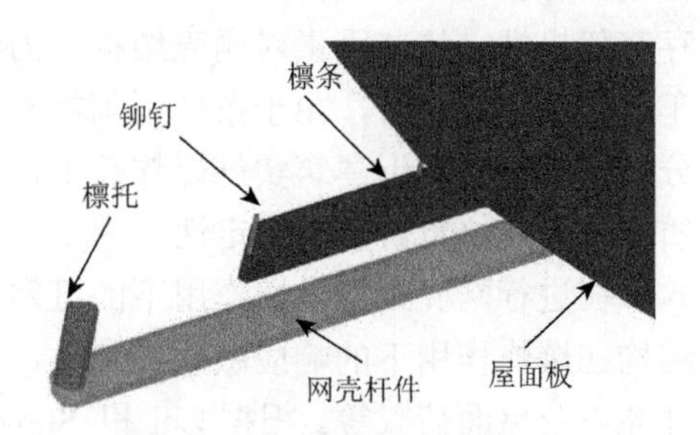

图 7-2　网壳模型细部放大图

本章单层球面网壳外爆作用分析采用 ConWep 方法，尽管前述章节研究已经表明，相对于 ALE 方法，ConWep 方法得到的结构响应误差稍大，但由于在基于概率的风险评估中要通过计算获得大量的数据样本，ConWep 方法能够节省较多的计算资源，是相对可行的方式。

7.3　单层球面网壳在外爆作用下的可靠度

如第 6 章所述，单层球面网壳在外爆作用下呈现出不同程度的损伤状态，这些损伤状态（破坏模式）在 6.5 节中已经进行了定义。为了评估结构不同损伤状态的失效概率，本节将采用 Monte-Carlo 概率抽样方法，考虑炸药质量（W）、屋面质量（q）、炸药高度（h）、钢材弹性模量（E）、钢材屈服强度（f_y）等随机参数的概率分布，获得网壳结构在外爆作用下不同损伤状态的发生概率，并绘制爆炸作用下的可靠度曲线。

7.3.1 基于 Monte-Carlo 抽样的可靠度分析

1. 计算步骤

Monte-Carlo 方法出现于 20 世纪 40 年代，由美国在第二次世界大战中研制原子弹的“曼哈顿计划”成员 S. M. 乌拉姆和 J. 冯·诺依曼首先提出。Monte-Carlo 方法又称为随机抽样方法或统计实验方法，是一种计算机随机模拟方法。其进行结构可靠度分析的基本原理是通过大量抽样对样本进行计算分析，统计结构发生各种损伤状态的次数，即可得到结构的失效概率，不需考虑功能函数的非线性和极限状态曲面的复杂性，回避了结构可靠度分析中的数学困难（Ayyub and Lai，1989）。

网壳结构在建造过程中，钢材出厂批次不同导致材料性能存在差异，加工制作人员和机器不同使得杆件尺寸存在精度误差，结构在使用过程中承受的活荷载存在随机性，这些因素对网壳结构的力学性能有很大的影响。恐怖分子在施行汽车炸弹恐怖袭击时，由于条件限制常常自制炸弹，加上建筑结构安保措施使恐怖分子常常不能靠近建筑实施爆炸袭击，这些因素都使得爆炸时的炸药种类、炸药质量和爆炸位置具有不确定性。

在进行网壳结构外爆作用下的可靠度分析时，为减少计算量，应首先确定对结构在爆炸作用下的响应敏感的参数，如炸药质量、爆炸位置、杆件尺寸、材料性能以及屋面荷载等。根据 Zhi 和 Stewart（2017）已开展的网壳结构在爆炸荷载下的参数敏感性分析结果（本书作者的前期研究工作，本章中不再赘述），对结构爆炸响应最敏感的参数是炸药质量，其次是爆炸距离，然后依次是钢材屈服强度、杆件壁厚、钢材弹性模量、屋面质量、钢材泊松比和炸药高度。在结构可靠度分析中，可以不考虑杆件直径、壁厚和爆炸距离的随机性影响，因此本节选取 5 个参数炸药质量（W）、屈服强度（f_y）、弹性模量（E）、屋面质量（q）和炸药高度（h）的随机性，其概率分布模型见表 7-2。

表 7-2 可靠度分析参数信息

参数名称	概率分布模型	均值	变异系数
屈服强度 f_y/MPa	正态分布	271	0.07

续表

参数名称	概率分布模型	均值	变异系数
弹性模量 $E/10^5$MPa	正态分布	2.06	0.03
炸药质量 W/kg	正态分布	1000	0.102
屋面质量 $q/(10^4\text{kg/m}^2)$	极值 I 型分布	$0.05q$	0.23
炸药高度 h/m	正态分布	0.5	0.153

屋面质量包括屋面系统的恒荷载和活荷载。在数值模型建立过程中，屋面荷载是通过改变屋面板的密度来施加的，所以在表 7-2 中其单位为 kg/m^2。后续描述中屋面质量为 150kg/m^2 相当于混凝土板重屋面，屋面质量为 50kg/m^2，相当于金属板轻屋面。

根据 Monte-Carlo 方法，对于本节中的网壳结构，计算某个爆炸距离（R）的失效概率时，将表 7-2 中的 5 个参数进行随机抽样生成 N 组样本，利用 ConWep 方法对每个样本分析结构的爆炸响应，得到其破坏状态，按照式（7-1）统计 N 组算例就可得到网壳结构在此时的失效模式分布情况。

$$\begin{cases} P_r(\text{轻微}|H)=\dfrac{n\left[0.0<D_s<0.1\right]}{N} \\ P_r(\text{中等}|H)=\dfrac{n\left[0.1\leqslant D_s<0.6\right]}{N} \\ P_r(\text{严重}|H)=\dfrac{n\left[0.6\leqslant D_s<1.0\right]}{N} \\ P_r(\text{倒塌}|H)=\dfrac{n\left[D_s\geqslant 1.0\right]}{N} \end{cases} \tag{7-1}$$

式中，H 表示爆炸事件的发生；损伤因子 D_S 的计算公式见式（6-2）。

2. 抽样数 N 的取值

运用 Monte-Carlo 方法进行结构可靠度分析时，一个很重要的影响因素就是随机抽样的抽样数 N。显而易见，N 越大，最后得到的结构失效概率分布就越准确，但是在研究过程中，由于计算条件限制，不能无限地增大抽样数。图 7-3 为 N 取不同值时，根据式（6-2）计算得到的跨度为 80m 的单层球面网壳在爆炸距离为 5m 时的损伤因子 D_S 的计算结果。

根据图 7-3 可以求出 N 取不同值时，网壳结构发生倒塌破坏的概率，如表 7-3 所示。

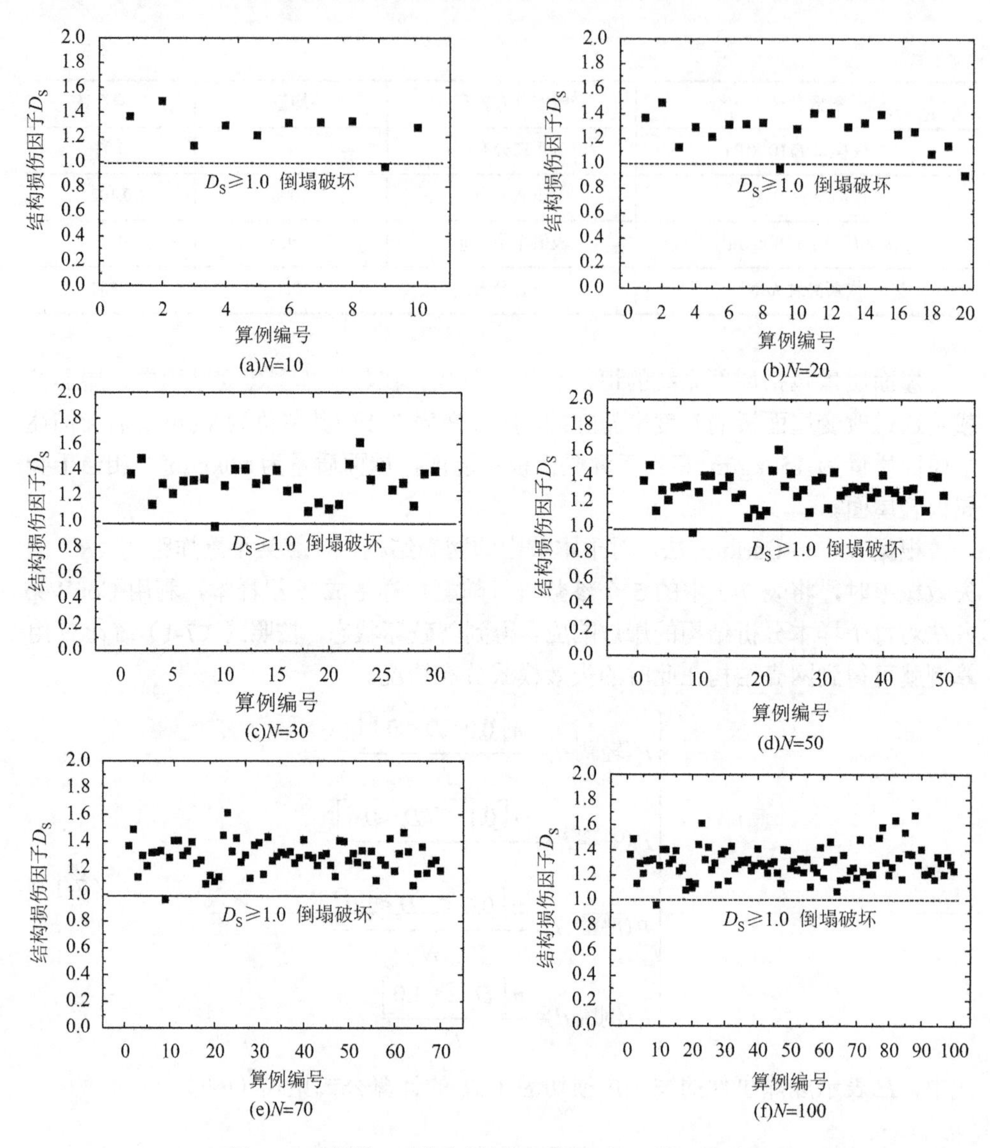

图 7-3 抽样数 N 不同时结构损伤因子 D_S 的计算结果

表 7-3 抽样数 N 与破坏概率和误差之间的关系

破坏概率和误差	抽样数 N					
	10	20	30	50	70	100
结构发生倒塌破坏的数量	9	19	29	49	69	99
结构发生倒塌破坏的概率	0.9	0.95	0.967	0.98	0.986	0.99
90%保证率误差	0.156	0.080	0.054	0.033	0.023	0.016
误差与概率的比率	17.33%	8.42%	5.58%	3.37%	2.33%	1.62%

取 Monte-Carlo 模拟分析结果 90%保证率的误差为

$$E_r = \pm 1.645\sqrt{\frac{P_r(H)[1-P_r(H)]}{N}} \tag{7-2}$$

根据式（7-2），可以求出每个 N 值对应的结构发生倒塌破坏 90%保证率的误差，以及该误差与倒塌破坏发生概率的比率，并填入表 7-3 中。

由图 7-4 可知，随着抽样数 N 的增大，误差 E_r 及比率不断减小，尤其在 N 小于 50 时，下降速度很快。但是考虑到可靠度分析为大规模软件模拟工作，为减少工作量，提高计算效率，而且当 $N=50$ 时，误差仅为 0.033，误差与概率的比率仅为 3.37%，能保证进行单层球面网壳在外爆作用下可靠度分析的精度，因此本章选择 $N=50$ 为可靠度计算的抽样数量。

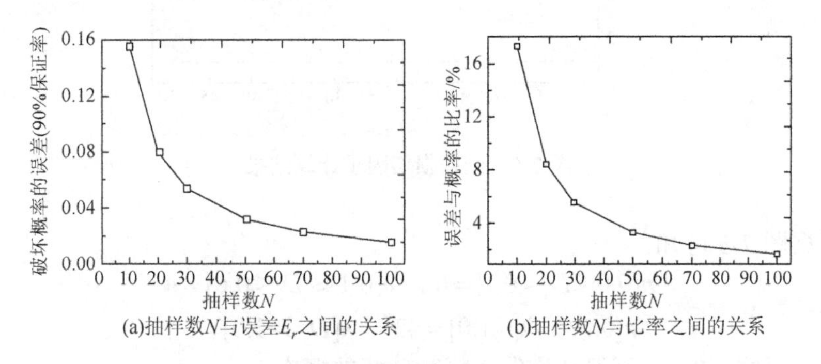

图 7-4　抽样数 N 对破坏模式分布的影响

3. 算例分析

为便于理解利用 Monte-Carlo 方法计算网壳结构的失效概率的过程，举一算例说明。取跨度为 80m、矢跨比为 1/5 的单层球面网壳，当爆炸距离 $R=20$m、屋面质量为 50kg/m^2 时，按照上述方法计算结构的破坏模式分布。

对于随机抽样的 50 组参数样本，通过 LS-DYNA 软件计算后，提取结构响应信息 d、r_1 和 r_4，取其中 3 个典型算例（分别是样本 1、样本 34、样本 46）的结果列于表 7-4 中。利用式（6-2）计算这 3 个算例的结构损伤因子 D_S，并根据表 6-8 的损伤因子范围判定对应的算例破坏模式，如表 7-4 所示。

表 7-4　3 个典型算例的计算结果及 D_S 值

样本编号	d/m	r_1/%	r_4/%	损伤因子 D_S	破坏模式
1	3.693	84.87	63.81	1.147	倒塌
34	1.254	52.85	26.75	0.544	中等
46	2.072	67.98	40.57	0.778	严重

从表 7-4 可以看出，虽然这 3 个算例中的结构和炸药基本是一样的（仅考虑了各参数的变异性），但网壳结构的爆炸响应差距较大，最终的破坏模式也完全不同，可见网壳结构对外爆荷载是敏感的。同样地，也得到了其他 47 个算例的损伤因子 D_S 值，将总计 50 个算例的 D_S 结果绘于图 7-5 中。

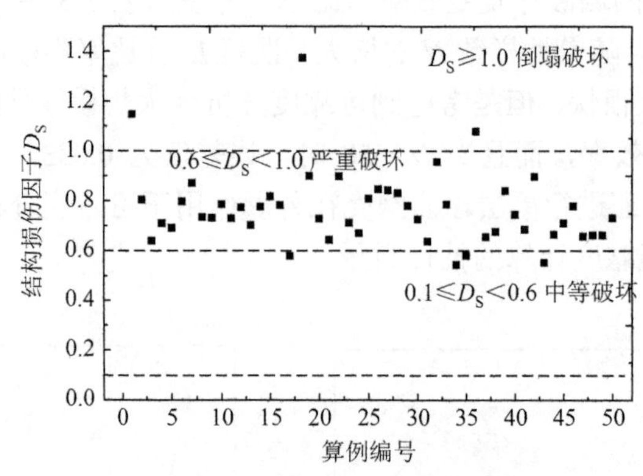

图 7-5　结构损伤因子计算结果

根据图 7-5 可知：

$$n[0.0 < D_S < 0.1] = 0, \quad n[0.1 \leqslant D_S < 0.6] = 4$$

$$n[0.6 \leqslant D_S < 1.0] = 43, \quad n[D_S \geqslant 1.0] = 3$$

又根据式（7-1）可得结构发生轻微破坏的概率：

$$P_r(\text{轻微}|H) = \frac{n[0.0 < D_S < 0.1]}{N} = 0.0$$

结构发生中等破坏的概率：

$$P_r(\text{中等}|H) = \frac{n[0.1 \leqslant D_S < 0.6]}{N} = \frac{4}{50} \times 100\% = 8\%$$

结构发生严重破坏的概率：

$$P_r(\text{严重}|H) = \frac{n[0.6 \leqslant D_S < 1.0]}{N} = \frac{43}{50} \times 100\% = 86\%$$

结构发生倒塌破坏的概率：

$$P_r(\text{倒塌}|H) = \frac{n[D_S \geqslant 1.0]}{N} = \frac{3}{50} \times 100\% = 6\%$$

从以上分析可以看到，对于跨度为 80m、矢跨比为 1/5、屋面质量为 50kg/m^2 的 K8 型单层球面网壳，当距离网壳 20m 发生 1000kg TNT 当量的汽车炸弹爆炸时，网壳结构发生轻微破坏的概率为 0，发生中等破坏的概率为 8%，发生严重破坏的概率为 86%，发生倒塌破坏的概率为 6%，这样也就得到了该情况下的破坏模式概率分布。

7.3.2　单层球面网壳的失效概率

1. 跨度80m单层球面网壳

对于跨度为80m、矢跨比为1/5、屋面质量为50kg/m^{2}的K8型单层球面网壳，从距网壳右侧5～100m距离范围内选择多个位置引爆1000kg的TNT炸药，每个爆炸距离随机抽样50次进行仿真分析，得到了结构的最大节点位移d、杆件1P百分率r_1和杆件4P百分率r_4，应用式（6-2）计算损伤因子D_S并进行统计，得到不同损伤状态的失效概率，如表7-5所示，可靠度曲线如图7-6所示。

表7-5　跨度80m单层球面网壳不同损伤状态的失效概率

爆炸距离/m	无损伤（$D_S=0.0$）	轻微破坏（$0.0<D_S<0.1$）	中等破坏（$0.1\leqslant D_S<0.6$）	严重破坏（$0.6\leqslant D_S<1.0$）	倒塌破坏（$D_S\geqslant 1.0$）
5	0	0	0	2%	98%
10	0	0	0	26%	74%
15	0	0	0	58%	42%
20	0	0	8%	86%	6%
30	0	0	74%	26%	0
40	0	0	94%	6%	0
60	0	0	100%	0	0
80	0	30%	70%	0	0
100	0	96%	4%	0	0

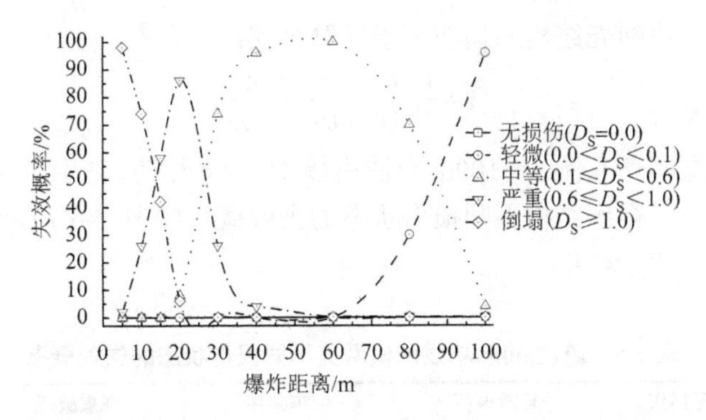

图7-6　1000kg TNT外爆作用下80m跨度单层球面网壳不同损伤状态的可靠度曲线

通过可靠度曲线可以发现跨度为80m、屋面质量为50kg/m^{2}的单层球面网壳结构的抗爆能力较弱。当爆炸距离较小（R<30m）时，网壳结构在爆炸作用下损

伤很严重，主要发生严重破坏和倒塌破坏；当爆炸距离中等（30m≤R≤60m）时，网壳结构主要发生中等破坏；只有当爆炸距离很大（R>60m）时，网壳结构的损伤才比较小，主要发生轻微破坏。这说明对于该种网壳，需要在网壳结构外围设置防护措施以避免在距离网壳结构较近的区域发生爆炸袭击，以防止造成巨大的结构破坏和经济损失。

2. *跨度 60m 单层球面网壳*

同样地，对于跨度为 60m、屋面质量为 50kg/m^2 的 K8 型单层球面网壳，首先需确定其损伤因子 D_S 的计算公式。根据 6.4 节的方法对比了结构在 1s 和 2s 时的位移大小，如图 7-7 所示，从而确定了结构的倒塌临界爆炸距离为 12m。此时 $d = 8.8$m，$r_1 = 92\%$，$r_4 = 73\%$。

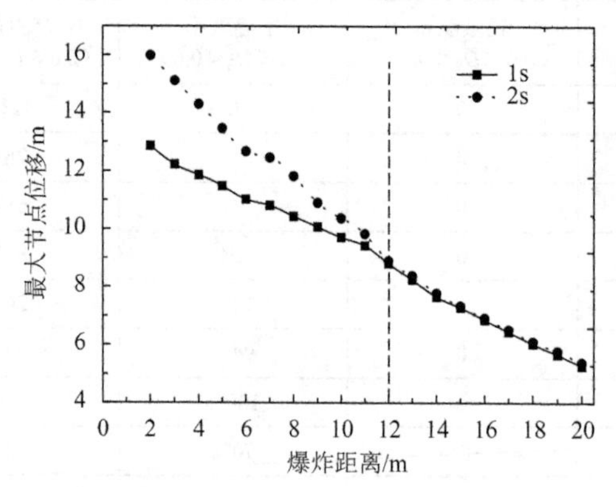

图 7-7　不同计算时间 60m 跨度单层球面网壳结构的位移响应

进而得到了该网壳结构的损伤因子计算公式：

$$D_S = \frac{1}{3}\left(\frac{d}{8.8} + \frac{r_1}{0.92} + \frac{r_4}{0.73}\right) \tag{7-3}$$

仍从距单层网壳右侧 5～100m 范围引爆 1000kg 炸药，分别对 N=50 个抽样样本进行仿真分析，得到结构不同损伤状态的失效概率如表 7-6 所示，可靠度曲线如图 7-8 所示。

表 7-6　跨度 60m 单层球面网壳不同损伤状态的失效概率

爆炸距离/m	无损伤 ($D_S = 0.0$)	轻微破坏 ($0.0 < D_S < 0.1$)	中等破坏 ($0.1 \le D_S < 0.6$)	严重破坏 ($0.6 \le D_S < 1.0$)	倒塌破坏 ($D_S \ge 1.0$)
5	0	0	0	0	100%
10	0	0	0	42%	58%
15	0	0	0	78%	22%
20	0	0	0	92%	8%

续表

爆炸距离/m	无损伤（$D_S=0.0$）	轻微破坏（$0.0<D_S<0.1$）	中等破坏（$0.1\leqslant D_S<0.6$）	严重破坏（$0.6\leqslant D_S<1.0$）	倒塌破坏（$D_S\geqslant 1.0$）
25	0	0	16%	84%	0
30	0	0	48%	52%	0
35	0	0	62%	38%	00
40	0	0	92%	8%	0
50	0	0	90%	10%	0
70	0	24%	74%	2%	0
100	0	70%	30%	0	0

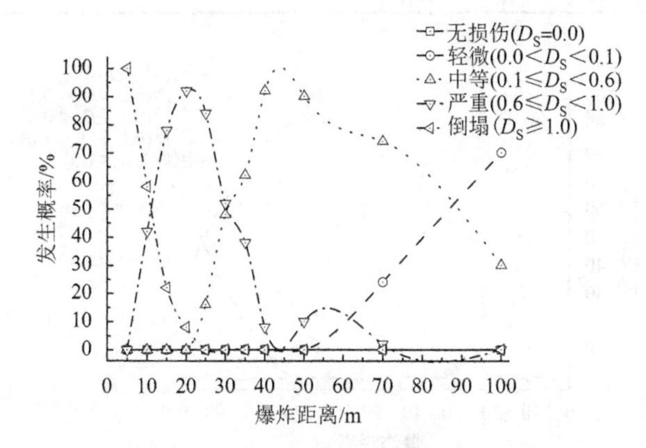

图 7-8　1000kg TNT 外爆作用下 60m 跨度单层球面网壳不同损伤状态的可靠度曲线

通过可靠度曲线可以发现跨度为 60m、屋面质量为 50kg/m^2 的单层球面网壳结构的抗爆能力很弱。当爆炸距离较小（$R<30$m）时，网壳结构在爆炸作用下损伤很大，主要发生严重破坏和倒塌破坏；当爆炸距离中等（$30\text{m}\leqslant R\leqslant 70\text{m}$）时，网壳结构主要发生中等破坏；只有当爆炸距离很大（$R>70$m）时，网壳结构的损伤才比较小，主要发生轻微破坏。

3. 跨度 40m 单层球面网壳

1）屋面质量 $q=150\text{kg/m}^2$

首先需要确定结构损伤因子 D_S 的计算公式。根据 6.4 节方法确定结构的临界爆炸距离为 12m。此时 $d=4.79$m，$r_1=95.8\%$，$r_4=75.8\%$。进而得到结构的损伤因子计算公式：

$$D_S=\frac{1}{3}\left(\frac{d}{4.7}+\frac{r_1}{0.95}+\frac{r_4}{0.75}\right) \tag{7-4}$$

从距该单层网壳右侧 5～100m 远引爆 1000kg 炸药，对 $N=50$ 个抽样样本进行仿真分析，得到不同损伤状态的失效概率如表 7-7 所示，可靠度曲线如图 7-9 所示。

表 7-7　跨度 40m 单层球面网壳不同损伤状态的失效概率（$q = 150\text{kg/m}^2$）

爆炸距离/m	无损伤（$D_S = 0.0$）	轻微破坏（$0.0 < D_S < 0.1$）	中等破坏（$0.1 \leqslant D_S < 0.6$）	严重破坏（$0.6 \leqslant D_S < 1.0$）	倒塌破坏（$D_S \geqslant 1.0$）
5	0	0	0	86%	14%
10	0	0	10%	90%	0
15	0	0	76%	22%	2%
20	0	0	92%	8%	0
30	0	42%	56%	2%	0
50	0	82%	18%	0	0
70	0	92%	8%	0	0
100	70%	30%	0	0	0

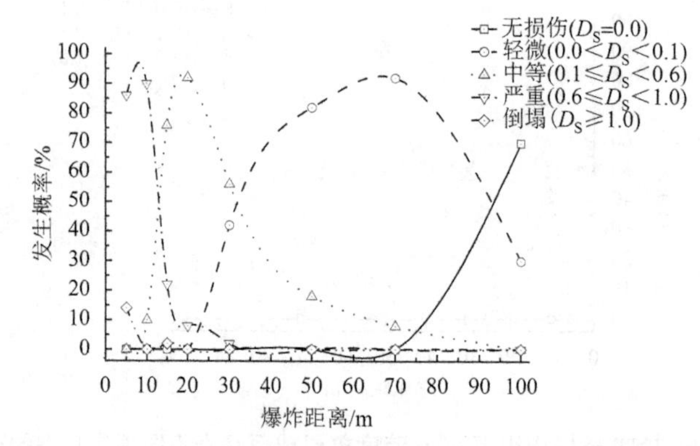

图 7-9　1000kg TNT 外爆作用下 40m 跨度单层球面网壳不同损伤状态的可靠度曲线（$q = 150\text{kg/m}^2$）

通过可靠度曲线可以发现跨度为 40m、屋面质量为 150kg/m^2 的单层球面网壳结构的抗爆能力很强。只有当爆炸距离很小（$R<10\text{m}$）时，网壳结构在爆炸作用下的损伤才比较大，主要发生严重破坏和倒塌破坏；当爆炸距离中等（$10\text{m} \leqslant R \leqslant 30\text{m}$）时，网壳结构主要发生中等破坏；当爆炸距离较大（$R>30\text{m}$）时，网壳结构损伤就比较小了，主要发生轻微破坏。这说明对于该种网壳，基本只要做好安保措施，防止在靠近网壳结构的区域发生爆炸袭击，就可以保证该网壳的完整性和安全性。

2）屋面质量 $q=100\text{kg/m}^2$

对于跨度为 40m 的单层球面网壳，当屋面质量为 $q = 50\text{kg/m}^2$ 和 $q = 100\text{kg/m}^2$ 时，即使炸药质量很大、爆炸距离很近，结构也不发生倒塌，最严重的破坏状态仅为严重破坏。因此上述损伤因子拟合公式和损伤因子评价损伤状态的方法不适用。本节采用 Buidansky-Roth（B-R）准则来判定这种情况下结构的破坏临界状态。其基本原理是：当所加荷载的微小增量导致结构响应的较大变化时，所对应的荷载便是临界荷载。对于本节研究的情况，在其他因素不变的前提下，将爆炸距离的略微减小导致结构爆炸响应增幅较大时判定为结构最终破坏的临界位置。对于

屋面质量 $q=100\text{kg/m}^2$、跨度为 40m 的单层球面网壳结构，计算其各参数为均值时的最大节点位移及屈服杆件百分率，结果见表 7-8。

表 7-8　跨度 40m 单层球面网壳外爆响应计算结果（q=100 kg/m^2）

爆炸距离/m	5	6	7	8	**9**	10	11
最大节点位移/m	5.258	5.172	5.045	4.709	**4.363**	4.039	3.694
1P 百分率/%	89.035	88.157	87.061	85.745	**85.526**	84.649	82.236
4P 百分率/%	72.807	70.175	68.640	66.447	**64.473**	62.061	59.429
爆炸距离/m	12	13	14	15	16	17	18
最大节点位移/m	3.360	3.052	2.732	2.524	2.325	2.1593	1.914
1P 百分率/%	79.824	78.508	75.877	75.219	73.684	71.929	69.517
4P 百分率/%	58.114	55.043	52.192	49.122	46.929	46.271	41.666
爆炸距离/m	19	20	25	30	50	70	100
最大节点位移/m	1.7367	1.615	1.062	0.0628	0.0951	0.0149	0.0242
1P 百分率/%	67.543	64.912	58.333	53.947	32.456	18.859	0
4P 百分率/%	42.675	32.824	37.078	28.429	11.245	4.087	0

由图 7-10 可见，当 $R=9\text{m}$ 时，网壳结构最大节点位移增量最大；此时的结构爆炸响应（最大节点位移 d、杆件 1P 百分率 r_1 和杆件 4P 百分率 r_4）与前述屋面质量为 150kg/m^2 的 40m 跨度的单层球面网壳的临界响应很接近，因此可定义此处为结构发生最终破坏的临界状态，可得 D_S 公式：

$$D_s=\frac{1}{3}\left(\frac{d}{4.3}+\frac{r_1}{0.85}+\frac{r_4}{0.64}\right) \tag{7-5}$$

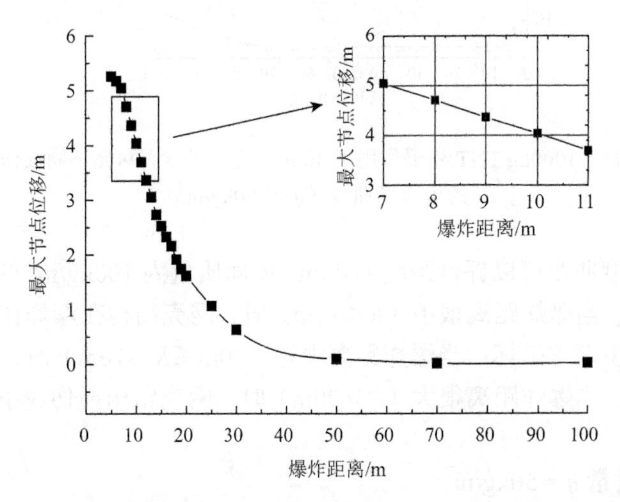

图 7-10　基于 B-R 准则判定跨度 40m 单层球面网壳极限状态（$q=100\text{kg/m}^2$）

根据该损伤因子计算公式，可得到屋面质量为 100kg/m^2 时，K8 型单层球面网壳在不同爆炸距离下发生各种破坏模式的概率，如表 7-9 所示，拟合得到的不同损伤状态的可靠度曲线如图 7-11 所示。

表 7-9　跨度 40m 单层球面网壳不同损伤状态的失效概率（q = 100kg/m^2）

爆炸距离/m	无损伤（D_S=0.0）	轻微破坏（0.0＜D_S＜0.1）	中等破坏（0.1≤D_S＜0.6）	严重破坏（0.6≤D_S＜1.0）
5	0	0	0	100%
10	0	0	0	100%
15	0	0	8%	92%
20	0	0	68%	32%
25	0	0	94%	6%
30	0	0	94%	6%
50	0	0	100%	0
70	0	54%	46%	0
100	14%	86%	0	0

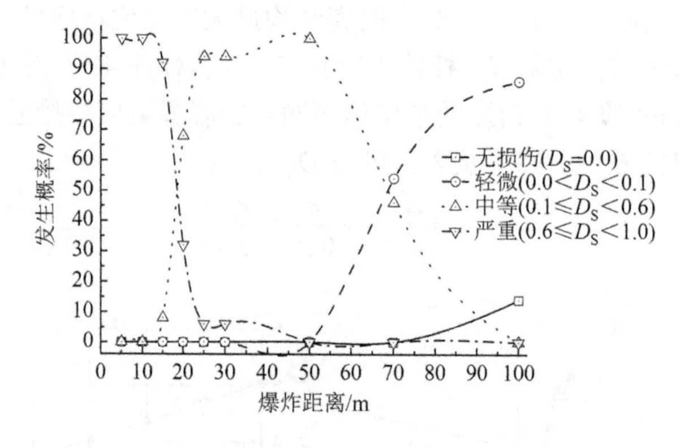

图 7-11　1000kg TNT 外爆作用下 40m 跨度单层球面网壳不同损伤状态的可靠度曲线（q = 100kg/m^2）

通过可靠度曲线可以评价跨度为 40m、屋面质量为 100kg/m^2 单层球面网壳结构的抗爆能力：当爆炸距离很小（R＜10m）时，网壳结构在爆炸作用下的损伤比较大，主要发生严重破坏；当爆炸距离中等（10m≤R≤70m）时，网壳结构主要发生中等破坏；当爆炸距离很大（R＞70m）时，网壳结构损伤较小，主要发生轻微破坏。

3）屋面质量 q = 50kg/m^2

与屋面质量为 100kg/m^2 情况类似，各爆炸位置的结构响应计算结果如表 7-10

和图 7-12 所示，可见，当 R=11m 时，网壳结构最大节点位移增量最大，因此将此时作为结构发生破坏的临界状态，可得 D_{S} 公式：

$$D_{\mathrm{S}}=\frac{1}{3}\left(\frac{d}{5.1}+\frac{r_1}{0.91}+\frac{r_4}{0.73}\right) \tag{7-6}$$

表 7-10　跨度 40m 单层球面网壳外爆响应计算结果（q = 50kg/m^2）

爆炸距离/m	5	6	7	8	9	10	11
最大节点位移/m	7.219	6.809	6.568	6.299	6.036	5.674	**5.168**
1P 百分率/%	91.228	90.570	89.473	89.912	91.228	90.350	**91.447**
4P 百分率/%	79.385	78.508	77.412	75.657	72.587	72.368	**73.684**
爆炸距离/m	12	13	14	15	16	17	18
最大节点位移/m	4.746	4.404	4.056	3.658	3.300	2.928	2.707
1P 百分率/%	92.105	90.789	87.938	85.307	84.210	82.017	80.482
4P 百分率/%	71.929	69.517	68.201	64.912	62.719	62.5	58.333
爆炸距离/m	19	20	30	40	50	70	100
最大节点位移/m	2.532	2.426	1.073	0.417	0.132	0.022	0.016
1P 百分率/%	79.385	78.947	65.350	53.947	56.578	32.456	0
4P 百分率/%	57.675	54.824	44.078	34.429	23.245	10.087	0

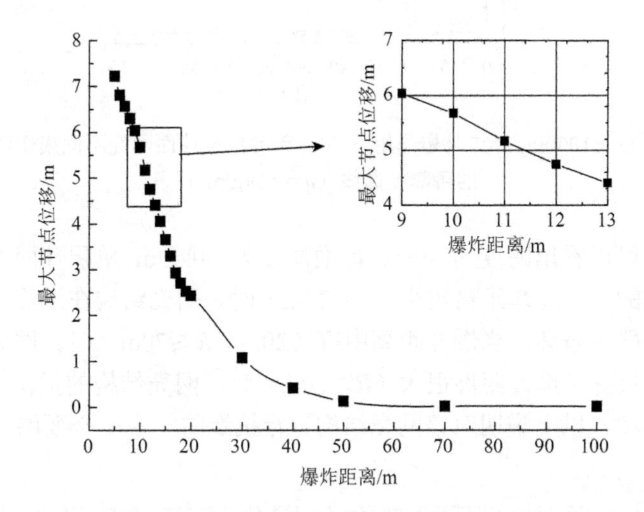

图 7-12　基于 B-R 准则判定跨度 40m 单层球面网壳极限状态（q = 50kg/m^2）

根据式（7-6）得到各爆炸距离下 50 组样本的失效概率统计结果，如表 7-11 所示，不同损伤状态的可靠度曲线如图 7-13 所示。

表 7-11　跨度 40m 单层球面网壳不同损伤状态的失效概率（$q = 50\text{kg/m}^2$）

爆炸距离/m	无损伤（D_S=0.0）	轻微破坏（0.0＜D_S＜0.1）	中等破坏（0.1≤D_S＜0.6）	严重破坏（0.6≤D_S＜1.0）
5	0	0	0	100%
10	0	0	0	100%
15	0	0	0	100%
20	0	0	14%	86%
25	0	0	52%	48%
30	0	0	88%	12%
40	0	0	100%	0
50	0	0	100%	0
70	0	0	100%	0
100	0	82%	18%	0

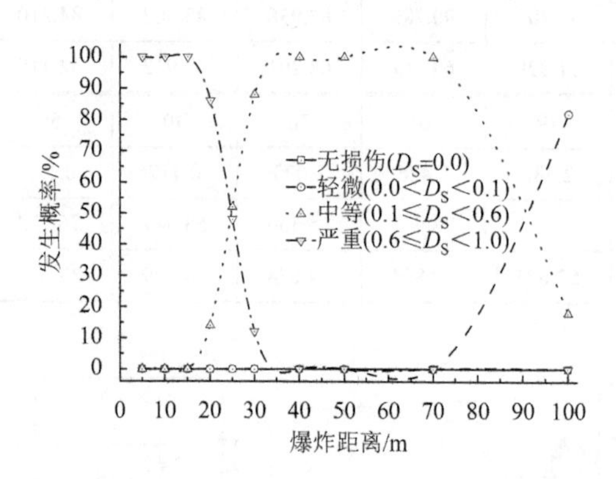

图 7-13　1000kg TNT 外爆作用下 40m 跨度单层球面网壳不同损伤状态的可靠度曲线（$q = 50\text{kg/m}^2$）

通过曲线可以看出跨度为 40m、屋面质量为 50kg/m^2 单层球面网壳结构的抗爆能力是较弱的，当爆炸距离较小（R＜20m）时，网壳结构在爆炸作用下损伤很大，主要发生严重破坏；当爆炸距离中等（20m≤R≤70m）时，网壳结构主要发生中等破坏；只有当爆炸距离很大（R＞70m）时，网壳结构的损伤才比较小，主要发生轻微破坏。以上说明对该网壳结构进行抗爆防护也是必要的。

7.4　单层球面网壳在外爆作用下的风险评估

工程结构的抗爆防护通常有两种方式：一是在结构外围设置阻隔装置，如设置防撞柱、防爆墙等，以阻隔爆炸物远离结构引爆；二是提升结构自身的抗爆吸能能力，如可采用吸能材料、增大构件截面、加强薄弱区域等。本节将分别以这两种方式为例，将7.3节中网壳结构可靠度分析的结果与风险评估理论结合起来，实现网壳结构在爆炸作用下的概率风险评估。本节首先对风险评估方法及网壳结构爆炸经济损失模型进行描述；然后以跨度为80m的单层球面网壳为例，研究在结构周边设置防撞柱对结构损伤状态及经济损失的影响，通过考察设置防撞柱时的纯收益与设置距离之间的关系，可确定防撞柱的最优设置方案；最后对跨度为40m的单层球面网壳进行基于全生命投资的抗爆设计方案优化，结合结构初始造价、维护检修费用和结构爆炸经济损失，计算3个网壳结构设计方案考虑预期爆炸后的总投入，根据结构建造地点发生爆炸袭击的概率和可能发生爆炸的位置，可确定出总投资最小的结构设计方案。

7.4.1　风险评估的基本原理

工程结构风险评估是指在掌握充分资料的基础之上，采用合适的方法对已识别风险进行系统分析和研究，评估风险发生的概率、结构的破坏状态以及造成的经济损失，为接下来选择适当的风险处理方法提供依据。风险评估常用方法主要有定性分析方法和定量分析方法两种。定性分析方法包括问卷调查、集体讨论以及专家调查法。定量分析方法主要有计算机模拟方法（如Monte-Carlo模拟方法）、决策树分析法、敏感性分析、压力测试失效模式与影响分析以及统计推论（如集中趋势法）等。

结构在爆炸作用下的风险评估是爆炸袭击发生的概率和爆炸造成的各种经济损失两个基本要素的乘积。在风险评估中要预测结构在设计基准期内由爆炸造成的经济损失及人员伤亡数量，其中爆炸经济损失需要考虑结构在爆炸作用下的损伤状态及结构发生不同损伤状态的概率，因此7.3节的可靠度研究也是本节风险评估中的关键环节。

7.4.2　爆炸作用下网壳结构经济损失模型

要计算网壳结构遭受爆炸荷载发生破坏所带来的损失，不仅需要计算与结构破坏状态直接相关的经济损失（结构破坏、灾后修复、人员伤亡等），还需要综合考虑建筑功能中断带来的经济损失以及社会影响和政治因素带来的损失等。既有研究中通常将以上各种损失归并为直接经济损失、间接经济损失和人员伤亡损失3类。

1. 直接经济损失

直接经济损失（L_1）是指由于爆炸袭击引起结构整体或者局部破坏所造成的

经济损失，主要包括结构构件及设备的维修更换费用。对于网壳结构，这些费用与结构的损伤状态及结构的初始成本有关。参考美国联邦紧急救援署的 HAZAS 技术手册（2003 年）以及 Basoz 和 Mander（1999）对建筑物灾后修复的研究结论，本节提出了对应于网壳结构不同损伤状态的直接经济损失与初始成本的比率，如表 7-12 所示。

表 7-12　不同损伤状态直接经济损失与初始成本的比率

损伤状态	无损伤	轻微破坏	中等破坏	严重破坏	倒塌破坏
直接损失比率	0.02	0.10	0.30	0.70	1.00

2. 间接经济损失

间接经济损失（L_2）是指由于结构破坏导致经济系统不能正常运行而产生的经济损失，如工厂停产、投资积压、建筑封锁等导致的经济损失等。建筑灾后的间接经济损失与该建筑的重要性密切相关，关键结构如果发生倒塌破坏，将带来巨大的经济损失。根据天津地震和 Lancang-Gengma 地震的灾后经济损失调查工作，Wang 等（1999）、Kazuhiko 和 Takashi（1990）提出了一个简单的方法来确定间接经济损失，其与初始成本的比率如表 7-13 所示，本节在研究网壳结构的间接经济损失时也采用该模型。一般来说，网壳结构多用于交通枢纽、航站楼、体育场、展览馆等公共建筑，结构破坏引起的间接经济损失也是非常巨大的，一般可按表 7-13 中Ⅱ型建筑的最低限值确定。

表 7-13　各种建筑类型的间接经济损失与初始成本的比率

损伤状态	无损伤	轻微破坏	中等破坏	严重破坏	倒塌破坏
Ⅰ型建筑	0.0	0.0	1.0～10.0	10.0～50.0	50.0～200.0
Ⅱ型建筑	0.0	0.0	0.5～1.0	3.0～6.0	8.0～20.0
Ⅲ型建筑	0.0	0.0	0.5	2.0	6.0
Ⅳ型建筑	0.0	0.0	0.2	1.0	2.0

3. 人员伤亡损失

建筑受到爆炸袭击时，会在较短时间内迅速破坏，结构构件、附属构件以及设备脱落、变形，会导致建筑内部人员伤亡，而且爆炸常常导致火灾等次生灾害，对人员逃生以及现场救助十分不利。因此，建筑遭受爆炸时的人员伤亡数量与结构在爆炸袭击下的损伤状态有很大关联。

本节将人员伤亡损失（L_3）转化为货币价值，以便于计算纯收益。通常，人员伤亡损失可表示为

$$C_F = \gamma_F N_0 V_F \tag{7-7}$$

式中，N_0 为考察的建筑物内人群总数；γ_F 为此建筑物受灾死亡人数与 N_0 的比率；V_F 为每个伤亡人员的货币价值。

人员伤亡数量的预测模型主要包括与建筑物的损坏程度有关的致残率和死亡率两个参数（Stewart and Melchers，1997），本节中采用的模型如表 7-14 所示。这里假定致残人员中的 10%后期是不能自理的，其损失与死亡人员经济损失相同。

表 7-14　不同损伤状态的死亡率和致残率

损伤状态	死亡率 γ_F/%	致残率 γ_M/%
无损伤	0	0
轻微破坏	0	0～0.05
中等破坏	0～0.1	0.02～0.3
严重破坏	0.01～1	0.1～5
倒塌破坏	2～30	5～70

7.4.3　基于防撞柱防护措施的评估与布置优化

1. 评估方法

在建筑外围设置一些阻隔装置，如抗爆屏障、防撞柱和防爆墙等，可以阻止汽车炸弹靠近重要的建筑物，从而降低爆炸袭击对建筑结构造成的破坏（Zhou and Hao，2008；Rose et al.，1995）。同理，这些防护措施也适用于大跨空间结构，本节即以防撞柱为例对其设置的必要性及布置位置进行评估。

参考 Mueller 和 Stewart（2011）、Stewart（2010）、Stewart 和 Melchers（1997）对传统建筑结构与桥梁的研究思想，本节提出了适用于网壳结构的防护措施评估方法。对于防撞柱的设置，通过比较其设置投入成本与减少的结构爆炸损失之间的关系，就可以评价该措施是否有益，具体如式（7-8）所示：

$$E_b = E(C_B) + \sum_{i=1}^{M}\sum_{j=1}^{N} P_r(H)P_r(\mathrm{DS}_i \middle| H)P_r(L_j \middle| \mathrm{DS}_i)L_j \frac{\Delta R_i}{100} - C_{\text{security}} \tag{7-8}$$

式中，E_b 为设置防撞柱的纯收益；E（C_B）为设置防撞柱时与恐怖威胁没有直接关系的预期收益；C_{security} 为设置防撞柱的额外投入成本；P_r（H）为未设置防撞柱时，每年发生恐怖攻击的概率；DS_i 为爆炸作用下结构发生的第 i 种破坏模式（共 M 种）；M 为破坏模式编号（其中 1 为无损伤，2 为轻微破坏，3 为中等破坏，

4 为严重破坏，5 为倒塌破坏）；P_r（$DS_i|H$）为结构发生第 i 种破坏模式的条件概率；L_j 为第 j 种经济损失（共 N 种）；N 为经济损失类型的编号（其中 1 为直接经济损失，2 为间接经济损失，3 为人员伤亡损失）；P_r（$L_j|DS_i$）为发生第 i 种破坏模式时产生第 j 种经济损失的条件概率；ΔR_i 为设置防撞柱降低第 i 种破坏模式发生风险的比例。

式（7-8）中所有结果都以货币单位为基本单位。在建筑的风险评估中，通常以一年为基本评估时间，因此对于式（7-8），即求结构设置防撞柱时平均一年的纯收益 E_b，此时建造成本、爆炸损失和保护收益都是按年计算的。对于某一防护措施投入，如果纯收益 $E_b>0$，即认为其是有益的；如果多种防护措施均有益，那么认为纯收益最大的防护措施是最优的。

风险评估分析还需要考虑一个重要问题，就是如何将人的生命估价，得到一个统计意义上的生命价值。Paté-Cornell（1994）研究表明，对于当时社会，一个生命价值为 200 万美元左右是比较适用的；而美国运输部在 2000 年的建议值则为 300 万美元（Viscusi, 2000）。本节采用美国国土安全部的建议值，取每个生命价值为 650 万美元，这也是更被广大研究人员接受的数值（Robinson, 2010）。

2. 算例分析

根据 7.3 节中网壳结构在爆炸作用下的失效概率分析可知，跨度为 80m 的单层球面网壳抗爆能力较弱，需要在结构外围设置防爆措施以阻止汽车炸弹的靠近，因此本节选用该结构说明增加防爆措施的评估方法及过程。

假设该网壳结构建造在美国，结构设计基准期为 50 年，该网壳是一个重要的、能容纳 8000 名观众的标准体育馆。结构初始投资成本假定为 50000000 美元（约为 9000 美元/米^2）。假设在距离建筑物 10m 处设置防撞柱，恐怖袭击为 1000kg 炸药当量的 TNT 汽车炸弹。假设未设置防撞柱时结构发生倒塌的概率是 100%（汽车炸弹可以无限靠近建筑物），根据表 7-5 可知设置防撞柱后结构可能发生严重破坏和倒塌破坏两种状态，概率分别为 26%和 74%，如表 7-15 所示。

表 7-15　网壳结构的失效概率和死亡率（防撞柱设置距离 10m）

	P_r（$DS_5|H$）	P_r（$DS_4|H$）
破坏模式	倒塌破坏	严重破坏
无防护措施	1.0	0.0
设置防撞柱	0.74	0.26
降低比例	0.26	–0.26

式（7-8）可以重新表示如下：

$$\begin{aligned}E_b &= 收益 - 投资 = [L_0 - L_i] - C_R \\ &= P_{\text{attack}}\left[\sum_{i=4}^{5}\sum_{j=1}^{3} P_r(\text{DS}_i|H_0)L_j - \sum_{i=4}^{5}\sum_{j=1}^{3} P_r(\text{DS}_i|H_i)L_j\right] - C_R\end{aligned} \tag{7-9}$$

当发生爆炸时，即使单层球面网壳结构仅发生严重破坏，结构迎爆面的墙体和屋面板也会部分断裂或失效，会使建筑内部人员直接受到冲击波作用或飞射物伤害，导致伤亡。所以当结构发生严重破坏时， 按照表 7-14 中选取死亡率为 1%，当结构发生倒塌，选取死亡率为 10%。式（7-9）中的参数数值可以按表 7-15 和表 7-16 确定。

表 7-16　经济损失（L_j）与初始成本（C_I）的比率

比率	破坏模式			
	轻微破坏	中等破坏	严重破坏	倒塌破坏
直接经济损失比率 L_1/C_I	0.10	0.30	0.70	1.00
间接经济损失比率 L_2/C_I	0.00	0.50	3.00	6.00
人员死亡损失比率 L_3/C_I	0.00	1.04 （$\gamma_F = 0.001$）	10.4（$\gamma_F = 0.01$）	104（$\gamma_F = 0.1$）
亏损总额/美元	5	92	705	5550

3. 纯收益门槛率

假设防撞柱设置在距离网壳结构 10m 远的位置。当柱间距为 1m 时，可以得到在网壳结构周围共有 314 根防撞柱。假设这些防撞柱有两种，包括 294 根固定式的和 20 根液压升降式的（可下降、收起形成通道，允许汽车通过）。每个固定式防撞柱价值 1150 美元，每个升降式防撞柱价值 20000 美元，可以计算出设置这些防撞柱的初始投资成本约 74 万美元。假设这些防撞柱有 10 年的使用期，维修费为防撞柱成本的 10%。如果超过 10 年，年均 4%的贴现率的成本增加 10%，相当于现值的 1.23%。那么按式（7-9）计算可得，设置这些防撞柱每年需要的成本约为 9.1 万美元。

$$C_{\text{Bollards}} = 10\% \times 0.74 / [1/(1+4\%) + 1/(1+4\%)^2 + \cdots + 1/(1+4\%)^{10}] = 0.091(百万美元) \tag{7-10}$$

代入式（7-9）可得纯收益：

$$\begin{aligned}E_b &= [1.0\times 111 - (0.74\times 111 + 0.26\times 14.1)]\times 50\times P_{\text{attack,annual}} - 0.091 \\ &= 1260 P_{\text{attack,annual}} - 0.091\end{aligned} \tag{7-11}$$

根据式（7-11），当 $E_b = 0$ 时，可求得网壳结构设置防撞柱的投资有益时的纯收益门槛概率是 7.22×10^{-5}/(建筑·年)。

图 7-14 为纯收益和恐怖袭击年度发生概率之间的关系。可见当 $P_{attack} \leqslant 10^{-1}$/(建筑·年)时，纯收益 E_b 在 0 左右浮动，变化不大；而当 $P_{attack} > 10^{-1}$/(建筑·年)时，纯收益 E_b 急速上升，尤其是当 P_{attack}=1/(建筑·年)时，E_b 接近 130000 万美元。这说明对于发生恐怖袭击概率比较高的建筑，设置防撞柱保护措施是非常必要的，这将会大大降低结构的预期损失；对于发生恐怖袭击概率很低的建筑，设置防撞柱是不必要的；当发生概率低于门槛概率时，设置防撞柱不仅不会降低建筑结构受到爆炸袭击后的经济损失，反而会增加额外的成本投入。所以决定是否在结构外部设置防撞柱等保护措施时，必须考虑该建筑的重要性及其受到恐怖袭击的概率。

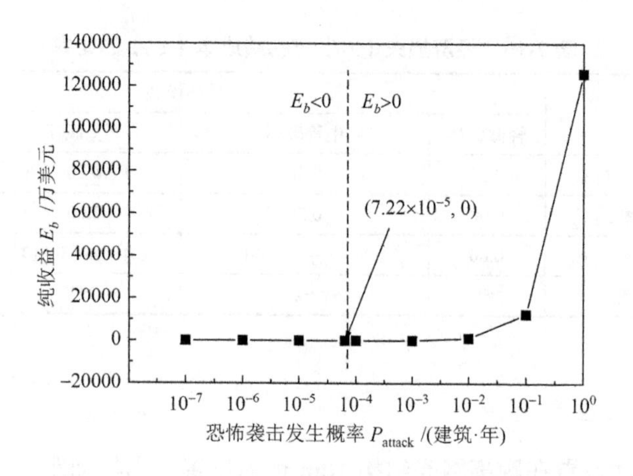

图 7-14　纯收益和恐怖袭击年度发生概率之间的关系

对于网壳结构，在爆炸作用下发生严重破坏或倒塌破坏时，死亡率很可能超过 10%，这个数值对于风险评估是重要的影响因素。本节计算了其他死亡率对应的纯收益，并将得到的门槛概率结果列于表 7-17 中以供参考。由表 7-17 可见，随着死亡率的增大，纯收益的门槛概率呈现不断减小的规律。

表 7-17　死亡率和恐怖袭击纯收益门槛概率的关系

死亡率	0.1	0.2	0.3	0.4	0.5
纯收益的门槛概率/(10^{-5}/(建筑·年))	7.22	3.48	2.30	1.71	1.36

同样地，也可以得到防撞柱设置在其他位置（距离）时，每年产生的额外成本以及相对于不同死亡率的纯收益门槛概率，见表 7-18 和图 7-15。

表 7-18　防撞柱设置距离和纯收益门槛概率的临界值

设置距离/m	防撞柱年成本/万美元	纯收益的门槛概率/(10^{-5}/(建筑·年))		
		$\gamma_F=0.1$	$\gamma_F=0.3$	$\gamma_F=0.5$
5	8.8	182	57.7	34.3
10	9.1	7.22	2.30	1.36
15	9.7	3.45	1.10	0.471
20	10.2	2.27	0.726	0.432
30	11.1	2.10	0.707	0.425
40	12.0	2.21	0.758	0.457
60	13.9	2.55	0.877	0.529
80	15.8	2.88	0.995	0.601
100	17.6	3.18	1.10	0.668

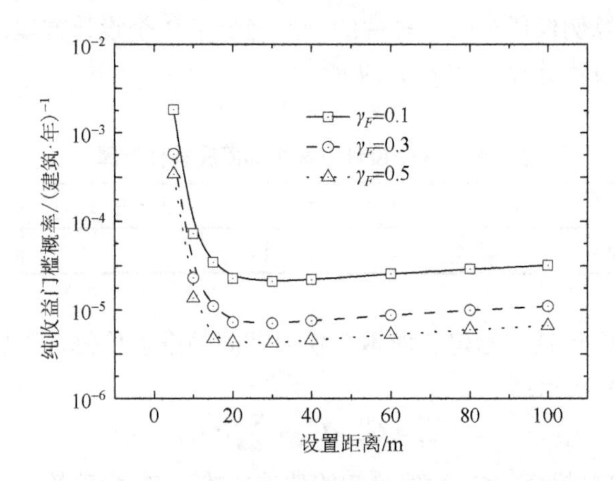

图 7-15　纯收益门槛概率和防撞柱设置距离之间的关系

由图 7-15 可见，对于一个已知的伤亡率 γ_F，可以得到防撞柱设置距离与纯收益门槛概率之间的关系，并存在曲线的极值，即防撞柱的优化设置位置。在图 7-15 中，设置距离为 30m 时，三条曲线均达到极值点，即最大纯收益出现在设置距离为 30m 的情况下，这也意味着防撞柱并不是设置在距离建筑结构越远的位置越好。当然，在实际工程中采取防护措施时，还需要考虑其他因素，如空间限制、建筑效果等因素。

7.4.4　基于投资最优原则的结构方案优化

在对有反恐抗爆要求的网壳结构进行设计时，设计方案除了要满足常规的要求，还希望在发生偶然爆炸时经济损失尽量小。我们不能按照结构不坏（或轻微破坏）的原则进行抗爆设计，这样会造成巨额的初始成本投入，很不经济；可以通过评估方法使在建筑设计基准期内的总投资最小，这就是投资最优原则。建筑的总投资包括建筑初始建造成本、使用期间的维护检修费用以及在爆炸发生时的经济损失。本节以跨度为 40m 的单层球面网壳为例来叙述这个评估的过程，计算网壳结构在不同的设计方案下遭受爆炸袭击时发生破坏的概率及建设总投资，根据投资最优原则，讨论确定适用于不同爆炸荷载的最优方案。

1. 算例基本信息

假设该单层球面网壳结构为一个音乐厅，建设地点在中国。结构跨度为 40m，矢跨比为 1/5，屋面质量为 150kg/m²，钢材选用 Q235B，结构杆件（肋杆、环杆和斜杆）是截面直径均为 114mm 的圆钢管，节点为 350mm×10mm 空心球。为降低计算量，本算例仅通过改变杆件的壁厚确定了 3 个设计方案，进行建筑使用生命周期内的总投资计算，如表 7-19 所示。

表 7-19　3 个设计方案中的网壳杆件壁厚

方案编号	方案 A	方案 B	方案 C
杆件壁厚/mm	3	4	5

建筑的总投资包括初始建造成本、使用期间的维护检修费用以及爆炸经济损失，用式（7-12）表示：

$$C_{\text{tot}} = C_b + C_m + \sum P_f C_f \tag{7-12}$$

式中，C_{tot} 为建筑总投资；C_b 为建筑初始建造成本；C_m 为建筑使用期间的维护检修费用；P_f 为结构受到爆炸时发生某种破坏模式的概率；C_f 为建筑受到爆炸时发生某种破坏模式的经济损失。

2. 初始建造成本估算

网壳结构的初始建造成本主要包括建筑材料、结构整体施工、设备购买使用以及建筑内外部装修等费用。假设该音乐厅能容纳 1000 名观众。按 8000 元/米² 的造价，假定建筑初始建造成本如表 7-20 所示。

表 7-20　建筑初始建造成本

方案编号	方案 A	方案 B	方案 C
建筑初始建造成本/万元	2000	2250	2500

3. 建筑维护检修费用估算

建筑物长期承受各种荷载作用，部分主体构件、次要构件会有损伤，外部环境也会导致钢材腐蚀和屋面板老化等现象。因此，建筑物在使用过程中，需要进行定期的检修和维护并产生相应的费用，本节计算网壳结构维护检修费用的模型如式（7-13）所示（杜文风等，2011）：

$$C_m = \frac{C_{mn}}{2}(T - T_1)/T_0 + C_k T \tag{7-13}$$

式中，T 为网壳结构的设计使用周期；T_1 为结构建成至第一次需要大修的时间，一般为 15～20 年；T_0 为网壳结构大修间隔时间，一般为 10 年；C_k 为平均每年的维护检修费用，约为初始投资的 0.5%；C_{mn} 为结构进行大修的费用，约为初始投资的 20%。

本节研究中，取 $T_1 = 15$ 年，$C_{mn} = 20\%C_b$，$C_k = 0.5\%C_b$，根据式（7-13）可以计算得到网壳结构的维护检修费用的估算值，如表 7-21 所示。

表 7-21　建筑维护检修费用

方案编号	方案 A	方案 B	方案 C
建筑维护检修费用/万元	1200	1350	1500

4. 爆炸经济损失估算

1）结构爆炸失效概率计算

按照可靠度分析的步骤对 3 个设计方案进行失效概率分析，为减小计算量，采用 Monte-Carlo 方法抽样生成 10 个随机样本（表 7-22），炸药距离为 5～100m，炸药质量 W 分别取 800kg、1000kg 和 1200kg，共得到 810 组样本数据。3 个设计方案在爆炸作用下不同损伤状态的失效概率见表 7-23～表 7-31。

表 7-22　Monte-Carlo 方法随机变量抽样

样本编号	屈服强度/MPa	弹性模量/10^5MPa	炸药质量/kg			炸药高度/m	屋面质量/（kg/m^2）
			800	1000	1200		
1	290.463	2.121	865.8	1136	894.0	0.486	188.718
2	287.517	2.084	1024.5	957.3	1179.4	0.481	143.116
3	263.758	2.072	523.5	985.7	1243.2	0.431	150.311
4	279.136	2.077	905.5	1092	1287.7	0.439	122.353
5	265.325	2.063	839	969.4	1040.2	0.427	193.877

续表

样本编号	屈服强度/MPa	弹性模量/10^5MPa	炸药质量/kg			炸药高度/m	屋面质量/（kg/m^2）
			800	1000	1200		
6	253.929	2.012	639.9	1105	1076.8	0.527	188.379
7	283.041	2.108	746.9	964.8	1296.7	0.622	194.644
8	272.279	2.140	841.9	1103	1185.7	0.540	170.577
9	267.450	2.026	1238	106.4	1267.6	0.565	187.661
10	276.534	2.179	1139	978.3	1082.4	0.602	132.262

表 7-23　结构方案 A 不同损伤状态的失效概率（$W=800$kg）

爆炸距离/m	无损伤（$D_S=0.0$）	轻微破坏（$0.0<D_S<0.1$）	中等破坏（$0.1\leqslant D_S<0.6$）	严重破坏（$0.6\leqslant D_S<1.0$）	倒塌破坏（$D_S\geqslant 1.0$）
5	0	0	0	60%	40%
10	0	0	20%	80%	0
15	0	0	40%	60%	0
20	0	0	70%	30%	0
30	0	0	100%	0	0
40	0	0	100%	0	0
60	0	50%	50%	0	0
80	10%	90%	0	0	0
100	40%	60%	0	0	0

表 7-24　结构方案 A 不同损伤状态的失效概率（$W=1000$kg）

爆炸距离/m	无损伤（$D_S=0.0$）	轻微破坏（$0.0<D_S<0.1$）	中等破坏（$0.1\leqslant D_S<0.6$）	严重破坏（$0.6\leqslant D_S<1.0$）	倒塌破坏（$D_S\geqslant 1.0$）
5	0	0	0	20%	80%
10	0	0	0	100%	0
15	0	0	9%	89%	2%
20	0	0	50%	50%	0
30	0	0	100%	0	0
40	0	0	100%	0	0
60	0	10%	90%	0	0
80	0	80%	20%	0	0
100	10%	90%	0	0	0

表 7-25　结构方案 A 不同损伤状态的失效概率（$W=1200$kg）

爆炸距离/m	无损伤 （$D_S=0.0$）	轻微破坏 （$0.0<D_S<0.1$）	中等破坏 （$0.1\leqslant D_S<0.6$）	严重破坏 （$0.6\leqslant D_S<1.0$）	倒塌破坏 （$D_S\geqslant 1.0$）
5	0	0	0	10%	90%
10	0	0	0	60%	40%
15	0	0	10%	90%	0
20	0	0	30%	70%	0
30	0	0	100%	0	0
40	0	0	100%	0	0
60	0	10%	90%	0	0
80	10%	50%	40%	0	0
100	10%	80%	10%	0	0

表 7-26　结构方案 B 不同损伤状态的失效概率（$W=800$kg）

爆炸距离/m	无损伤 （$D_S=0.0$）	轻微破坏 （$0.0<D_S<0.1$）	中等破坏 （$0.1\leqslant D_S<0.6$）	严重破坏 （$0.6\leqslant D_S<1.0$）	倒塌破坏 （$D_S\geqslant 1.0$）
5	0	0	0	100%	0
10	0	0	40%	60%	0
15	0	0	69%	29%	2%
20	0	0	100%	0	0
30	0	0	100%	0	0
40	0	10%	90%	0	0
60	0	60%	40%	0	0
80	40%	60%	0	0	0
100	70%	30%	0	0	0

表 7-27　结构方案 B 不同损伤状态的失效概率（$W=1000$kg）

爆炸距离/m	无损伤 （$D_S=0.0$）	轻微破坏 （$0.0<D_S<0.1$）	中等破坏 （$0.1\leqslant D_S<0.6$）	严重破坏 （$0.6\leqslant D_S<1.0$）	倒塌破坏 （$D_S\geqslant 1.0$）
5	0	0	0	60%	40%
10	0	0	0	100%	0
15	0	0	59%	39%	2%
20	0	0	100%	0	0
30	0	0	98%	2%	0
40	0	0	100%	0	0
60	0	40%	60%	0	0
80	10%	90%	0	0	0
100	60%	40%	0	0	0

表 7-28　结构方案 B 不同损伤状态的失效概率（$W=1200$kg）

爆炸距离/m	无损伤（$D_S=0.0$）	轻微破坏（$0.0<D_S<0.1$）	中等破坏（$0.1\leqslant D_S<0.6$）	严重破坏（$0.6\leqslant D_S<1.0$）	倒塌破坏（$D_S\geqslant1.0$）
5	0	0	0	30%	70%
10	0	0	0	100%	0
15	0	0	19%	79%	2%
20	0	0	90%	10%	0
30	0	0	100%	0	0
40	0	10%	90%	0	0
60	0	10%	90%	0	0
80	10%	80%	10%	0	0
100	20%	80%	0	0	0

表 7-29　结构方案 C 不同损伤状态的失效概率（$W=800$kg）

爆炸距离/m	无损伤（$D_S=0.0$）	轻微破坏（$0.0<D_S<0.1$）	中等破坏（$0.1\leqslant D_S<0.6$）	严重破坏（$0.6\leqslant D_S<1.0$）	倒塌破坏（$D_S\geqslant1.0$）
5	0	0	20%	80%	0
10	0	0	50%	50%	0
15	0	0	100%	0	0
20	0	0	100%	0	0
30	0	10%	90%	0	0
40	0	40%	60%	0	0
60	0	90%	10%	0	0
80	50%	50%	0	0	0
100	100%	0	0	0	0

表 7-30　结构方案 C 不同损伤状态的失效概率（$W=1000$kg）

爆炸距离/m	无损伤（$D_S=0.0$）	轻微破坏（$0.0<D_S<0.1$）	中等破坏（$0.1\leqslant D_S<0.6$）	严重破坏（$0.6\leqslant D_S<1.0$）	倒塌破坏（$D_S\geqslant1.0$）
5	0	0	0	100%	0
10	0	0	10%	90%	0
15	0	0	89%	9%	2%
20	0	0	100%	0	0
30	0	0	100%	0	0
40	0	10%	90%	0	0
60	0	100%	0	0	0
80	10%	90%	0	0	0
100	70%	30%	0	0	0

表 7-31　结构方案 C 不同损伤状态的失效概率（$W = 1200\text{kg}$）

爆炸距离/m	无损伤（$D_S = 0.0$）	轻微破坏（$0.0 < D_S < 0.1$）	中等破坏（$0.1 \leqslant D_S < 0.6$）	严重破坏（$0.6 \leqslant D_S < 1.0$）	倒塌破坏（$D_S \geqslant 1.0$）
5	0	0	10%	60%	30%
10	0	0	10%	90%	0
15	0	0	50%	50%	0
20	0	0	100%	0	0
30	0	10%	90%	0	0
40	0	10%	90%	0	0
60	0	30%	70%	0	0
80	10%	90%	0	0	0
100	50%	50%	0	0	0

2）经济损失估算算例

根据前述建立的经济损失模型，网壳结构遭受爆炸的损失包括直接经济损失、间接经济损失和人员伤亡损失三部分。经济损失的计算公式如式（7-14）所示：

$$L_j = C_b P_{\text{attack}} \sum_{i=1}^{M} \sum_{j=1}^{N} P_r(\text{DS}_i) P_r(L_j | \text{DS}_i) \tag{7-14}$$

式中，L_j 为第 j 种经济损失；C_b 为结构初始建造成本；P_{attack} 为结构所建地点发生汽车炸弹袭击的概率；P_r（DS_i）为结构发生第 i 种破坏模式的概率；P_r（$L_j|\text{DS}_i$）为结构发生第 i 种破坏模式时第 j 种经济损失与 C_b 的比率。

根据肖真霞和刘炫（2011）的研究可知，核电站遭受恐怖袭击的概率为 2.137×10^{-6}。参考该数值，本节假设拟设计网壳结构遭受 800kg、1000kg 和 1200kg 等效 TNT 炸药的汽车炸弹恐怖袭击的概率分别为 3×10^{-6}、2.5×10^{-6} 和 2×10^{-6}。可得到 50 年基准期内的概率分别为

$$\begin{gathered} P_{\text{attack}} \,|\, (W = 800\text{kg}) = 1 - (1 - 3\times10^{-6})^{50} = 0.00015 \\ P_{\text{attack}} \,|\, (W = 1000\text{kg}) = 1 - (1 - 2.5\times10^{-6})^{50} = 0.000125 \\ P_{\text{attack}} \,|\, (W = 1200\text{kg}) = 1 - (1 - 2\times10^{-6})^{50} = 0.0001 \end{gathered} \tag{7-15}$$

直接经济损失可根据表 7-12，按式（7-14）计算得到。

间接经济损失估算应考虑建筑物重要性分类，拟研究的音乐厅属于重点设防类（Ⅱ类）建筑，本节在计算间接经济损失时取表 7-13 中的较大值，结构各破坏状态的间接经济损失与结构成本的比值分别取 0.0、0.0、0.8、5.5、18，根据式（7-14）得到间接经济损失的计算结果。

体育馆为人员密集场所，发生爆炸时人群容易拥挤，逃生难度相对较大，所以本节取表 7-14 中较大的死亡率和致残率。结构各破坏状态对应的死亡率分别为

0.0%、0.0% 、0.08%、0.8%、25%，致残率分别为 0.0%、0.045%、0.08%、4.5%、60%。根据我国 2010 年生命价值表，以 25 岁人员的生命价值为基准，考虑到社会经济的发展，取人均死亡损失费用为 180 万元，人均致残损失费用为 60 万元。按式（7-7）计算可以得到货币化的人员伤亡损失。

取以上三者之和便得到网壳结构的经济损失总值，根据式（7-12），将建筑初始建造成本、使用期间维护检修费用以及爆炸经济损失累加即可得到各结构方案生命周期总投资，见表 7-32～表 7-40。

表 7-32　结构方案 A 爆炸经济损失估算（$W = 800\text{kg}$）

爆炸距离/m	直接经济损失/万元	间接经济损失/万元	人员伤亡损失/万元	总损失/万元	生命周期总投资/万元
5	24.6	31.5	10465.2	10521.3	13699.16
10	18.6	13.68	1031.04	1063.32	4369.7
15	16.8	11.94	1306.08	1334.82	4627.16
20	12.6	6.63	503.64	522.87	3771.2
30	9	2.4	187.2	198.6	3412.1
40	9	2.4	187.2	198.6	3412.1
60	6	1.2	97.65	104.85	3310.25
80	2.76	0	7.29	10.05	3207.566
100	2.04	0	4.86	7.9	3205.064

表 7-33　结构方案 A 爆炸经济损失估算（$W = 1000\text{kg}$）

爆炸距离/m	直接经济损失/万元	间接经济损失/万元	人员伤亡损失/万元	总损失/万元	生命周期总投资/万元
5	2.35	38.75	16407	16448.1	19648.1
10	1.75	13.75	1035	1050.5	4250.5
15	1.7	13.475	1352.1	1367.275	4567.275
20	1.25	7.875	595.5	604.625	3804.625
30	0.75	2	156	158.75	3358.75
40	0.75	2	156	158.75	3358.75
60	0.7	1.8	141.075	143.575	3343.575
80	0.35	0.4	36.6	37.35	3237.35
100	0.23	0	6.075	6.305	3206.305

表 7-34　结构方案 A 爆炸经济损失估算（W = 1200kg）

爆炸距离/m	直接经济损失/万元	间接经济损失/万元	人员伤亡损失/万元	总损失/万元	生命周期总投资/万元
5	23.5	33.5	14662.8	14719.8	17898.24
10	17.5	21	6976.8	7015.3	10199.44
15	17	10.06	757.68	784.74	3969.06
20	12.5	8.18	617.04	637.72	3826.38
30	7.5	1.6	124.8	133.9	3327
40	7.5	1.6	124.8	133.9	3327
60	7	1.44	112.86	121.3	3314.86
80	3.5	0.64	52.62	56.76	3253.604
100	2.3	0.16	17.34	19.8	3217.744

表 7-35　结构方案 B 爆炸经济损失估算（W = 800kg）

爆炸距离/m	直接经济损失/万元	间接经济损失/万元	人员伤亡损失/万元	总损失/万元	生命周期总投资/万元
5	2.3625	18.5625	1397.25	1418.175	15405.19
10	1.8225	12.2175	922.59	936.63	5018.175
15	1.485	8.67375	1113.345	1123.504	4843.89
20	1.0125	2.7	210.6	214.3125	3814.313
30	1.0125	2.7	210.6	214.3125	3842.676
40	0.945	2.43	190.4513	193.8263	3814.313
60	0.6075	1.08	89.7075	91.395	3732.368
80	0.2295	0	5.4675	5.697	3608.512
100	0.1485	0	2.73375	2.88225	3603.821

表 7-36　结构方案 B 爆炸经济损失估算（W = 1000kg）

爆炸距离/m	直接经济损失/万元	间接经济损失/万元	人员伤亡损失/万元	总损失/万元	生命周期总投资/万元
5	23.625	29.53125	9811.125	9864.28125	13442.96
10	18.225	15.46875	1164.375	1198.06875	4781.813
15	14.85	8.55	1026.675	1050.075	4636.575
20	10.125	2.25	175.5	187.875	3778.594
30	10.125	2.559375	198.7875	211.471875	3802.23
40	9.45	2.25	175.5	187.2	3778.594
60	6.075	1.35	108.3375	115.7625	3710.306
80	2.295	0	6.834375	9.129375	3607.093
100	1.485	0	3.0375	4.5225	3603.184

表 7-37　结构方案 B 爆炸经济损失估算（$W=1200$kg）

爆炸距离/m	直接经济损失/万元	间接经济损失/万元	人员伤亡损失/万元	总损失/万元	生命周期总投资/万元
5	20.475	32.0625	13036.95	13089.49	16689.49
10	15.75	12.375	931.5	959.625	4559.625
15	14.4	11.07	1137.78	1163.25	4763.25
20	7.65	2.8575	219.51	230.0175	3830.018
30	6.75	1.8	140.4	148.95	3748.95
40	6.3	1.62	126.9675	134.8875	3734.888
60	6.3	1.62	126.9675	134.8875	3734.888
80	2.52	0.18	18.9	21.6	3621.6
100	1.89	0	4.86	6.75	3606.75

表 7-38　结构方案 C 爆炸经济损失估算（$W=800$kg）

爆炸距离/m	直接经济损失/万元	间接经济损失/万元	人员伤亡损失/万元	总损失/万元	生命周期总投资/万元
5	23.25	17.1	1288.8	1329.15	5329.15
10	18.75	11.8125	893.25	923.8125	4923.813
15	11.25	3	234	248.25	4248.25
20	11.25	3	234	248.25	4248.25
30	10.5	2.7	211.6125	224.8125	4224.813
40	8.25	1.8	144.45	154.5	4154.5
60	4.5	0.3	32.5125	37.3125	4037.313
80	2.25	0	5.0625	7.3125	4007.313
100	0.75	0	0	0.75	4000.75

表 7-39　结构方案 C 爆炸经济损失估算（$W=1000$kg）

爆炸距离/m	直接经济损失/万元	间接经济损失/万元	人员伤亡损失/万元	总损失/万元	生命周期总投资/万元
5	21.875	17.1875	1293.75	1332.813	5332.813
10	20.625	15.71875	1183.875	1220.219	5220.219
15	11.25	5.09375	811.125	827.4688	4827.469
20	9.375	2.5	195	206.875	4206.875
30	9.375	2.5	195	206.875	4206.875
40	8.75	2.25	176.3438	187.3438	4187.344
60	3.125	0	8.4375	11.5625	4011.563
80	9.0625	0	7.59375	16.65625	4016.656
100	1.375	0	2.53125	3.90625	4003.906

表7-40 结构方案C爆炸经济损失估算（$W=1200\mathrm{kg}$）

爆炸距离/m	直接经济损失/万元	间接经济损失/万元	人员伤亡损失/万元	总损失/万元	生命周期总投资/万元
5	18.75	21.95	6711.6	6752.3	10752.3
10	16.5	12.575	947.1	976.175	4976.175
15	12.5	7.875	595.5	615.875	4615.875
20	7.5	2	156	165.5	4165.5
30	7	1.8	141.075	149.875	4149.875
40	7	1.8	141.075	149.875	4149.875
60	6	1.4	111.225	118.625	4118.625
80	2.3	0	6.075	8.375	4008.375
100	1.5	0	3.375	4.875	4004.875

根据表7-32～表7-40以及图7-16可以得到以下结论。

（1）当爆炸距离为5m时，建筑的损失和总投资巨大。此时，结构方案C受到800kg汽车炸弹爆炸袭击时，建筑生命周期总投资最小；结构方案A在1000kg汽车炸弹爆炸袭击时，总投资最大。

（2）随着炸药位置改变，建筑的经济损失及生命周期总投资改变。当爆炸距离较小（$R<10\mathrm{m}$）时，结构主要发生严重破坏和倒塌破坏，使得经济损失巨大，总投资可高达2亿元；当爆炸距离中等（$10\mathrm{m}\leqslant R\leqslant 30\mathrm{m}$）时，结构主要发生中等破坏，总投资在一定范围内上下波动；当爆炸距离较大（$R>30\mathrm{m}$）时，结构主要发生轻微破坏，发生爆炸的经济损失很小，接近于零，总投资基本为建筑的初始建造成本和维护检修费用。

（3）随着炸药质量增加，建筑的直接经济损失增加较小，这是因为跨度为40m的单层球面网壳结构本身抗爆能力较强，在受到爆炸袭击时，结构主体受力杆件破坏较小；间接经济损失有一定增大，这是由于爆炸导致体育馆关闭，从而减少了经济收入；人员伤亡损失增幅很大，这是因为爆炸响应增大、迎爆面破坏严重，导致了更多的人员伤亡。

（4）随着杆件壁厚增加，结构抵抗爆炸荷载的能力增大。当爆炸距离较小（$R<10\mathrm{m}$）时，爆炸损失占总投资比重很大，此时杆件壁厚较大的结构方案比杆件壁厚较小的方案总投资低很多；当爆炸距离进一步增大（$10\mathrm{m}\leqslant R\leqslant 30\mathrm{m}$）时，杆件壁厚对爆炸经济损失的影响不是很明显，几种方案的总投资均在一定范围内波动；当爆炸距离较大（$R>30\mathrm{m}$）时，爆炸损失很小，结构本身的成本占总投资比重很大，此时杆件壁厚较大的结构方案比杆件壁厚较小的结构方案总投资要高。

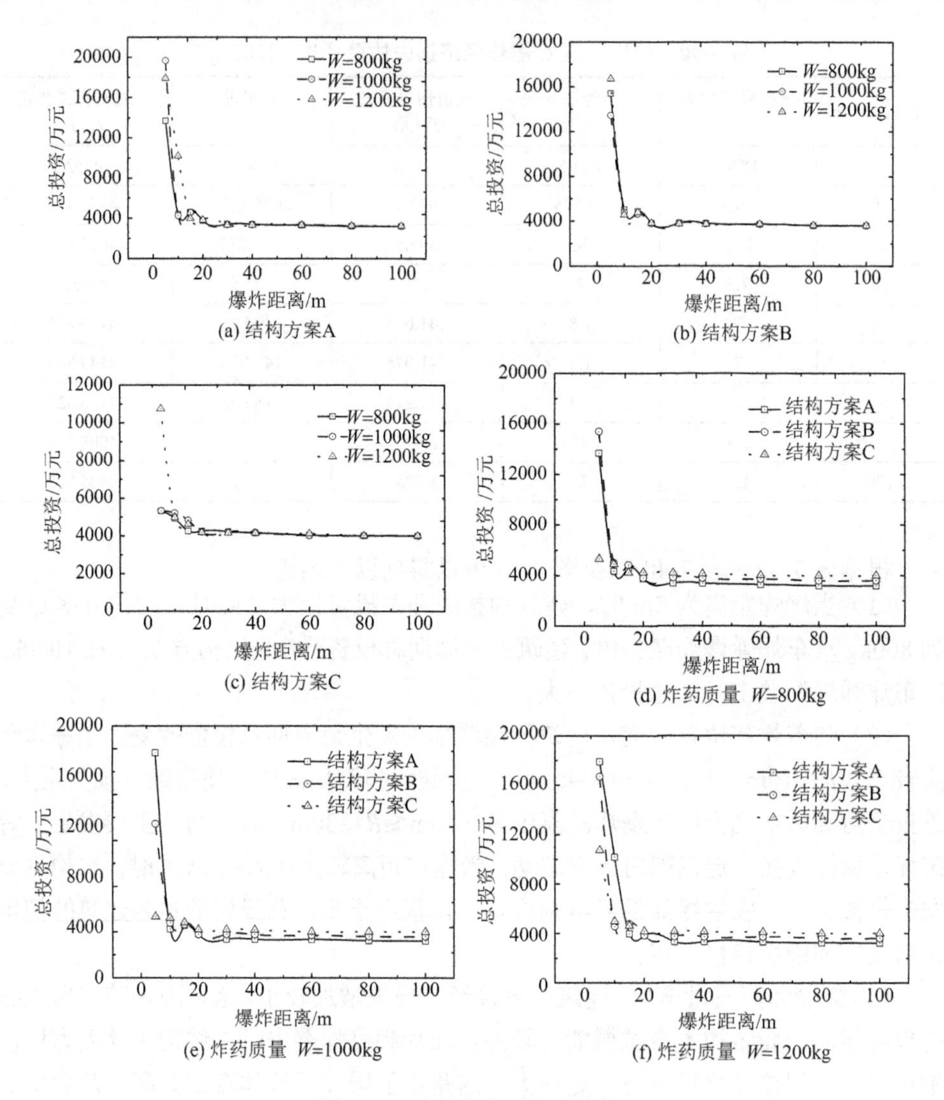

图 7-16　建筑生命周期总投资

综上所述，在考虑该单层球面网壳结构的抗爆设计时，需要同时关注建筑自身的成本和爆炸经济损失。对于易发生爆炸袭击的地区，不仅要进行杆件加强，还需要加强结构的防护工作，如果在靠近结构的部位发生爆炸，即使进行了杆件加强，也会带来巨大的经济损失和人员伤亡。由图 7-16（c）可见，结构方案 C 的杆件壁厚为 5mm，经过该加强设计，距网壳 5m 处发生 1200kg 炸药爆炸时，爆炸经济损失为 6750 万元，总投资为 10750 万元，如果在网壳结构 10m 远处设置防撞柱等措施，就可以避免此类巨大的经济损失。

在结构设计之初就采用风险评估理论对建筑生命周期总投资进行合理科学的预估，使政府部门或业主对建筑生命周期中可能产生的经济损失有宏观的把握，并用来指导结构方案的优选具有非常重要的意义，对于机场航站楼、大型展览馆等需巨额投资的重要建筑则更是如此。

参 考 文 献

杜文风, 高博青, 董石磷. 2011. 网壳结构寿命周期总费用的计算方法研究[J]. 土木工程学报, 6: 127-137.

李刚, 程耿东. 2005. 基于投资-效益准则的结构目标性能水平[J]. 大连理工大学学报, 45（2）: 166-171.

肖真霞, 刘炫. 2011. 基于模糊层次分析方法评估核电站遭受恐怖袭击的概率[J].中国科技博览, 32: 82-83.

Applied Technology Council （ATC）. 1985. Earthquake damage evaluation data for California: Rep. No. ATC-13[S]. Northridge: Applied Technology Council.

Applied Technology Council （ATC）. 2000. Database on the performance of structures near strong motion recordings: 1994 Northridge, California, earthquake: Rep. No. ATC-38[S]. Northridge: Applied Technology Council.

Ayyub B M, Lai K. 1989. Structural reliability assessment using Latin hypercube sampling[C]. The 5th International Conference on Structural Safety and Reliability, Part II, ASCE, New York: 1177-1184.

Basoz N, Mander J. 1999. Enhancement of the highway transportation module in HAZUS[R]. Washington:National Institute of Building Sciences Report.

Bradley B A, Lee D S. 2009. Accuracy of approximate methods of uncertainty propagation in seismic loss estimation[J]. Structural Safety, 4: 1-12.

Dowrick O J. 1987. Earthquake resistant design for engineers and architects[J]. International Journal of Rock Mechanics and Mining Sciences & Geomechanics Abstracts, 25（4）: A193.

Du X, Chen W. 2004. Sequential optimization and reliability assessment method for efficient probabilistic design[J]. Journal Mechanics Design, 126（2）: 225-233.

Kazuhiko K, Takashi K. 1990. Evaluation of indirect economic effect caused by the 1983 Nihowkai Chubu Earthquake Japan[J]. Earthquake Spectra, 6（4）: 739-756.

Kingery C N, Bulmash G. 1984. Air-blast parameters from TNT spherical air burst and hemispherical surface burst[R]. Aberdeen :US Army Ballistic Research Laboratory.

Liel A B, Haselton C B, Deierlein G G, et al. 2009. Incorporating Modeling uncertainties in the assessment of seismic collapse risk of buildings[J]. Structural Safety, 31: 197-211.

Mueller J, Stewart M G. 2011. Terror, Security, and Money - Balancing the Risks, Benefits, and Costs of Homeland Security[M]. Oxford: Oxford University Press.

Paté-Cornell M E. 1994. Quantitative safety goals for risk management of industrial facilities[J]. Structural Safety, 13（3）: 145-157.

Piluso V, Rizzano G, Tolone I. 2009. Seismic reliability assessment of a two-story steel-concrete composite frame designed according to Eurocode 8[J]. Structural Safety, 31: 383-395.

Robinson L A. 2010. Valuing the risk of death from terrorist attacks[J]. Journal of Homeland Security and Emergency Management, 7（1）: 14.

Rose T A, Smith P D, Mays G C. 1995. The effectiveness of walls designed for the protection of structures against airblast from high explosives[J]. Structures& Buildings, 110（1）: 78-85.

Saikat S, Manohar C S. 2005. Inverse reliability based structural design for system dependent critical earthquake loads[J].

Probabilistic Engineering Mechanics, 20: 19-31.

Stewart M G. 2009. Risk assessment and cost-effectiveness of infrastructure protection[C]. 8th International Conference on Shock & Impact Loads on Structures, Adelaide:585-592.

Stewart M G. 2010. Acceptable risk criteria for infrastructure protections[J]. International Journal of Protective Structures, 1（1）: 23-40.

Stewart M G, Melchers R E. 1997. Probabilistic risk assessment of engineering systems[M]. London :Chapman & Hall.

Viscusi W K. 2000. The value of life in legal contexts: Survey and critique[J]. American Law and Economic Review, 2（1）: 195-222.

Vrouwenvelder A C W M. 2002. Developments towards full probabilistic design code[J]. Structure Safety,18（24）:417-432.

Wang G Y, Cheng G D, Shao Z M, et al. 1999. Optimal Fortification Intensity and Reliability of Anti-seismic Structures[M]. Beijing: Science Press.

Zhi X D, Stewart M G. 2017. Damage and risk assessment for single-layer reticulated domes subject to explosive blast loads[J]. International Journal of Structural Stability and Dynamics, 17（9）:1750108.

Zhou X Q, Hao H. 2008. Prediction of airblast loads on structures behind a protective barrier[J]. International Journal of Impact Engineering, 35（4）: 363-375.